既有公共建筑机电系统
能效提升技术指南

Technical Guidelines for Energy Efficiency Improvement of Electromechanical Systems in Existing Public Buildings

狄彦强　李颜颐　张志杰　张晓彤　等编著

DI Yanqiang　LI Yanyi　ZHANG Zhijie　ZHANG Xiaotong　Editor

中国建筑工业出版社

图书在版编目（CIP）数据

既有公共建筑机电系统能效提升技术指南/狄彦强等
编著. —北京：中国建筑工业出版社，2019.12
ISBN 978-7-112-24198-9

Ⅰ.①既… Ⅱ.①狄… Ⅲ.①公共建筑-机电系统-
节能-指南 Ⅳ.①TU242-62

中国版本图书馆 CIP 数据核字（2019）第 194790 号

责任编辑：张文胜
责任校对：李欣慰

既有公共建筑机电系统能效提升技术指南

狄彦强　李颜颐　张志杰　张晓彤　等编著

*

中国建筑工业出版社出版、发行（北京海淀三里河路 9 号）
各地新华书店、建筑书店经销
北京科地亚盟排版公司制版
廊坊市海涛印刷有限公司印刷

*

开本：787×1092 毫米　1/16　印张：19¾　字数：488 千字
2019 年 12 月第一版　　2019 年 12 月第一次印刷
定价：**62.00** 元
ISBN 978-7-112-24198-9
（34715）

编写委员会
Editorial Committee

主编：狄彦强　李颜颐　张志杰　张晓彤

Editor：DI Yanqiang，LI Yanyi，ZHANG Zhijie，ZHANG Xiaotong

副主编：吴晓海　冷　娟　刘　芳

Vice editor：WU Xiaohai，LENG Juan，LIU Fang

委　员：

Committee Members：

中国建筑技术集团有限公司：张振国　梁　佳　翁　宇　李玉幸　廉雪丽　甘莉斯

China Building Technique Group Co.，Ltd.：ZHANG Zhenguo，LIANG Jia，WENG Yu，LI Yuxing，LIAN Xueli，GAN Lisi

中国建筑科学研究院有限公司：李小娜　李文静　刘寿松　狄海燕　马　靖

China Academy of Building Research：LI Xiaona，LI Wenjing，LIU Shousong，DI Haiyan，MA Jing

北京建筑大学：高　岩　胡文举　胡泽宽

Beijing University of Civil Engineering and Architecture：GAO Yan，HU Wenju，HU Zekuan

四川建筑科学研究院有限公司：乔振勇　黄渝兰　周正波　巫朝敏

Sichuan Institute of Building Research：QIAO Zhenyong，HUANG Yulan，ZHOU Zhengbo，WU Chaomin

3

序

当前，我国城市发展逐步由大规模建设转向建设与管理并重发展阶段，既有建筑改造与城市更新已成为重塑城市活力、推动城市建设绿色发展的重要途径。截至2016年12月，我国既有建筑面积约630亿 m²，其中既有公共建筑面积达115亿 m²。受建筑建设时期技术水平与经济条件等因素制约，一定数量的既有公共建筑已进入功能退化期，对其进行不合理的拆除将造成社会资源的极大浪费。近年来，我国在城市更新保护、既有建筑加固改造等方面发布了一系列政策，进一步推动了既有建筑改造工作进展。2014年3月，中共中央、国务院发布《国家新型城镇化规划（2014—2020年）》提出改造提升中心城区功能，推动新型城市建设，按照改造更新与保护修复并重的要求，健全旧城改造机制，优化提升旧城功能。2016年2月，中共中央、国务院发布《关于进一步加强城市规划建设管理工作的若干意见》，要求有序实施城市修补和有机更新，解决老城区环境品质下降、空间秩序混乱等问题，通过维护加固老建筑等措施，恢复老城区功能和活力。

与既有居住建筑相比，既有公共建筑在建筑形式、结构体系以及能源利用系统等方面具有多样性和复杂性，建设年代较早的既有公共建筑普遍存在综合防灾能力低、室内环境质量差、使用功能有待提升等方面的问题，这对既有公共建筑改造提出了更高的要求，从节能改造、绿色改造逐步上升至基于更高目标的"能效、环境、安全"综合性能提升为导向的综合改造。既有公共建筑综合性能包括建筑安全、建筑环境和建筑能效等方面的建筑整体性能，综合性能改造必须摸清不同类型既有公共建筑现状，明晰既有公共建筑综合性能水平，制定既有公共建筑综合性能改造目标与路线图，构建既有公共建筑改造技术体系，从政策研究、技术开发和示范应用等多个层面提供支撑。

在此背景下，科学技术部于2016年正式立项"十三五"国家重点研发计划项目"既有公共建筑综合性能提升与改造关键技术"（项目编号：2016YFC0700700）。该项目面向既有公共建筑改造的实际需求，结合社会经济、设计理念和技术水平发展的新形势，基于更高目标，依次按照"路线与标准"、"性能提升关键技术"、"监测与运营"、"集成与示范"四个递进层面，重点从既有公共建筑综合性能提升与改造实施路线与标准体系，建筑能效、环境、防灾等综合性能提升与监测运营管理等方面开展关键技术研究，形成技术集成体系并进行工程示范。

通过项目的实施，预期实现既有公共建筑综合性能提升与改造的关键技术突破和产品创新，为下一步开展既有公共建筑规模化综合改造提供科技引领和技术支撑，进一步增强我国既有公共建筑综合性能提升与改造的产业核心竞争力，推动其规模化发展。

为促进项目成果的交流、扩散和落地应用，项目组组织编撰既有公共建筑综合性能提升与改造关键技术系列丛书，内容涵盖政策研究、技术集成、案例汇编等方面，并根据项目实施进度陆续出版。相信本系列丛书的出版将会进一步推动我国既有公共建筑改造事业的健康发展，为我国建筑业高质量发展作出应有贡献。

"既有公共建筑综合性能提升与改造关键技术"项目负责人　王俊

前　　言

随着我国城镇建设和经济水平的发展，公共建筑总面积迅速增长，建筑存量也显著增加。我国公共建筑建设进入了一个新的发展时期，除了大量新建之外，各省市既有公共建筑正在进行着不同程度的改造和扩建。许多公共建筑经过改造和扩建之后，机电系统的能效水平有所提升，但同时也出现了一些问题。2017年6月，住房城乡建设部办公厅、银监会办公厅发布了《关于深化公共建筑能效提升重点城市建设有关工作的通知》（建办科函〔2017〕409号），指出"十三五"时期，各省、自治区、直辖市应建设不少于1个公共建筑能效提升重点城市，树立地区公共建筑能效提升引领标杆。

笔者研究团队在对我国第一批重点示范城市五类公共建筑机电系统运行现状和改造情况调研中发现：我国既有公共建筑分项计量普遍存在配置比例低、系统管理水平不一、上传数据不正常、分类方法不统一等共性问题，大多计量监测系统运行一段时间后则沦为摆设，实际作用没有真正发挥出来；其次，我国既有公共建筑机电系统运行管理水平不足，约超过70%的大型公共建筑没有专职的节能管理人员和健全的能源管理制度及激励机制，大多项目仍停留在传统意义上的保安全运行阶段，节能运行则止步不前。

为了响应国家政策，降低既有公共建筑运行成本，提升既有机电系统运行能效水平，"十三五"国家重点研发计划"既有公共建筑综合性能提升与改造关键技术"项目组决定组织编写既有公共建筑综合性能提升与改造系列丛书，旨在宣传科研成果，加强技术交流。本书是系列丛书中的一册，由中国建筑技术集团有限公司和中国建筑科学研究院有限公司等单位共同编著完成。

本书针对我国不同地区气候特征、资源条件及典型功能特点的公共建筑，进行实地调研、发现问题、梳理总结，就目前影响我国既有公共建筑机电系统能效提升的若干重要环节进行了详细的技术应用说明，并将研究成果运用到工程实际案例中，初步形成了一套适用于公共建筑机电系统能效提升的综合技术解决方案。主要成果有：机电系统用能现状及能效水平分析、机电系统分项能耗拆分解耦、机电系统能效评价与等级划分、机电系统能效偏离识别与纠偏控制、机电系统能效提升集成技术体系。

本书适用于既有公共建筑机电系统节能改造和运营管理，亦适用于新建建筑机电系统节能建设，为从事既有公共建筑绿色改造相关管理、咨询、设计等工作的技术人员提供重要参考和指导。因编写时间仓促及编者水平所限，疏漏与不足之处在所难免，恳请广大读者朋友不吝赐教，斧正批评。

中国建筑技术集团有限公司　狄彦强

"既有公共建筑机电系统能效提升关键技术研究与示范"课题负责人

2019年8月1日

Foreword

With the development of urban construction and economy in China, the total area of public buildings has increased dramatically, as well as the building stock. Public building construction in China has entered a new period of development. In addition to a large number of new construction, existing public buildings in various provinces and cities are undergoing retrofitting and expansion in different level. After retrofitting, the energy efficiency of electromechanical systems in many existing buildings have been improved significantly. However, there were also some problems. In June 2017, the Office of Ministry of Housing and Urban-Rural Development and the Office of China Banking Regulatory Commission issued "Notice on deepening Energy Efficiency Improvement of Public Buildings in key cities" (No. [2017] 409). This document pointed out during "thirteen-five" period, provinces, autonomous regions and municipalities directly under the central government should build no less than one key city for improving the energy efficiency of public buildings and set up a leading benchmark for improving the energy efficiency of regional public buildings.

The research team of this book has found the following problems after investigating the operation status and retrofitting of electromechanical systems of five types public buildings in the first batch of key demonstration cities in China. Firstly, There are many common problems in sub-metering of existing public buildings, such as low allocation ratio, different level of system management, abnormal uploading data and different sub item classification methods. Most of the sub-metering and monitoring systems are idle after a short time operation. Their actual role has not really been brought into play. Secondly, the operation and management level of electromechanical systems in existing public buildings is insufficient. Over 70% of large public buildings do not have full-time energy-saving managers and well-established energy management rule and incentive mechanism. Most of the projects still operate in the traditional safe mode, but the energy-saving operation is stagnant.

In order to respond to the national policy, reduce the operating cost of existing public buildings and improve the energy efficiency of electromechanical systems, the research team of the 13th Five-Year National Key Research and Development Plan "Key Technologies for Comprehensive Performance Improving and Retrofitting of Existing Public Buildings" organize and publish Books Series on Comprehensive Performance Improving and Retrofitting of Existing Public Buildings. The aim is to publicize scientific research achievements and strengthen technical exchanges. This book is one of them, compiled by China Building Technique Group Co., Ltd. and China Academy of Building Research.

This Book discover and summarize problems based on on-the-spot investigation in public buildings of different climate characteristics, resource conditions and typical functional characteristics in different regions of China. Detailed technical application explanations are given for several vital part that affecting the energy efficiency improvement of electromechanical systems. The research results are applied to practical engineering cases, and a set of comprehensive technical solutions for improving the energy efficiency of electromechanical systems in public buildings are preliminarily formed. The main technolical achievements are as follows: the current energy use situation and energy efficiency level analysis of electromechanical systems, separation of energy consumption in electromechanical systems, energy efficiency evaluation and classification of electromechanical systems, energy efficiency deviation recognition and deviation correction control of electromechanical systems, integrated technology system for energy efficiency improvement of electromechanical systems.

This book is suitable for energy-saving retrofitting and operation management of electromechanical systems in existing public buildings, as well as energy-saving construction of electromechanical systems in new buildings. It provides important reference and guidance for technicians engaged in management, consultation and design work of existing public buildings green retrofitting. Due to the hasty compilation and limitation of editor, omissions and deficiencies are inevitable. Any suggestion from reader is appreciated.

DI Yanqiang

China Building Technique Group Co., Ltd.

Project leader of "Research and demonstration of key technologies for improving energy efficiency of electromechanical systems in Existing Public Buildings"

目　　录

第1章 概　述

1.1　既有公共建筑总体建设现状

1.1.1　既有公共建筑建设规模

随着我国城镇建设的飞速发展和经济水平的提高，公共建筑总面积迅速增长。据相关资料统计，2017年我国建筑竣工面积为25.6亿 m²，其中公共建筑约占1/3。我国建筑存量不断增长，各类型建筑存量在过去十多年间显著增加，2017年，我国建筑面积总量约5991亿 m²，其中既有公共建筑面积约为124亿 m²。图1.1-1是2001～2017年我国公共建筑面积增长情况。

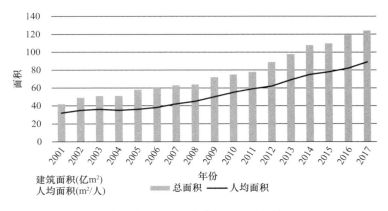

图1.1-1　我国公共建筑面积增长情况

1.1.2　既有公共建筑能效提升工作开展情况

2017年6月，住房城乡建设部办公厅、银监会办公厅发布了《关于深化公共建筑能效提升重点城市建设有关工作的通知》（建办科函［2017］409号），指出"十三五"时期，各省、自治区、直辖市建设不少于1个公共建筑能效提升重点城市，树立地区公共建筑能效提升引领标杆。直辖市、计划单列市、省会城市直接作为重点城市进行建设。重点城市应完成以下工作目标：新建公共建筑全面执行《公共建筑节能设计标准》GB 50189；规模化实施公共建筑节能改造，直辖市公共建筑节能改造面积不少于500万 m²，副省级城市不少于240万 m²，其他城市不少于150万 m²，改造项目平均节能率不低于15%，通过合同能源管理模式实施节能改造的项目比例不低于40%。现阶段，主要任务是完成重点城市公共建筑节能信息服务平台建设，确定各类型公共建筑能耗限额，开展基于限额的公共建筑用能管理；建立健全针对节能改造的多元化融资支持政策及融资模式，形成适宜的节能改造技术及产品应用体系。建立可比对的面向社会的公共建筑用能公示制度。图 1.1-2 是我国公共建筑能效提升重点城市目标任务。

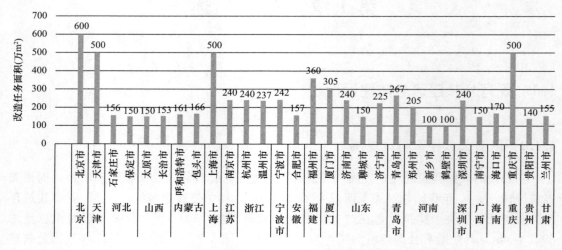

图 1.1-2　公共建筑能效提升重点城市目标任务

1.2　既有公共建筑机电系统现存问题

1.2.1　分项计量系统设置不完善

国内大型公共建筑分项计量工作至今已开展十余年，各省市政府机关办公建筑和大型公共建筑均要求进行分项计量，一些企业和科研单位也陆续研发和销售建筑能源管理系统，但是在分项计量系统的应用及推广过程中，尤其是针对既有公共建筑机电系统的分项计量，出现问题较多，主要有以下几个方面：

根据相关既有公共建筑项目调研数据，调研样本中 77.4％的公共建筑的机电系统均无分项计量装置，有分项计量装置的仅占 22.6％，且仅 6％建立了完善的监测计量系统，使得公共建筑用能分布不能得到全面反映；已经采用了分项计量系统的建筑，主要存在分项计量系统管理水平不一、分项计量系统上传数据存在不正常现象、分项计量数据分类方法不统一、单条计量支路存在能耗混合的情况等问题。

1.2.2　机电系统运行管理不科学

运行管理水平直接影响着机电系统能效的高低，良好的设计加上完善的管理是节约能耗的关键。如果管理不够科学，就会存在"节能建筑不节能"的现象。因此，培养人们的行为节能意识，科学管理，至关重要。

我国既有公共建筑机电系统运行管理人员整体技术水平不高，大部分公共建筑系统的运行水平仅停留在维护保养层面，运行数据记录缺失、不规范的现象普遍存在。即使存在运行数据记录，也不会交给专业部门对其进行分析，更不存在优化运行策略的相关措施，调研显示样本中至少60%以上的公共建筑仅简单地收集运行数据，对能效评价及运行优化并未起到作用。其次，业主对机电系统的改造、调试等技术、资金投入并不重视，对其改造结果是否能够实现节能并没有很高的预期。此外，运维管理人员节能意识不强，全年不同工况下仅做季节切换，而对变工况节能调节和运行管理却不做处理。

1.2.3　重点示范城市机电系统运行共性问题及改造技术应用情况统计

笔者研究团队对我国第一批公共建筑能效提升部分重点示范城市的典型公共建筑机电系统设计、运行、设备、管理情况进行了调研，总结出既有公共机电系统运行的共性问题，并对改造技术应用情况进行了梳理，具体见表1.2-1。

五大建筑类型机电系统典型问题及改造情况　　　　　　　　表 1.2-1

建筑类型	典型问题	改造技术应用情况统计 （各机电系统改造技术的应用率占比）
办公建筑	设备运行效率低； 自控措施欠缺； 存在冷机旁通现象； 存在地下餐厅新风串风现象； 空调系统运行时间不当； 冷热损失严重； 照明及办公设备耗能大； 水力失调现象； 缺乏运行策略、管理模式陈旧	
学校建筑	存在冷风渗透现象； 照明耗能大，缺乏照明控制； 过度供热； 分体空调能效低； 设备管道老化； 运行管理节能措施不完善； 存在生活热水无效出流现象； 无功耗损	

3

建筑类型	典型问题	改造技术应用情况统计 (各机电系统改造技术的应用率占比)
医院建筑	设计风量偏大，换气次数大； 余热废热未利用； 除湿机效率较低； 多元供能，冷机水泵选型偏大； 未进行分时分区控制； 未采用节能电梯； 用水效率较低； 无功耗损； 谐波污染现象	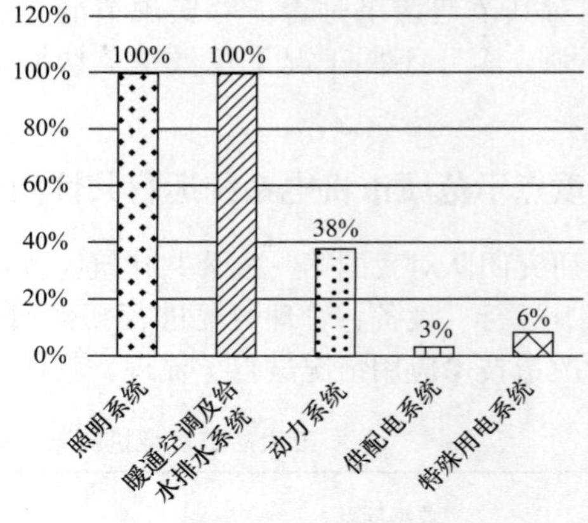
酒店建筑	存在"大马拉小车"问题； 存在节流损失问题； 存在大流量小温差现象； 节能灯具寿命短； 运行管理节能措施不完善； 存在生活热水无效出流现象； 无功耗损； 存在谐波污染现象	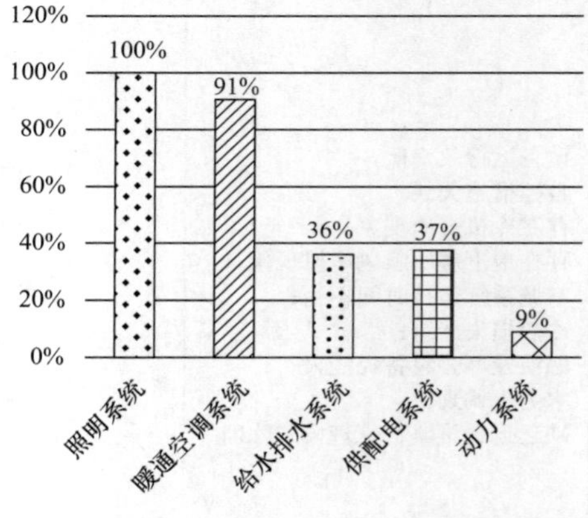
商场建筑	卖场区射灯、卤钨灯数量较多； 存在过度照明现象； 冷却塔老化； 新风量少且分配不均； 供暖负荷计算较大； 扶梯空载； 无功耗损； 谐波污染现象	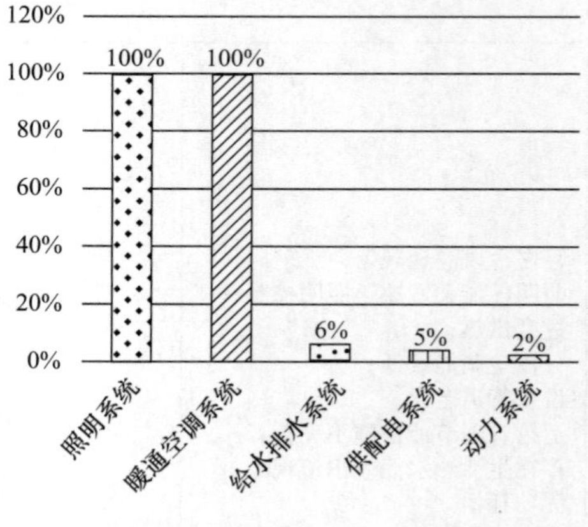

根据表 1.2-1，对机电系统运行过程中普遍存在的共性问题总结如下：

1. 暖通空调系统

设计选型偏大，变频调节比例不高；偏离正常工作点情况较多，小温差现象突出；

自控措施欠缺，系统运行不稳定；系统维护保养不足，设备效率降低；冷热损失严重；存在水力失调现象；缺乏运行策略、管理模式陈旧，运行不能全面反映用能分布及状态。

2. 电气照明系统

节能灯具使用比例较高，但公共区域布灯密集导致过度照明；照明控制方式以现场分散手动控制为主，在照明控制方面节能较少；电梯系统运行控制大多为自动控制，无智能调控措施。普遍存在电能利用质量低下、效率偏低现象，供配电系统存在严重的无功损耗、线路损耗、谐波。

3. 给水排水系统

运行能耗主要为二次加压供水动力能耗、循环水动力能耗、热水供应热耗、用水环节的附加能量消耗。典型问题：未合理利用市政余压，部分存在超压出流现象；设备管道老化，供水系统整体漏损率较高；缺乏完善的节水规划，未充分利用非传统水源，用水效率较低；生活热水存在无效出流现象；用水分项计量缺失。

根据表 1.2-1，对机电系统能效提升技术应用情况总结如下：

1. 照明及暖通空调系统改造

各类建筑机电系统改造措施应用最多的是照明系统及暖通空调系统，由此说明，照明及暖通空调系统节能潜力及改造性价比最高。

2. 给水排水及动力系统改造

医院和酒店建筑在动力系统及给水排水系统改造方面应用较多，这与两类建筑的用水特点呈正相关性。

3. 供配电系统改造

由于布局调整或科研试验功能调整等原因，供配电系统改造仅在办公和学校类建筑应用较多。

综合分析得到各系统改造技术占比（见图 1.2-1），照明系统、暖通空调系统居多，能效提升应优先考虑；给水排水和动力系统居中，供配电系统和特殊用电系统偏少。

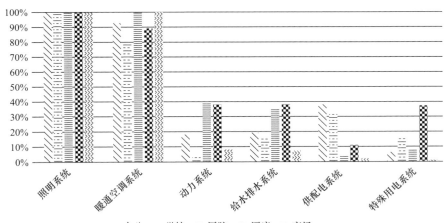

图 1.2-1　不同公共建筑类型机电系统改造技术占比

1.3 既有公共建筑机电系统能效提升需求

1. 机电系统能效提升是节能减排的重要途径，亦是建筑可持续发展的方向

根据统计数据得到我国 2001 年到 2017 年公共建筑总电耗，如图 1.3-1 所示，公共建筑面积逐年增长，公共建筑总用电量逐年上升。公共建筑总能耗不断提高的主要原因是公共建筑单位面积能耗强度持续增长，各类公共建筑终端用能需求（如空调、设备、照明等）的增长。随着人们生活水平的提高，公共建筑服务量的增大，截至 2017 年，全国总能耗已接近 3.0 亿 tce。

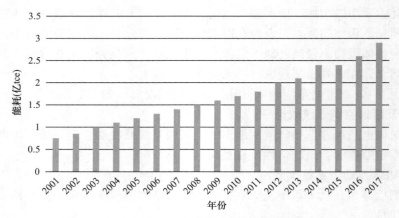

图 1.3-1 2001～2007 年公共建筑能耗总量变化情况

各城市发展和人口、空间规模、土地资源、环境约束存在差异，部分城市可能会在未来几年内限制各类建设用地的增长幅度。同时，为了有效解决既有公共建筑用能管理水平低、能源消耗大等现实问题，能效提升战略将会加快提上日程。

2. 机电系统能效提升是降低公共建筑运行成本、提高能源效率的直接途径

2010 年以来，公共建筑能效提升重点示范城市，如上海、重庆等地公共建筑单位面积能耗呈明显下降趋势，主要原因归于"十二五"至"十三五"期间，这些地区大力组织开展公共建筑节能改造与能效提升工作，重点改造机电系统单元，使得项目改造后的单位建筑面积能耗下降了 20%（含）以上。图 1.3-2 统计了上海市 2013～2016 年公共建筑单位面积能耗强度变化情况。

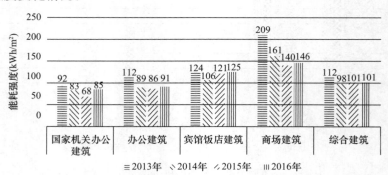

图 1.3-2 上海市公共建筑单位面积能耗

此外，各类建筑合理用能指南以及能耗限额标准的颁布，规定了大型商业建筑、星级饭店建筑、市级机关办公建筑等公共建筑能耗合理值，以及部分类型公共建筑的能耗先进值，使节能责任主体自觉对标，主动采取节能措施，合理用能，有效推动了既有公共建筑的节能降耗，降低了建筑的运行成本。

3. 机电系统能效提升是实现我国既有公共建筑综合性能全面提升的重要环节

"十三五"国家重点研发计划项目"既有公共建筑综合性能提升与改造关键技术"在"顶层设计、能耗约束、性能提升"总体思路的指引下，基于更高目标，围绕能效、环境、安全三大性能，从路线与标准、性能提升关键技术、监测与运营、集成与示范四个层面展开攻关，全面提升既有公共建筑的综合性能。具体研究路线如图1.3-3所示。

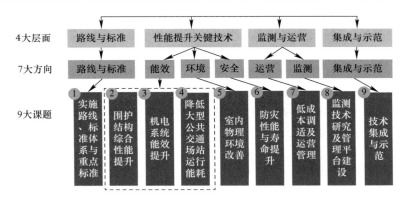

图 1.3-3 既有公共建筑综合性能全面提升技术研究路线

综上所述，针对公共建筑所处的地域特点、气候特征、资源条件及功能结构，依据绿色、生态、可持续设计原则，重点研究既有公共建筑机电系统分项能耗拆分技术、机电系统能效分级与评价方法、机电系统能效偏离识别与纠偏控制技术、构建机电系统高效供能集成技术体系，进而实现对公共建筑能效提升经济适用技术的创新与应用，探索形成具备推广价值的技术产品体系是目前我国既有公共建筑机电系统能效提升的迫切需求。

第2章 既有公共建筑机电系统用能现状及能效水平

2.1 既有公共建筑用能现状

为了更好地开展既有公共建筑机电系统能效提升技术的研究，笔者研究团队前期针对不同气候区既有公共建筑用能现状及机电系统的能效分布水平进行了广泛的调研工作。调研对象包括办公、酒店、医院、学校、商场五种建筑类型，通过现场调研和测试，获取建筑近三年逐月总表数据、分项计量数据及不同季节典型日 24h 分类、分项能耗数据。

如表 2.1-1 及图 2.1-1、图 2.1-2 所示，调研建筑共计 233 栋，涵盖了四类气候区，其中夏热冬暖地区 83 栋，夏热冬冷地区 82 栋，寒冷地区 41 栋，严寒地区 27 栋，涉及内蒙古、辽宁、河北、山西、广西、四川、湖北、湖南、浙江、福建等省区以及北京、上海、深圳、天津、重庆等市。

不同气候区调研建筑数量   表 2.1-1

建筑类型 \ 气候区	夏热冬暖	夏热冬冷	寒冷	严寒	合计
办公	16	13	9	7	45
酒店	14	16	7	6	43
商业	17	19	9	5	50
学校	14	16	5	3	38
医院	22	18	11	6	57
合计	83	82	41	27	233

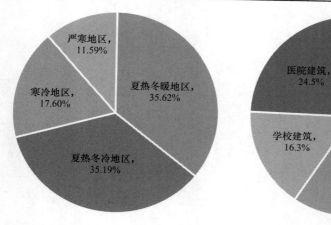

图 2.1-1 不同气候区调研建筑统计   图 2.1-2 不同类型调研建筑统计

研究样本的建筑年代主要分布在 2005 年以前，占样本总量的 74.68%，其中 2000 年以前的建筑占 40.77%，2005～2015 年的样本量占样本总量的 24.46%，2015 年以后的样本量占样本总量的 0.86%，具体年代分布如图 2.1-3 所示。统计数据一定程度上反映了既有公共建筑普遍存在建造年代较久的特征，其中 74.68% 的样本建筑于《公共建筑节能设计标准》GB 50189—2005 实施以前建造，而仅 0.86% 的样本建筑于《公共建筑节能设计标准》GB 50189—2015 实施后建造。总体来看，大部分样本建筑属于非节能建筑。

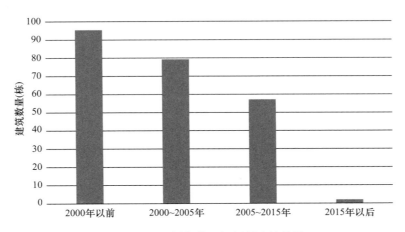

图 2.1-3　不同年代区间调研建筑数量

2.1.1　夏热冬暖地区

对夏热冬暖地区的办公、酒店、商业、学校、医院这五类调研建筑的能耗水平（包括最大值、最小值、中位数和平均值）进行统计分析并绘制成箱线图，如图 2.1-4 所示。

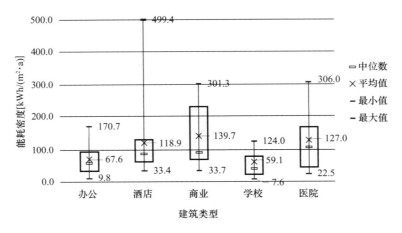

图 2.1-4　夏热冬暖地区各类建筑能耗分布（箱线图）

由图 2.1-4 可知，不同类型建筑的建筑能耗密度差异较大，从能耗密度的平均值来看，夏热冬暖地区调研样本中商业建筑能耗水平最高，其值达到 139.7kWh/(m²·a)，办公和学校建筑能耗水平较低，分别为 67.6kWh/(m²·a) 和 59.1kWh/(m²·a)。

从同类型建筑来看，建筑能耗水平也存在较大差异，办公、酒店、商业、学校和医院各同类型建筑的最大值分别是最小值的 17.4 倍、15.0 倍、8.9 倍、16.3 倍、13.6 倍。同时，从图 2.1-4 中发现各类建筑能耗密度的平均值均大于中位数，表示数据为右偏态分布，即说明数量较少的高能耗建筑能耗明显偏高。能耗密度明显偏高的建筑，除部分由于建筑特殊使用要求，采用大量的高功率设备导致外，其余的则主要由于空调用电明显偏高导致。经初步排查，这些建筑的空调用电过高与空调系统形式、空调年使用时间及是否采取相应的节能运行策略有很大关系，因此这类空调高能耗建筑应予以高度重视，也是后期研究机电系统能效提升的重点对象。

图 2.1-5 的横坐标为各类型建筑单位面积能耗的平均值，纵坐标为各类型建筑总能耗的平均值，各气泡的半径大小表示该类建筑的单位面积年能耗极差（即该类型建筑单位面积年能耗的最大值与最小值之差），故气泡越大表示该类建筑用能水平离散程度越大，即单位面积年能耗最大值与单位面积年能耗最小值的差距越大，反之，则表示该类建筑用能水平离散程度越小。

图 2.1-5 直观地反映了这五类建筑能耗水平的离散程度，这五类建筑能耗水平差异较大，而同类型建筑之间能耗水平离散程度也很大，尤其是酒店、商业和医院建筑，不但年总能耗和单位面积年能耗均较高，且各自用电水平离散程度也较大，可见这三类建筑存在的节能潜力的可能性更大，后期夏热冬暖地区机电系统能效提升应尤其要重视对这三种类型建筑的研究。

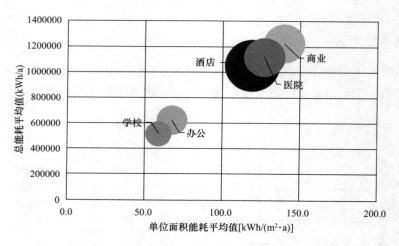

图 2.1-5　夏热冬暖地区各类建筑能耗分布（气泡图）

2.1.2　夏热冬冷地区

对夏热冬冷地区的办公、酒店、商业、学校、医院五类调研建筑的能耗水平进行统计分析并绘制成箱线图，如图 2.1-6 所示。

从能耗密度的平均值来看，夏热冬冷地区的商业建筑单位面积能耗水平最高为 130.7kWh/(m²·a)，其次为医院建筑 105.8kWh/(m²·a)，酒店建筑为 102.5kWh/(m²·a)，办公建筑为 64.7kWh/(m²·a)，学校建筑能耗水平最低仅为 38.8kWh/(m²·a)。由此看来，不同建筑类型对能耗密度影响较大。从同类型建筑来看，建筑能耗水平也存在较大差异，办公、酒店、商业、学校和医院各同类型建筑的最大值分别是最小值的 40.5 倍、18.7 倍、19.3 倍、9.6 倍、16.6 倍。

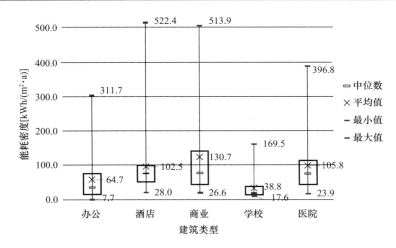

图 2.1-6　夏热冬冷地区各类建筑能耗分布（箱线图）

　　图 2.1-7 反映了夏热冬冷地区不同类型建筑能耗水平的离散程度，可以看出这五类建筑能耗水平差异较大，且同类型建筑之间能耗水平离散程度也很大，尤其是商业、酒店和医院建筑，总能耗和单位面积年能耗均较高，且各自用能水平离散程度也较大。

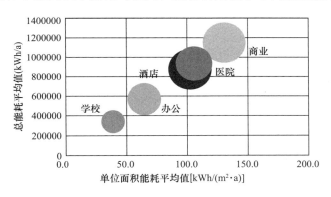

图 2.1-7　夏热冬冷地区各类建筑能耗分布（气泡图）

2.1.3　寒冷地区

　　对寒冷地区的办公、酒店、商业、学校、医院五类调研建筑的能耗水平进行统计分析并绘制成箱线图，如图 2.1-8 所示。

　　从图 2.1-8 可知，寒冷地区的办公建筑能耗密度在 8.8～357.9kWh/(m^2·a) 之间，中位数为 86.0kWh/(m^2·a)，平均值为 86.4kWh/(m^2·a)；酒店建筑能耗密度在 13.3～225.0kWh/(m^2·a) 之间，中位数为 99.0kWh/(m^2·a)，平均值为 103.4kWh/(m^2·a)；商业建筑能耗密度在 20.0～390.0kWh/(m^2·a) 之间，中位数为 176.5kWh/(m^2·a)，平均值为 177.8kWh/(m^2·a)；学校建筑能耗密度在 7.0～89.0kWh/(m^2·a) 之间，中位数为 41.0kWh/(m^2·a)，平均值为 41.0kWh/(m^2·a)；医院建筑能耗密度在 28.0～177.0kWh/(m^2·a) 之间，中位数为 96.5kWh/(m^2·a)，平均值为 96.5kWh/(m^2·a)。可见，寒冷地区不同类型建筑的建筑能耗密度差异较大，从能耗密度平均值来看，寒冷地区调

研样本中商业建筑能耗水平最高，其次为办公、酒店、医院、学校建筑。从同类型建筑来看，建筑能耗水平也存在较大差异，办公、酒店、商业、学校和医院各同类型建筑的最大值分别是最小值的 40.7 倍、16.9 倍、19.5 倍、12.7 倍、6.3 倍。

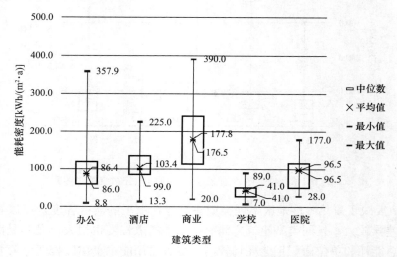

图 2.1-8　寒冷地区各类建筑能耗分布（箱线图）

与夏热冬冷地区和夏热冬暖地区不同，寒冷地区的各类建筑能耗密度的平均值几乎等于中位数，说明高能耗建筑数量和低能耗建筑数量的分布较为均匀。

图 2.1-9 直观地反映了寒冷地区的各类建筑能耗水平的离散程度。可以看出，这五类建筑能耗水平差异较大，并且同类型建筑之间能耗水平离散程度也很大，尤其是商业、办公和酒店建筑，年总能耗和单位面积年能耗均较高，且各自用电水平离散程度也较大，节能潜力较大。

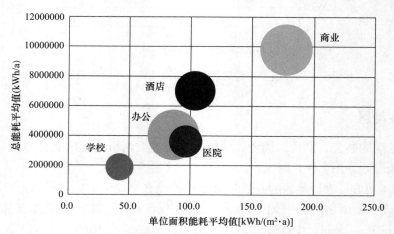

图 2.1-9　寒冷地区各类建筑能耗分布（气泡图）

2.1.4　严寒地区

对严寒地区的办公、酒店、商业、学校、医院五类调研建筑的能耗水平进行统计分析，并绘制成箱线图，如图 2.1-10 所示。

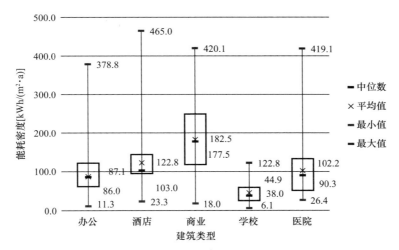

图 2.1-10 严寒地区各类建筑能耗分布（箱线图）

严寒地区的办公建筑能耗密度在 11.3～378.8kWh/(m²·a) 之间，中位数为 86.0kWh/(m²·a)，平均值为 87.1kWh/(m²·a)；酒店建筑能耗密度在 23.3～465.0kWh/(m²·a) 之间，中位数为 103.0kWh/(m²·a)，平均值为 122.8kWh/(m²·a)；商业建筑能耗密度在 18.0～420.1kWh/(m²·a) 之间，中位数为 177.5kWh/(m²·a)，平均值为 182.5kWh/(m²·a)；学校建筑能耗密度在 6.1～122.8kWh/(m²·a) 之间，中位数为 38.0kWh/(m²·a)，平均值为 44.9kWh/(m²·a)；医院建筑能耗密度在 26.4～419.1kWh/(m²·a) 之间，中位数为 90.3kWh/(m²·a)，平均值为 102.2kWh/(m²·a)。可见，严寒地区不同类型建筑的建筑能耗密度差异也较大，从能耗密度平均值来看，寒冷地区调研样本中商业建筑能耗水平最高，其次为酒店、医院、办公、学校建筑。从同类型建筑来看，建筑能耗水平也存在较大差异，办公、酒店、商业、学校和医院各同类型建筑的最大值分别是最小值的 33.5 倍、20.0 倍、23.3 倍、20.1 倍、15.9 倍。

图 2.1-11 直观地反映了寒冷地区各类建筑能耗水平的离散程度。这五类建筑能耗水平差异较大，并且商业、酒店、办公和医院建筑能耗水平离散程度较大，年总能耗和单位面积年能耗均较高，且各自用能水平离散程度也较大。

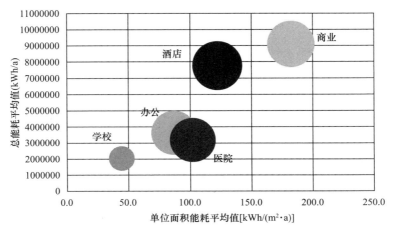

图 2.1-11 寒冷地区各类建筑能耗分布（气泡图）

2.2　机电系统分项能耗现状

2.2.1　分项能耗分布

通过筛选具备分项计量的样本建筑,对不同气候区样本建筑分项用电能耗水平分布情况进行整理归纳,分析结果如图 2.2-1～图 2.2-4 所示。

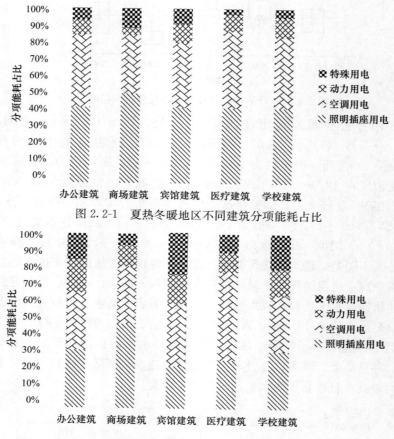

图 2.2-1　夏热冬暖地区不同建筑分项能耗占比

图 2.2-2　夏热冬冷地区不同建筑分项能耗占比

从图 2.2-1～图 2.2-4 中可以看出,不同气候区不同建筑类型的各分项用电能耗占比中,空调系统和照明插座系统在任一建筑类型的总能耗中占比相较于其他能耗均较大,二者用电占比之和达到 70%～80%。

照明插座的分项能耗在总能耗中占比较大,这种分项能耗结果也反映了分类计量工程存在一些问题,难以依靠有限的电表通过直接计量的方式获取所有分项能耗的准确数据,这是因为既有建筑配电系统的情况较复杂,会存在用电支路不仅仅依据使用功能计量划分,例如照明插座能耗中混有空调能耗及其他能耗的情况,针对这种混合支路情况分项能耗拆分尤其重要。照明插座支路应该为分项计量拆分的重点,而对于不同建筑类型,商场和酒店类建筑应作为分项能耗拆分的重点。

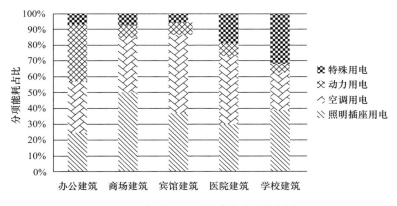

图 2.2-3 寒冷地区不同建筑分项能耗占比

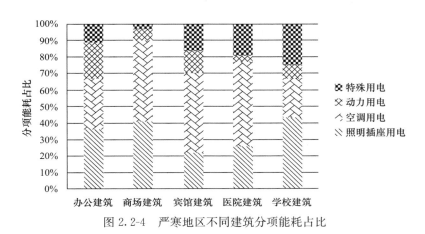

图 2.2-4 严寒地区不同建筑分项能耗占比

2.2.2 分项计量水平

结合北京、上海、深圳、四川、重庆、武汉等地的能耗监测平台运行情况,对我国既有公共建筑分项计量的现状进行了分析,为分项能耗拆分技术的研究提供基础依据。

研究表明,大部分公共建筑的机电系统均无分项计量装置,见图 2.2-5,有分项计量

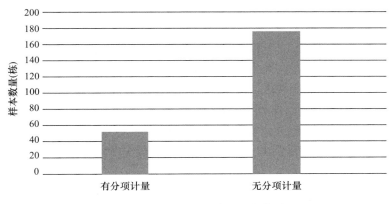

图 2.2-5 分项分类计量现状统计

15

装置的样本数为 53 栋，仅占样本总数的 22.7%。有分项计量的建筑主要分布在上海、重庆、深圳，这几个地区均为公共建筑节能改造首批重点示范城市，且拥有较为完善的国家机关办公建筑和大型公共建筑节能监管体系。而剩余的 180 栋无分项计量装置的建筑大多数建造年代久远，建筑机电线路混用现象较为严重，且未实施过节能改造。未进行分项计量的另外原因为直接计量难度高，由于既有建筑配电系统的情况较复杂，难以依靠有限的电表通过直接计量的方式获取所有分项能耗的准确数据。

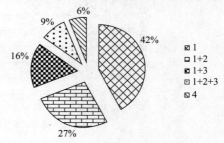

图 2.2-6　建立能耗监测计量系统的建筑比例
注：图中数字对应关系如表 2.2-1 所示。

由图 2.2-6 可知，公共建筑能耗监测计量系统的配置比例很低，仅 6% 的建筑建立了完善的监测计量系统。缺少能耗监测平台，使得公共建筑用能分布不能得到全面反映，对公共建筑用能系统的分析和改进造成了很大的困难。

数字对应关系　　　　　　　　　　　　　　表 2.2-1

1	2	3	4
有能耗台账	有电力分级计量	有冷热量计量	有完整能耗监测系统

2.2.3　分项计量系统存在的问题

采用分项计量系统的能耗监测平台运行情况，主要存在以下几个方面的问题：

1. 建筑能耗监测系统设计理念有待升级

住房和城乡建设部下发的相关技术导则要求采集建筑分类分项能耗数据，重点在于对建筑用电的四大分项进行区分和计量。《公共建筑能耗监测系统技术规程》也承袭这一指导思想，且大量机关办公建筑和大型公共建筑的能耗监测系统也是根据这些技术标准进行设计和建设的。但是技术标准中分项计量的理念主要依托于政府主管部门的要求，与建筑管理者实际需要的能源管理系统理念还有较大出入。建筑管理者需要的是能够切合建筑运行情况，分区域、分部门计量并能够联动照明系统、暖通系统等主要设备，以便根据计量数据的分析结果进行反馈，并联动控制耗能设备节能运行。在部分建筑管理者的眼中，能耗监测系统仅是一个自动化的电表集抄系统，没有引起建筑管理者的高度关注和重视。

2. 数据通信信道不畅通

相关技术标准中要求的数据上传主要是将数据采集器接入楼宇局域网，通过局域网连接互联网进行数据上传。因此在采集器与上级数据中心的通信中受制于楼宇局域网的工作情况。在缺乏本地业主对能耗采集器网络维护的情况下，能耗数据采集器经常因为接入楼宇局域网受限而无法将数据上传给上级数据中心，导致能耗监测系统工作的不稳定。

目前，部分供电公司为建筑业主安装的远程抄表系统是通过无线网络进行数据传输的，数据送达的稳定性要提高很多，并能够更简便地实现远程维护管理，其缺点是存在一定的网络使用费。

3. 传输协议功能单一

对于开放性能耗监测平台，往往有技术支撑单位在共同开展楼宇建筑能耗监测系统建设，因此数据传输协议只能在开放的基础上做到单一数据传输要求，无法展开为兼具有管理控制功能的通信协议。在开展能耗监测平台建设之初，采用了基于现行技术导则的数据协议，该协议的优点是简单易用，数据上传的调试要求很低，缺点是数据稳定性和安全性都很低。

4. 建筑能耗监测系统维护率低

由于建筑管理者对能耗监测系统的认知度低，建筑管理几乎不参与建筑能耗监测系统的建设和后期维护工作。在大多数情况下，技术支撑单位在完成建筑能耗监测系统的建设后，并没有将设备和相关维护资料移交给建筑管理者，且建筑能耗监测系统正常运行与否并不影响建筑的正常运行，因此建筑管理者缺乏参与管理与维护建筑能耗监测系统的主动性。进行项目建设的技术支撑单位无法通过提供后续的能源服务来获得收益，也没有主动进行维护的动力。因此，建筑端的能耗监测系统基本处于无人管理维护的状态。

5. 分项计量系统管理水平不一

部分项目分项计量系统安装后无专人管理，对数据的正确性、合理性缺乏判断和分析能力，没有对数据展开详细的分析、管理，从而造成系统总体上呈现闲置状态，仅仅用来生成一些数据报表。

6. 分项计量系统上传数据存在不正常现象

分项计量系统通过对建筑各用能环节的精确计量，能够实现建筑群能耗指标横向比较、节能改造效果评估、能源审计与考核等能源管理目的。然而，分项计量系统在运行过程中受到现场环境、施工质量和设备故障等因素的影响，会出现各种数据质量问题，对能源数据分析造成不利影响。据了解，本应上传某市两百余家分项计量安装单位数据的政府构建的能耗监测平台，在安装后几年内陆续出现数据上传不正常现象。造成上传数据不正常的原因包括：（1）业主在后期对建筑进行了改造，造成分项计量系统工作不正常；（2）分项计量系统安装后无专人管理，导致数据采集不正常；（3）个别单位不愿意把本单位的数据上传，存在人为因素造成一些数据上传的不正常现象。

7. 分项计量数据分类方法不统一

一些工程将分类计量简单地等同于"装表"和"传数"，却没有统一要求各建筑的分类标准，导致不同建筑的分类数据名称五花八门，缺乏可比性，背离了分类计量的初衷。

8. 单条计量支路存在能耗混合的情况

对直接计量的单条支路，根据调查统计，能耗混合存在以下情况：（1）某一种设备类型的能耗相对于另一种设备类型能耗相差很大；（2）混合支路中某一类型的能耗相对稳定，不随时间的变化而改变，如信息中心能耗；（3）几种类型的能耗随时间而变化，如风机盘管、VAV BOX 电辅热等和照明混为同一支路。

综上，有必要研究基于单一总表的建筑机电系统分项能耗拆分技术，且分项能耗的拆分应基于对计量支路中各类设备的能耗特征分析，并考虑其能耗占比、稳定性、波动性等。

2.3 机电系统能效水平现状

2.3.1 运行能效影响因素

1. 暖通空调系统

（1）以设计空调系统为例，选择机型的原则通常是按当地最热天气时所需的最大制冷量来定，并且留 10%～20%的设计富余。但是现实中绝大部分时间，空调一般不会在满负荷状态下运行，存在较大的富余。

（2）在空调系统中，根据建筑物最大设计冷负荷来选择冷却水泵和冷水泵的容量，且通常留有一定的设计余量。采用节流或回流的方式调节流量来适应负荷变化，会产生大量的回流损失或节流损失，由于仍在工频下全速运行，对水泵电机而言，会造成能量浪费。研究表明，大多数公共建筑空调系统存在水泵选型偏大的问题，且变频调节比例不高，偏离正常工作点情况较多，小温差现象突出。

（3）空调机组和众多的风机盘管随时都处于调节的过程中，冷水使用量也处在不断变化的波动中，若没有自动控制措施，将导致系统压力不稳定，系统不能正常工作。

（4）自然冷却节能。部分公共建筑新风可调性差，无法有效实现过渡季节全新风或大新风量运行。

（5）系统维护保养。采用新风热回收装置的空调系统，存在交叉污染现象。空调系统新风口、回风口及过滤器堵塞严重。冷却塔很少检修，冷凝器没有在线清洗，致使冷却水系统污垢严重，导致冷凝器换热效率低下。建造年份较早的水暖管道使用时间较长，冷热损失严重，导致水、风系统水力严重不平衡。

对不同气候区空调系统运行管理水平调研统计结果如图 2.3-1 所示。严寒地区夏季制冷需求少，空调系统能耗低，因此往往未在空调系统运行控制方面有较大投入；寒冷地区和夏热冬冷地区，由于均有较大的空调供冷供暖负荷，且当地经济水平较高，故使用较高级控制手段的较多。整体上，大型公共建筑，具有规模大、能耗高、资金充足的特点，空调系统的运行管理也更加科学和完善。

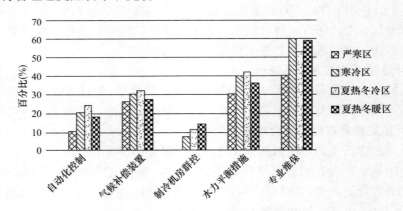

图 2.3-1　不同气候区空调系统运行管理水平

2. 照明插座系统

照明插座系统是公共建筑的主要用能系统之一，也是节能改造的重点内容。目前既有公共建筑的照明灯具主要为荧光灯、金卤灯、普通灯泡、节能灯等传统灯具，照明功率密度较高，有的远超出了现行节能标准要求，又因为建设年代久远，发光效率已明显下降。从图 2.3-2 的统计结果可知，第一代光源的白炽灯已基本被淘汰，普通荧光灯也陆续被淘汰，节能灯具则是目前使用的主要灯具，HID 灯具因为其使用功能的特殊性，主要使用于部分功能建筑的特定场所，所以其使用率不高，LED 灯具主要使用于新建建筑和节能改造建筑，根据使用 LED 灯具的业主反映，LED 灯具节能效果好、实用性强。

相当数量的公共建筑室内照明水平未达到标准规定值，而在某些场所，特别是一些通道等公共区域却存在着由于布灯过于密集导致过度照明的情况，其照明水平为国家标准相应规定值的5～6倍，从而造成了大量的能源浪费。

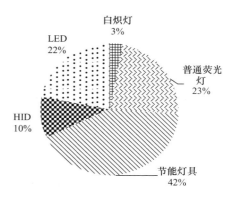

图 2.3-2　灯具使用分布表

照明系统的控制方式方面，智能照明系统的普及率偏低，既有公共建筑照明控制方式还是以现场分散手动控制为主，这样就造成了电能的浪费，也降低了灯具寿命。

不同类型的公共建筑照明用电的特点也各不相同。办公建筑具有外窗，可适当利用自然采光，而在实际照明设计中，由于在单独办公室中很少对靠近外窗的灯具进行单独控制，使得办公建筑在照明控制上节能较少。办公建筑照明插座用电主要与办公室上班时间有关。宾馆饭店房间具有外窗，可适当利用自然采光，酒店建筑照明插座用电主要与酒店入住率有关。商场建筑属于半密封建筑，几乎不能利用自然采光，室内照明设备几乎全天开启，因此，商场建筑照明插座用电只与建筑运行时间有关。医院建筑是十分特殊的公共建筑，不同功能区域具有不同的照明用能特点，办公区域和办公建筑类似，门诊大厅类似大型商场，病房区类似于一般住宅建筑，但还有相当多的区域24h运行，更有特殊科室对照度和照明品质要求很高，这些都使得医院建筑照明能耗巨大。

办公建筑照明插座系统使用较为平稳，建筑照明插座在2月、5月、10月能耗较低，其主要原因是受节假日的影响，部分部门有部分时间段不上班，在建筑正常运行中能耗较低。对于照明插座系统，工作日与非工作日数值有较大差别，上班时间是非上班时间用电的3～4倍。整体上办公建筑中照明系统用电占全部用电的20%左右。

酒店建筑照明插座用电变化幅度不大，且受工作日和非工作日影响不大。相比照明插座用电和空调系统用电，建筑动力系统和其他特殊用电处于较低水平，为了保证建筑正常运行，建筑动力系统设备和其他特殊用电设备基本长期开启。在冬季、春季、秋季，建筑工作日与周末用电趋势相似，建筑用电以照明插座用电为主，其照明插座用电主要集中在晚上18：00～24：00，这是因为在这段时间客人一般都在客房。整体上酒店建筑中照明系统用电占全部用电的20%左右。

商场建筑，照明插座系统能耗占40%～60%，在建筑能耗中照明插座用电比例最大，其主要原因为各商铺均采用大功率照明，致使商场建筑照明插座用电量较大。商场建筑照明用电主要集中在白天10：00～21：00。

3. 电梯系统

多层既有公共建筑，电梯数量较少，高层建筑电梯多为分时段、分楼层运行。电梯在启动、停止和正常运行两种情况下的用电量会有较大差别。电梯的运行次数和运行时间会随着客、货流量的变化而变化，没有规律性，此外还和建筑的功能布置及电梯分布情况有关。

相比空调用电和照明插座用电，电梯系统用电在公共建筑能耗中所占比例相对较低，且由于电梯系统在功率和使用时间上比较稳定，使得逐月分项能耗较为平缓。但是为了保证建筑正常运行，建筑动力系统基本长期开启。办公建筑中，电梯主要集中在上下班使用，而在白天上班时间使用较少。酒店建筑中，电梯使用时间不定，而入住率是影响电梯系统使用人数的关键因素，电梯能耗主要体现在入住率上。除了建筑货梯外，商场扶梯基本全天开启，电梯能耗主要体现在室内人数上。办公建筑、酒店建筑和商场建筑的电梯用能一般在整体用能的 2%～5% 之间，医院建筑的电梯系统用能一般在全部能耗的 5% 以上，具有较大的节能潜力。有关统计数据表明，在电梯的耗能中，电动机拖动负载消耗的电能占总耗电能的 70% 以上。因此，电动机拖动系统节约电能具有特别重要的经济效益。将运动中负载上的机械能（位能、动能）通过能量回馈器变换成电能（再生电能）并回送给交流电网，供附近其他用电设备使用，使电机拖动系统在单位时间消耗的电网电能下降，从而达到节约电能的目的。多数既有公共建筑没有电梯安装能量回馈装置，造成大量机械能无法回收利用。

公共建筑电梯系统普遍存在下列问题：（1）运行控制大多为自动控制，无智能调控措施；（2）机械传动及电力拖动系统电机频率恒定。

统计各公共建筑电梯是否设置自动控制系统和传动系统及是否可以变频调节，以医院建筑为例（见图 2.3-3），电梯多为自动控制，配备了智能调控系统的不足一半，造成能源浪费；86% 的电梯机械传动及电力拖动系统电机的频率恒定，无法根据实际需求进行变频调节。

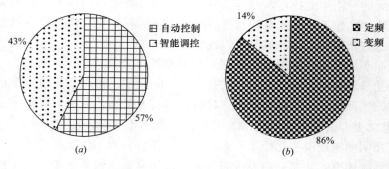

图 2.3-3　电梯运行管理措施

(a) 电梯控制手段；(b) 电梯是否变频

4. 楼控系统

为实现既有公共建筑设施管理的节能需求，楼宇智能化系统还应考虑全年不间断运行需求和地区气候特点，以及与已经建成投入运营部分的系统兼容性等问题，可以实现对复杂机电设备的高效管理，并且保持稳定、高效、可靠、长期运行，为建筑的正常工作奠定

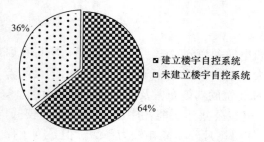

图 2.3-4　楼控系统建立情况

扎实基础。统计各气候区既有公共建筑使用楼宇自控系统的情况，如图 2.3-4 所示，可以看出，公共建筑中配备楼宇自控系统的占总数的 64%。然而部分样本的楼宇自控系统节能监控功能不完善，冷热源系统没有充分发挥出应有的控制功能，虽然水泵都加装了变频器，但仍全部在工频下运行，几乎没有制定有效的节能运行策略。

2.3.2 能效水平影响分析

1. 系统形式分布水平

通过调研不同气候区不同类型建筑的机电系统形式分布水平，分析得出给排水和供配电的系统形式主要与建筑体量和功能有关，因此重点梳理不同气候区不同类型建筑暖通空调系统形式的分布水平。不同类型建筑典型暖通空调系统形式如表 2.3-1 所示。

不同类型建筑典型暖通空调系统形式 表 2.3-1

建筑类型	主要空调末端形式	主要空调冷热源形式
办公楼	风机盘管＋新风系统 多联机室内机 全空气处理机组 变风量末端	冷水机组＋市政热源/锅炉 多联机室外机 地源热泵 空气源热泵机组
商业	全空气处理机组 风机盘管＋新风系统 变风量末端 多联机室内机	冷水机组＋市政热源/锅炉 多联机室外机 地源热泵 空气源热泵机组
酒店	大堂、餐厅：全空气系统 宴会厅、多功能厅、咖啡厅、茶室：风机盘管＋新风系统 中、小型餐饮部：局部分散的空调系统	冷水机组＋市政热源/锅炉 多联机室外机 地源热泵 空气源热泵机组
医院	大厅：全空气系统 各诊室、办公用房：风机盘管＋新风系统 ICU及手术部：全空气净化空调系统	冷水机组＋市政热源/锅炉 多联机室外机 地源热泵 空气源热泵机组
学校	食堂：全空气系统 宿舍、实训楼、办公楼、教学楼：风机盘管＋新风系统	冷水机组＋市政热源/锅炉 多联机室外机 地源热泵 空气源热泵机组

（1）办公建筑

对于中小型或平面形状呈长条形或房间进深较小的办公建筑，通常可不分内外区，一般采用全空气系统或者风机盘管＋新风系统的空调方式，也可用分散式的水环热泵系统或VRV 多联机系统。有些办公楼设有计算机中心，它的工作时间与办公楼的工作时间不一致，通常需要 24h 工作。因此计算机中心的空调应该有独立冷源，如采用自带独立冷机的全空气系统。

（2）商业建筑

商业建筑中多采用全空气系统。新风引入简单，保证有足够的新风；集中进行空气的去湿、过滤及消声处理，保证商场的舒适性和空气品质；在过渡季节可采用全新风供冷，可推迟或少开制冷机组；由于空气集中处理，系统本身简单，维护管理方便。

（3）酒店建筑

空调面积较大的厅堂可采用全空气系统的方式。餐厅、宴会厅、多功能厅、咖啡厅、茶室常用风机盘管＋新风系统方式。送、回风方式常用下送上回或侧送上回形式。送、回风口多为散流器、条缝形或双层百叶侧送风口。中、小型餐饮业或与大楼内其他功能房间的集中式空调在使用频率、使用时间上都不同的餐饮部分，采用局部分散的空调方式较多，例如直接蒸发式分体空调器，室内机包括柜式机组、壁挂式机组、天井式机组、风管式机组，机组的冷凝方式有水冷、风冷。

（4）医院建筑

医院大多采用中央空调系统，大厅采用全空气系统，各诊室、办公用房等采用风机盘管＋新风系统。空调机组、新风机组均设粗、中效过滤器、蒸汽加湿器。ICU 设独立的净化空调机组，为上送下、侧回的全空气净化空调系统。百级、千级手术室每间手术室设独立的净化空调机组。冷却塔安装在大楼楼顶或裙房屋顶。

在不同公共建筑中，空调末端主要采用两种方式：一是全空气系统，二是风机盘管＋新风系统。我国一般的办公建筑、酒店等基本采用风机盘管＋新风的空调系统形式，但对于公共建筑中空间较大、不方便布置风机盘管的也会采用全空气空调系统。

以医院建筑为例，采用活塞式、螺杆式、离心式、风冷式、热泵式制冷机组的建筑占比较大，采用溴化锂吸收式冷水机组的建筑在寒冷地区中约占 17%，在夏热冬冷地区则约占 12%，所占比例相差不多，如图 2.3-5 所示。

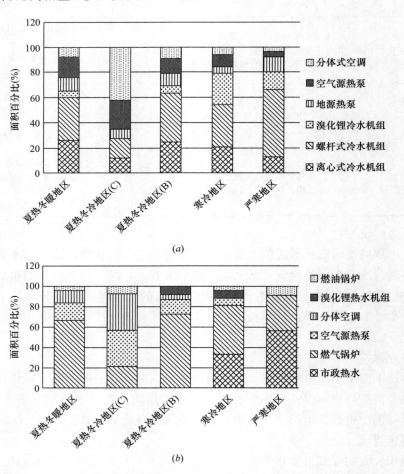

图 2.3-5　主要空调冷热源、生活热水热源形式面积比例（医院建筑）（一）

（a）主要空调冷源形式面积比例（医院建筑）；（b）主要空调热源形式面积比例（医院建筑）

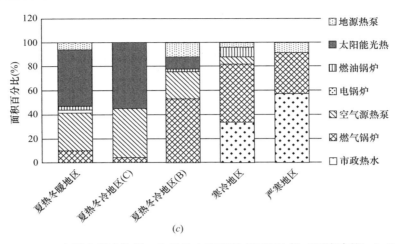

2.3-5 主要空调冷热源、生活热水热源形式面积比例（医院建筑）（二）

（*c*）主要生活热水热源形式面积比例（医院建筑）

2. 系统能效影响效果分析

对空调工程运行能效比 *SOEER* 与各子系统之间的关系做定量的分析，当各子系统 *SOEER* 变化时，引起空调工程 *SOEER* 的变化是不同的。基于项目测试数据，得出冷热源系统、冷热水输配系统、末端系统三个子系统能效提升对整体系统能效提升的影响效果，如表 2.3-2 和图 2.3-6 所示。

子系统能效提升对系统能效的影响　　　　　　　　　　　　　　表 2.3-2

子系统能效提升幅度		系统能效提升幅度
冷源系统	+5%	+5.27%
冷水输配系统	+5%	+0.80%
末端系统	+5%	+1.12%
冷源系统	+10%	+7.40%
冷水输配系统	+10%	+1.30%
末端系统	+10%	+2.29%

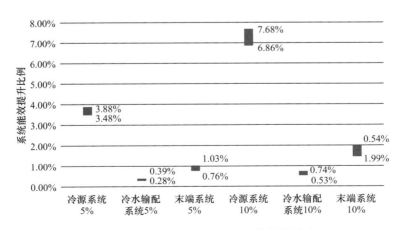

图 2.3-6 子系统能效提升对系统能效影响

　　在水输配系统和空调末端能效比不变时，当冷源系统能效比提高 5％、10％，系统能效对应提高范围为 3.48％～3.88％、6.86％～7.68％；在冷源系统和空调末端能效比不变时，当水输配系统能效比提高 5％、10％，系统能效对应提高范围为 0.28％～0.39％、0.53％～0.74％；在冷源系统和水输配系统能效比不变时，当空调末端能效比提高 5％、10％，系统能效对应提高范围为 0.76％～1.03％、1.45％～1.99％。可见，冷热源子系统能效比对空调工程系统能效比的影响最大，空调末端能效比影响次之，水输配系统影响最小。

　　表 2.3-3 显示了不同装机容量下冷热源系统、冷热水输配系统、末端系统三个子系统能效的提升对整体能效提升影响的差异性。

不同装机容量子系统能效提升对系统能效影响的对比　　　　　表 2.3-3

子系统能效		系统能效			
		$CL\leqslant200$	$200<CL\leqslant528$	$528<CL\leqslant1163$	$CL>1163$
冷源系统	+5％	3.88％	3.58％	3.53％	3.48％
冷水输配系统	+5％	0.28％	0.36％	0.37％	0.39％
末端系统能效	+5％	0.76％	0.96％	0.99％	1.03％
冷源系统	+10％	7.69％	7.08％	6.97％	6.86％
冷水输配系统	+10％	0.53％	0.69％	0.71％	0.74％
末端系统能效	+10％	1.45％	1.85％	1.92％	1.99％

　　如图 2.3-7～图 2.3-9 所示，在水输配系统和空调末端能效比不变时，当冷源系统能效比提高 5％、10％，随着装机容量的增加，冷源系统能效提升对空调系统整体能效的影响呈下降趋势；在冷源系统和空调末端能效比不变时，当水输配系统能效比提高 5％、10％，随着装机容量的增加，水输配系统能效提升对空调系统整体能效的影响呈上升趋势；在冷源系统和水输配系统能效比不变时，当空调末端能效比提高 5％、10％，随着装机容量的增加，空调末端能效提升对空调系统整体能效的影响呈上升趋势。

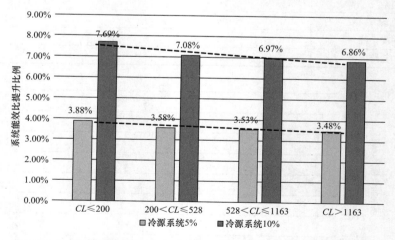

图 2.3-7　不同装机容量下冷源系统能效提升对系统能效影响的趋势

　　综上说明，规模较大的空调工程，应以冷源系统的能效提升为主，水系统输配和空调末端能效提升并进的原则进行能效提升改造设计。而对于规模一般或较小的空调工程，应重点对冷源系统的能效进行提升。

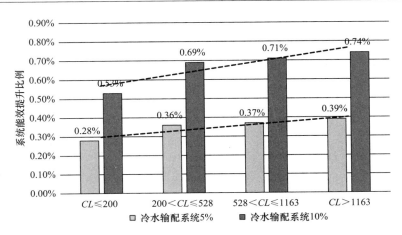

图 2.3-8 不同装机容量下冷水输配系统能效提升对系统能效影响的趋势

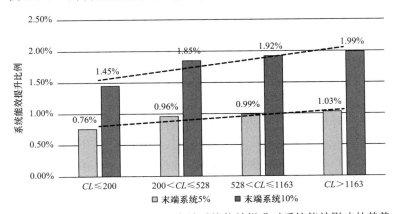

图 2.3-9 不同装机容量下空调末端系统能效提升对系统能效影响的趋势

表 2.3-4 显示了不同空调末端形式（全空气、风机盘管＋新风、风机盘管）能效的提升对系统能效的影响。

不同末端子系统能效提升对系统能效提升的影响   表 2.3-4

末端系统形式	末端能效提升	系统能效提升
全空气系统	＋5％	1.02％
	＋10％	1.95％
风机盘管	＋5％	0.78％
	＋10％	1.48％
风机盘管＋新风	＋5％	0.85％
	＋10％	1.69％

如图 2.3-10 所示，对于全空气末端形式，子系统能效提升后，对系统能效提升的贡献最大，风机盘管＋新风系统次之，风机盘管系统最小。进一步说明，对于同一种冷源的空调系统，如果风系统形式不一样，则其冷量输配系统能效也不一样，半集中式空调系统、风系统和水系统管路的损失比较小，而集中式全空气系统，其风输送系统管路较长，不仅风机耗功率大，风输送过程中散热量也增加，直接导致空调送风系统能耗增加，导致空调系统能效降低。一般而言，针对冷量输配系统能效，全空气空调系统＜混合式送风＜

半集中送风空调系统。

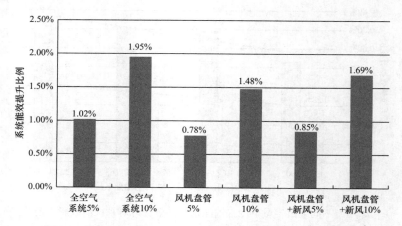

图 2.3-10 不同末端子系统能效提升对系统能效提升的影响

3. 能效阈值设定建议

目前，既有公共建筑节能改造项目建筑总能耗以达到节能65％为目标，主要针对既有改造项目进行纵向对比，从而作为既有公共建筑降低能耗、提升能效的依据。在实际改造过程中，也需要与同类建筑、同类系统的项目进行横向比较，进而了解该项目更佳能效所处范围。因此，通过大量样本数据调研统计，针对不同系统形式、不同建筑功能、不同气候区域研究制定机电系统能效阈值，对于既有公共建筑能效提升有着重要意义。能效阈值的提出，可作为既有公共建筑机电系统能效提升的基准依据。以空调系统为例，建议能效阈值可分为"设计能效比阈值"和"运行能效比阈值"。

"空调系统设计能效比阈值"是指各种不同冷源形式的空调工程设计能效比的平均值，是空调工程设计能效比的评价基准。有变负荷调节设计的系统，其平均能效比高于设计能效比。若平均能效比低于设计能效比评价值，说明系统变负荷调节能力差，在变负荷运行时能耗大，尚有节能设计或改造的空间。

一个空调工程设计能效比的高低只能代表其在设计工况下的能效水平，不能代表该系统在运行过程中的能效状况，而"运行能效比"则表征空调系统在运行过程中能效的高低。"空调系统运行能效比阈值"是指各种不同冷源形式的空调工程运行能效比的平均值，是空调工程运行能效比的评价基准。

结合大量现有空调工程的设计资料，对其"空调工程设计能效比"进行统计计算。进一步，结合大量现有空调工程的运行检测，对"空调工程运行能效比"进行统计计算，得出空调系统能效比阈值范围设定建议如下：

（1）选取一定数量样本，将各种不同冷源类型空调工程能效比平均值统计后作为各类冷源类型空调工程能效比限值，此限值为既有公共建筑空调系统能效提升改造设计应达到的准入阈值。小于准入阈值，说明该空调工程的系统能效低于目前平均水平，尚有较大的节能改造空间。

（2）结合现行国家标准《公共建筑节能设计标准》GB 50189，将各种不同冷源类型空调工程设计能效比限值进行修正，作为既有公共建筑空调系统能效提升改造设计应达到的推荐阈值。

（3）在现有节能设计标准及冷热源设备能效分级标准的基础上，将各种不同冷源类型空调工程能效比限值进行修正，并提升一定比例（10%～15%）作为既有公共建筑空调系统能效提升改造设计应达到的目标阈值。

上述阈值的设定仅针对空调系统给出建议，其他如给水排水系统、电气系统亦可结合工程项目实践展开研究，以大量统计数据为基础，给出相应指标的合理阈值，进而有效指导既有公共建筑机电系统能效提升，做到量化可依。阈值研究是一项系统、复杂的课题，需要获取大量的统计数据，并结合不同气候区域、不同建筑类型、不同机电系统形式等因素统筹制定，阈值的研究对既有公共建筑节能改造及能效提升具有重要意义。

本章参考文献

[1] 中国城市科学研究会. 中国绿色建筑（2017）[M]. 北京：中国建筑工业出版社，2017.
[2] 中国建筑科学研究院. 公共建筑节能改造技术规范. JGJ 176—2009 [S]. 北京：中国建筑工业出版社，2009.
[3] 江亿. 破解建筑节能难题 [J]. 中国建设信息，2011（13）：26-27.
[4] 丁勇，魏嘉，黄渝兰. 基于照度适宜性分析的公共建筑照明节能改造研究 [J]. 建筑节能，2014（8）：97-101.
[5] 清华大学建筑节能研究中心. 中国建筑节能年度发展研究报告 2014 [M]. 北京：中国建筑工业出版社，2014.
[6] 张伟，张志刚，刘贤崇. 天津市公共建筑能耗调研与分析 [J]. 煤气与热力，2011，31（3）：24-26.
[7] 王晓璇，张志刚，殷洪亮. 天津市某大型商场建筑用能现状与节能改造途径的探讨 [C] // 全国暖通空调学术年会，2008.
[8] 魏庆芃，王鑫，肖贺，杨秀. 中国公共建筑能耗现状和特点 [J]. 建筑科技，2009（8）：38-43.
[9] 邹坤坤，谢慧，郑妍，梁薇，王利峰. 北京地区某办公楼类建筑能耗分析 [J]. 建筑节能，2013（2）：52-55.
[10] 陈高峰，张欢，由世俊，叶天震，谢真辉. 天津市办公建筑能耗调研及分析 [J]. 暖通空调，2012，42（7）：125-128.
[11] 王智超，杨英霞，袁涛，刘赟，李剑东，于震. 沈阳市公共建筑空调系统状况及能耗调查与分析. [J]. 建筑科学，2010，26（6）：53-56.
[12] 冯夫顺，曲云霞，郭玉莎，王志杰. 严寒地区公共建筑的能耗分析 [J]. 建筑热能通风空调，2014，33（1）：56-58.

第3章 既有公共建筑机电系统分项能耗拆分技术

我国既有公共建筑分项计量普遍存在配置比例低、系统管理水平不一、上传数据不正常、分类方法不统一等共性问题，并且由于既有公共建筑配电系统的情况较复杂，难以依靠有限的电表直接计量所有分项能耗数据。因而，要提升既有公共建筑系统能效必须进行分项能耗拆分，以期为既有公共建筑机电系统能效分级和节能改造提供必要的数据支撑。

3.1 能耗拆分算法研究现状

分项计量拆分算法的研究国外起步较早，并且取得了一些技术上的突破和阶段性的成果，国内研究起步相对较晚，目前较常见的能耗拆分算法主要有以下几种：

3.1.1 最优化能耗拆分算法

最优化拆分算法求解思路如下：（1）对用电支路中的各末端设备能耗进行估算；（2）根据估算的各个支路能耗，对总能耗进行拆分，即通过调整各末端设备的能耗估算值，使它们的和等于总能耗；（3）对估算结果进行调整，估算较准确的末端调整幅度较小，反之则调整幅度较大；（4）最后得出带有不确定度的拆分结果。改进后的最优化能耗拆分算法，在能耗最优化拆分算法的最后一步将总目标函数的拆分指标、末端类型细分、末端隐形阶段细分三者加权再求和，在限定条件下求最优值。

3.1.2 基于电流互感器的电能分项计量法

当任何一个用电设备 E 在 t_1 时间投入运行时，必然会引起线路中总电流的增加，根据数据采集器采集到的电流变化量可以确定当前投入运行用电设备的性质和类型，然后将投入 E 之后的线路总电流减去投入 E 之前的线路总电流，得到设备 E 的电流。再结合采集的电压，可以计算出用电设备 E 的功率 P；当线路总电流在时间 t_2 减小时，假定确认是用电设备 E 退出运行，即可得到用电设备 Z 运行的时间 $t=t_2-t_1$，这样就可以计量出用电设备 E 在时间 t 内消耗的电能。但是此方法无法判断投入运行或者退出运行的用电设备到底是什么设备。

3.1.3 基于波形因数的用电设备识别法

公共建筑中常用的用电设备，稳态下它们的电流波形是不相同的，也就是说电流的波形因数就不相同，因此，可以通过电流的波形因数来识别用电设备。此方法可以与上述方法结合使用，但是局限性依然很大，因为用电设备种类繁多，波形因数数据欠缺。

3.1.4 基于集合理论的区域能耗拆分算法

建筑的总能耗为全部用户的总能耗：（1）进行分项能耗计量的用户能耗特征的组合代表区域的分项能耗特征；（2）区域总能耗等于各个区域的总能耗之和；（3）进行分项能耗计量的建筑能耗特征的组合代表区域的分项能耗特征。其中：区域总能耗、所有建筑总能耗、所有用户总能耗、进行分项计量的用户分项能耗量都能够通过计量系统获得。而需要进行的工作是：（1）由进行分项计量的用户分项能耗量的组合获得该区域的分项能耗；（2）由进行分项计量的建筑分项能耗量的组合获得区域的分项能耗。利用以上理论建立一个区域能耗分项计量动态数学模型，利用计算机求解，在划定区域上通过监测系统获得能耗总量和分项特征量，将它们输入模型，运行模型得到区域能耗分项结果和数据误差，同时给出误差评价。

3.1.5 末端设备拆分算法

末端设备拆分算法是一项基于计算机模拟和统计学分析的混合技术，将建筑的小时能耗拆分为不同末端设备的分项能耗，该方法起初用于单独一栋建筑的电能拆分，后来经过改进又可以用于同电网内多栋建筑的电能拆分，但是该方法局限于空调系统。

3.1.6 非嵌入式能耗监测法

通过测量建筑的实时电耗曲线，根据用电设备的启动和停止电信号来识别设备，判断具体用能设备的启停和实时功率值，进而计算出各类设备的能耗。目前，还未有此方法用于公共建筑的成功案例，可能原因是公共建筑中的设备种类纷繁复杂、数量极其庞大，仅仅凭借总能耗曲线判断设备启停的难度过高。此方法用于居住建筑的研究相对比较成功，较理想的拆分结果，误差可以控制在10%左右，而不理想的结果，误差可能高达30%，甚至超过50%；而对于公共建筑，由于设备种类繁多、数量巨大、启停复杂，则存在多设备启停信号相互叠加难以分离，或者不同种类设备启停信号类似难以识别等技术难点。

常见的能耗拆分算法对比分析见表3.1-1，由此可见，算法简单的准确度往往较低，准确度高的算法又过于复杂，往往通过计算机编程或在线监测实现能耗拆分，并不具有普遍适用性。

能耗拆分算法对比

表 3.1-1

序号	拆分算法	特点	准确度	复杂度	适用性
1	最优化能耗拆分算法	引入了"不确定度"概念，求解多元方程	一般	较复杂	实施周期长，需提前掌握建筑运行信息
2	基于电流互感器的电能分项计量法	通过监测设备运行时引起线路中总电流的增加来判断	较高	较复杂	无法判断投入运行或者退出运行的用电设备到底是什么设备
3	基于波形因数的用电设备识别法	通过电流的波形因数来识别用电设备	较高	较复杂	波形因数数据欠缺，不适用于设备种类繁杂的公共建筑
4	基于集合理论的区域能耗拆分算法	建立一个区域能耗分项计量动态数学模型，利用计算机求解	较低	较复杂	模型复杂，实施周期长
5	末端设备拆分算法	基于计算机模拟和统计学分析的混合技术，将建筑的小时能耗拆分为不同末端设备的分项能耗	较高	较复杂	目前仅限于空调系统

序号	拆分算法	特点	准确度	复杂度	适用性
6	非嵌入式能耗监测法	通过测量建筑的实时电耗曲线，根据用电设备的启动和停止电信号（电流、电压、有功功率、无功功率、功率因数等）来识别设备，判断具体用能设备的启停和实时功率值，进而计算出各类设备的能耗	一般	一般	对于公共建筑，由于设备种类繁多、数量巨大、启停复杂，则存在多设备启停信号相互叠加难以分离的现象

3.2　能耗拆分分类模型及拆分流程

3.2.1　分类模型

能耗拆分技术的实施首先要依托能耗拆分节点模型，给出的分类模型见表 3.2-1。分类模型将机电系统能耗分为一级子项能耗和二级子项能耗，一级子项主要包括气候相关型能耗设备以及气候无关型能耗设备，二级子项主要包括暖通空调设备能耗、照明插座设备能耗、动力系统设备以及特殊用电设备能耗，二级子项系统为一级子项系统的细分。

能耗拆分分类模型　　　　　　　　　　　　　　　　　　　表 3.2-1

	一级子项	二级子项	
建筑总用电	气候相关型能耗	暖通空调设备能耗	冷热站用电
			空调末端用电
			输配系统用电
	气候无关型能耗	照明插座设备能耗	照明和插座用电
			走廊和应急照明用电
			室外景观照明用电
		动力设备能耗	电梯用电
			给水排水系统水泵用电
			通风机用电
		特殊功能设备能耗	信息中心、洗衣房、厨房、餐厅、游泳池、健身房或其他

根据本书第 2 章内容可知，不同气候区不同建筑类型的各分项能耗占比中，空调系统和照明插座系统在任一建筑类型的总能耗中占比相较于其他子项能耗要大很多，仅仅是空调系统和照明插座用电之和就达到了 70%~80%。

值得一提的是，照明插座的分项能耗在总能耗中占比较大，这种分项能耗结果也反映了分类计量工程存在的一些问题。由于既有建筑配电系统的情况较复杂，有些情况下难以依靠有限的电表通过直接计量的方式获取所有分项能耗的准确数据，因而存在照明插座能耗中混有空调能耗及其他能耗的情况，针对这种混合支路情况分项能耗拆分尤其重要。

3.2.2　拆分流程

机电系统分项能耗拆分技术的核心理念就是按照大型公共建筑不同用能设备的能耗特

点将一块总表上的用电量做一级一级地拆分，然后把相同属性的能耗重新组合得到分项能耗数据，利用加法原则将同属性的能耗重新组合得到最终的结果。

分项能耗拆分技术应首先确定能源账单的组成，然后进行一级子项能耗拆分，即气候相关型能耗和气候无关型能耗拆分，由此可以快速拆分能源账单中一级能耗。其次按照机电设备铭牌信息以及设备使用特征，结合设备能耗估算模型，估算各末端设备的能耗值，由此进行二级子项拆分。

拆分计算的流程如下：

（1）确定能源账单的组成，进行一级子项能耗拆分。

（2）建立各支路末端集的能耗估算模型，求解支路末端集估算能耗值，进行二级子项能耗拆分，根据机电系统设备的运行特点，对其能耗估算值的准确度、波动性、稳定性等进行分析。

（3）依据一级子项能耗拆分对二级子项能耗拆分结果进行误差分析，对二级子项能耗拆分结果进行组合，计算与一级子项的拆分误差。

（4）拆分结果校验。当拆分误差大于15％时，需要进行二级子项能耗校核，应校核分项能耗数据的计算项，是否有遗漏项或明显不符合以往能耗比例的数据，并重新计算；当计算误差小于15％时，对二级子项能耗修正，使其误差范围控制到5％以下。

（5）为了体现该估算方法的准确性，要考虑估算准确度对能耗拆分结果的影响程度。对估算的结果进行不确定度计算，得出带有"不确定度"的拆分结果，估算计算误差越小，末端调整幅度较小，反之则调整幅度较大。

3.3 一级子项能耗拆分

一级子项能耗拆分可快速、粗略获得气候相关型及气候无关型能耗的比例，得出节能潜力最大的耗能环节，为前期改造提供决策依据。

3.3.1 确定能源账单组成

大多数建筑有自己独立的电制冷系统来为建筑供冷，也存在一部分建筑从吸收式制冷系统、区域供冷系统或其他中央设备中获得冷水，或者使用电制冷系统的建筑会为冷机系统安装单独的计量电表。所以确定一份能源账单里是否含有冷机系统的耗电量很有必要。

可以应用平面度指数（Flatness Index，FI）来确定能耗账单中是否有天气决定能耗（冷机及其附属设备的能耗）。

FI 为各月能耗的标准差与平均月能耗的比值：

$$FI = \frac{各月能耗标准差}{平均月能耗} \tag{3.3-1}$$

根据经验，当 $FI<0.11$ 时，说明能耗中极少或者没有气候相关型能耗。

应用 FI 分析上海某办公楼能耗账单。上海某办公楼 2013 年各月平均温度及能耗如表 3.3-1 所示。

			表 3.3-1
月份	平均温度（℃）	月耗电量（kWh）	日耗电量（kWh）
1 月	7.3	2142000	69097
2 月	10.3	1721685	61489
3 月	14.3	1907010	61516
4 月	19.1	1735230	57841
5 月	24.7	2121735	68443
6 月	27.7	2441460	81382
7 月	30.7	3539970	114193
8 月	29.6	4022550	129760
9 月	26.9	2658810	88627
10 月	22.0	2113125	68165
11 月	16.6	1888110	62937
12 月	10.9	2188095	70584

上海某办公楼 2013 年能耗

将各月平均温度和各月日耗电量描绘成如图 3.3-1 所示的散点图，求得平均耗电量为 77836.17kWh/d，计算 FI 为 0.29（＞0.11），因此该建筑能耗中含有气候相关型能耗。

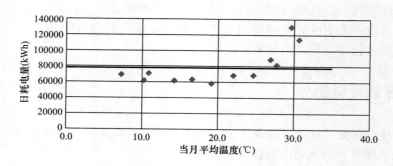

图 3.3-1　上海某办公楼 2013 年能耗

建筑的能耗可以分为两大类：气候相关型和气候无关型。气候无关型能耗主要由照明用电、电源用电、水泵用电、风扇用电等组成，这些能耗最终转变成热量，这些热量大多成为建筑的冷负荷。气候相关型能耗指的是随外界天气改变明显的能耗，主要为冷机及其附属设备的能耗。根据建筑实际情况，应用三参数变异点模型或四参数变异点模型，可以完成能源账单的一级子项拆分。

3.3.2　气候相关型能耗拆分

1. 三参数变异点模型

三参数变异点回归分析是一种可以描述气候相关型能耗的方法。当室外空气温度超过（低于）某个平衡温度时，制冷设备就开始制冷（制热设备开始制热），这一变化可以在回归分析图中体现。例如，考虑一栋电能既用于空气调节又用于照明等其他设备的建筑，在寒冷的冬季不需要为房间供冷，但由于照明和其他设备负荷，仍然需要用电。当室外空气温度升高，直到超过某个平衡温度，随着室外空气温度升高，空调系统用电也会增多。回

归系数 β_1 描述了非气候相关型的用电量，回归系数 β_2 描述了随室外温度升高用电量增大的速率，回归系数 β_3 描述了气候相关型用电开始的变异点温度。这个模型叫做三参数制冷（3PC）变异点模型。同理，当燃料（如燃气）被用于供热和其他生产相关的用能项目时，用气量也可以用一个三参数供热（3PH）变异点模型表示。在统计学中，这种类型的模型被叫作分段线性模型或样条模型。

温度控制器在大多数建筑中的使用决定了用分段线性模型来描述建筑制冷（热）何时开始比用一系列多项式来描述要合适得多。因为温度控制器在设定的温度下让制冷（热）机组开始运行，而建筑的冷热负荷又与室外空气温度有本质上的线性关系，所以诸如之前介绍的 3PC 和 3PH 模型更好地代表了制冷（热）能耗与室外空气温度的关系。

三参数变异点模型的解析表达式如下：

$$Y_c = \beta_1 + \beta_2(X - \beta_3)^+ \tag{3.3-2}$$
$$Y_h = \beta_1 + \beta_2(X - \beta_3)^- \tag{3.3-3}$$

式中 β_1——常数项；

        β_2——斜率；

        β_3——变异点横坐标；

$(X - \beta_3)^+$——表示当括号内数值为负值时此项取零；

$(X - \beta_3)^-$——表示当括号内数值为正值时此项取零。

三参数变异点模型适用于冷（热）负荷主要由围护结构决定的建筑类型。

2. 四参数变异点模型

与三参数变异点模型类似，四参数变异点模型包含一个变异点，但与三参数变异点模型不同的是，四参数变异点模型里加入了一个非零的斜率。当以室外空气温度为独立变量时，四参数变异点模型可以描述应用变风量空调系统、应用某些特殊控制手段下的系统或既需电制冷又需电制热的建筑中制冷（热）用电量随室外空气温度变化的情况。例如，当室外空气温度高于某个最小温度值时，可能会有两个与制冷有关的斜率，一个斜率对应含有经济器制冷的室外空气温度范围，另一个斜率对应只有压缩机制冷的室外空气温度范围。

需要注意的是，四参数变异点模型中两个斜率有可能同号也有可能异号，同号还是异号取决于实际模拟的建筑和气象情况；大多数情况下，两个斜率是同号的。

四参数变异点模型的解析表达式为：

$$Y = \beta_1 + \beta_2(X - \beta_4)^- + \beta_3(X - \beta_4)^+ \tag{3.3-4}$$

式中 β_1——常数项；

        β_2——左斜率；

        β_3——右斜率；

        β_4——变异点横坐标；

$(X - \beta_4)^+$——表示当括号内数值为负值时此项取零；

$(X - \beta_4)^-$——表示当括号内数值为正值时此项取零。

四参数变异点模型不仅适用于使用变风量空调系统的建筑，还适用于潜热量大或者有非线性控制特性（如有经济器循环系统）的建筑。

以三参数变异点模型为例把建筑 12 个月的能耗拟合成回归分析图，并认为变异点之前的平稳部分就是只有非气候相关型能耗的月份，平稳部分的能耗值就是近似的非气候相关型能耗日平均值，用这个日平均值算出全年的非气候相关型能耗值，再与计量得到的全部能耗比较，就得到全年的气候相关型能耗值；用冷机工作各月的总能耗减去该月的非气候相关型能耗，就得到该月的气候相关型能耗，即 HVAC 系统的能耗。

3.3.3　气候无关型能耗拆分

根据 3.3.2 节可计算得到气候相关型能耗，气候无关型能耗为总表能耗减去气候相关型能耗，计算公式为：

$$Q_q = Q - Q_k \tag{3.3-5}$$

式中　Q_q——气候无关型能耗，kWh；

　　　Q_k——气候相关型能耗，kWh；

　　　Q——总能耗，kWh。

上式已经得到气候相关型和气候无关型分类能耗，但其中各分项用电量未知。因此，要进行二级子项能耗拆分，具体计算方法见下节。

3.4　二级子项能耗拆分

二级子项能耗主要包括暖通空调设备能耗、照明插座设备能耗、动力设备能耗及特殊用能设备能耗。对于混合支路，将进行二级子项设备能耗的拆分重组。

3.4.1　暖通空调设备能耗估算

1. 集中空调冷热源设备

（1）空调系统冷源主机能耗计算

1）无专门的分项计量设备，但某主要变配电支路有逐时的运行记录，且该支路对应着某个耗能设备系统（不含其他系统），采用运行记录中的逐时功率（或根据运行记录中的冷机负载率和电流计算冷机的逐时功率），对全年运行时间进行积分；

$$P_R = \int_{i=0}^{T_R} P_{R_i} dt \tag{3.4-1}$$

式中　P_R——冷机耗电量，kWh；

　　　P_{R_i}——冷机的逐时功率，kW；

　　　T_R——夏季设备累计运行时间，h。

累计运行时间 T_R 是指设备从早晨启动至晚上停止运行的全年运行时间的总和。例如，8：00 启动，17：00 停止运行，冷机在 6～9 月运行，则冷机累计运行时间 T_R（不包括星期日和节假日）为：

$$T_R = 9h \times 25d \times 4 月 = 900h$$

2）无逐时功率或逐时负载率、电流数据时，可将制冷机的额定功率与当地的当量满负荷运行小时数相乘得到；

$$P_R = (\sum P_{R.N}) T_R \varepsilon_R = (\sum P_{R.N}) T_{ER} \tag{3.4-2}$$

式中　P_R——冷机耗电量，kWh；

$P_{R,N}$——冷机额定功率，kW；

T_{ER}——夏季当量满负荷运行时间，h；

ε_R——冷机负荷率。

夏季当量满负荷运行时间 T_{ER} 是：全年空调冷负荷的总和 $q_c = \int q\mathrm{d}T$ 与制冷机最大出力 q_R 的比值，即：

$$T_{ER} = \frac{q_c}{q_R} \tag{3.4-3}$$

式中 q_c——全年空调冷负荷，kJ/a；

q_R——冷机最大出力，kJ/h。

夏季当量满负荷运行时间 T_{ER} 与建筑物的功能、性质、空调系统采用的节能方式等有关，夏季当量满负荷运行时间见表 3.4-1。

当量满负荷运行时间

表 3.4-1

序号	建筑类型	当量满负荷运行时间（h）	
		供冷	供热
1	办公楼	560	480
2	百货楼	800	340
3	饮食店	1000	1300
4	剧场	950	850
5	旅馆	1300	1050
6	学校	0	700
7	医院	860	1260

冷源设备负荷率 ε_R：是全年空调冷负荷与冷冻机在累计运行时间内总的最大出力之和的比例，即：

$$\varepsilon_R = \frac{q_c}{q_R T_R} = \frac{T_{ER}}{T_R} \tag{3.4-4}$$

在得到当量满负荷运行时间和负荷率这两个基本数据后就可以根据制冷机铭牌数据进行制冷机全年总能耗量（P_R）的计算了。

（2）空调系统热源主机能耗计算

1）无专门的分项计量设备，但某主要变配电支路有逐时的运行记录，且该支路对应着某个耗能设备系统（不含其他系统），采用运行记录中的逐时功率（或根据运行记录中的热源用电设备负载率和电流计算设备的逐时功率），对全年运行时间进行积分；

$$P_B = \int_{i=0}^{T_B} P_{B_i} \mathrm{d}t \tag{3.4-5}$$

式中 P_B——热源设备耗电量，kWh；

P_{B_i}——热源用电设备的逐时功率，W；

T_B——冬季用电设备累计运行时间，h。

冬季用电设备累计运行时间（T_B）计算方法同夏季设备累计运行时间（T_R）。

2）无逐时功率或逐时负载率、电流数据时，可将热源设备的额定功率与当地的当量满负荷运行小时数相乘得到；

$$P_B = (\sum P_{B,N}) T_B \varepsilon_B = (\sum P_{B,N}) T_{EB} \qquad (3.4-6)$$

式中　$P_{B,N}$——热源用电设备额定功率，kW；

　　　T_{EB}——冬季当量满负荷运行时间，h；

　　　ε_B——热源设备负荷率。

冬季当量满负荷运行时间 T_{EB} 是：全年空调热负荷的总和 $q_c = \int q \mathrm{d}T$ 与或锅炉最大出力 q_B 的比值，即：

$$T_{EB} = \frac{q_c}{q_B} \qquad (3.4-7)$$

式中　q_c——全年空调热负荷，kJ/a；

　　　q_B——热源设备最大出力，kJ/h；

　　　T_{EB}——热源设备当量满负荷运行时间，见表 3.4-1。

热源设备负荷率 ε_B：是全年空调热负荷与热源设备在累计运行时间内总的最大出力之和的比例，即：

$$\varepsilon_B = \frac{q_c}{q_B T_B} = \frac{T_{EB}}{T_B} \qquad (3.4-8)$$

在得到热源设备当量满负荷运行时间和负荷率两个基本数据后就可以根据热源设备铭牌数据进行热源设备年总能耗量（P_B）的计算了。

2. 输配系统设备

（1）冷水和冷却水泵能耗计算

1）采用运行记录中的逐时功率（或根据运行记录中的逐时电流计算水泵的逐时功率），对全年运行时间进行积分；

$$P_P = \int_{i=0}^{T_P} P_{P_i} \mathrm{d}t \qquad (3.4-9)$$

式中　P_P——水泵耗电量，kWh；

　　　P_{P_i}——水泵的逐时功率，kW；

　　　T_P——水泵累计运行时间，h。

2）在没有相关运行记录时，对定速运行或虽然采用变频但频率基本不变的水泵，实测各水系统（如冷却水系统、冷水一次水系统、冷水二次水系统等）中，不同的启停组合（即分别开启 1 台、2 台、……N 台）下水泵的单点功率，根据运行记录统计各启停组合实际出现的小时数，计算每种启停组合的全年电耗再相加。对变频水泵，实测各水系统在不同启停组合下，工频时水泵的运行能耗，再根据逐时水泵频率的运行记录计算逐时水泵能耗（根据三次方的关系），并对全年积分。

3）既无相关运行记录，也没有条件对设备耗电功率进行实测时，针对定流量系统水泵以及变流系统水泵能耗的计算方法如下。

对于定流量系统水泵能耗的计算公式：

$$P_P = (\sum P_{P,N}) T_P \qquad (3.4-10)$$

式中　$P_{P,N}$——水泵额定功率，kW。

变流量系统水泵能耗的计算公式：

$$P_P = (\sum P_{P,N}) T_P (\varepsilon_R + \alpha_R) \tag{3.4-11}$$

$$\alpha_R = (1 - \varepsilon_R)/n \tag{3.4-12}$$

式中　ε_R——冷机负荷率；

　　　n——设备台数。

4）根据循环流量和水泵扬程的计算水泵能耗。

冷却水泵循环流量：

$$W_{LQ} = \frac{(1 + COP) \cdot Q_1}{COP \cdot \Delta t_{LQ} \cdot \rho \cdot c_p} \tag{3.4-13}$$

式中　W_{LQ}——冷却循环泵循环流量，m^3/h；

　　　Q_1——制冷机组在空调工况下的名义制冷量，kW；

　　　Δt_{LQ}——冷却水供回水温差，℃。

水泵扬程：

H_{LQ}根据工程实际情况从样本中选择。

冷却循环泵耗电功率：

$$N_{LQ}(d) = \frac{W_{LQ}(d)/3600 \cdot \rho \cdot g \cdot H_{LQ}}{\eta_P \cdot \eta_m} = \frac{\rho \cdot g \cdot H_{LQ} \cdot Q_1}{3542 \Delta t_{LQ} \cdot \eta_P \cdot \eta_m} \tag{3.4-14}$$

式中　N_{LQ}——冷却水泵功率，kW；

　　　H_{LQ}——冷却水泵扬程，mH_2O；

　　　η_P——循环泵的效率；

　　　η_m——循环泵的电动机效率。

（2）风机能耗计算

风机计算方法与水泵类似，计算方法如下：

定风量风机能耗的计算公式：

$$P_F = (\sum P_{F,N}) T_F \tag{3.4-15}$$

式中　P_F——风机耗电量，kWh；

　　　$P_{F,N}$——风机的额定功率，kW；

　　　T_F——风机累计运行时间，h。

变风量风机能耗的计算公式：

$$P_F = (\sum P_{F,N}) T_F (\varepsilon' + \alpha') \tag{3.4-16}$$

$$\varepsilon' = (\varepsilon_R T_R + \varepsilon_B T_B)/(T_R + T_B) \tag{3.4-17}$$

$$\alpha' = (1 - \varepsilon')/N \tag{3.4-18}$$

式中　$P_{P,N}$——风机额定功率，kW；

　　　N——风机台数。

3. 末端设备

（1）风机盘管能耗计算：统计建筑物中各个区域风机盘管的数量和功率，分别估算其运行时间，相乘得到。

（2）分体空调能耗计算：统计建筑物中所有分体空调的数量和功率，估算其运行时间和平均负荷率，相乘得到。

4. 空调机组

空调机组、冷却塔、新风机组、通风机的计算方法与水泵类似。

冷却塔耗电功率结合冷却塔样本数据，曲线回归得到冷却塔能耗与循环水量的相关性：

$$N_{\mathrm{T}}(d) = x \cdot W_{\mathrm{LQ}} = \frac{x \cdot Q_{\mathrm{l}}}{\Delta t_{\mathrm{LQ}}} \tag{3.4-19}$$

式中 $N_{\mathrm{T}}(d)$——冷却塔日间空调工况下的耗电功率，kW。

这里冷却塔耗电功率均按照最大流量选型（日间流量）来考虑，不考虑风机流量而进行变化的工况。

3.4.2 照明插座设备能耗估算

1. 照明设备

（1）不同支路类型照明设备耗电量计算公式如下：

$$P = 220 \cdot I_{\mathrm{l}} \cdot \cos\phi \tag{3.4-20}$$

$$P = \sqrt{3} \cdot 380 \cdot I \cdot \cos\phi \tag{3.4-21}$$

$$W_{\text{电}} = P \cdot t \tag{3.4-22}$$

式中 P——照明功率，kW；

I——输入线电流，A；

$\cos\phi$——功率因数；

$W_{\text{电}}$——年总耗电量，kWh；

t——年运行时间，h；

I_{l}——照明支路相电流。

大楼办公室的照明、插座和空调末端共用各层的配电回路，根据不同时段测量得到的各楼层照明支路电流，采用式（3.4-20）和式（3.4-22）计算其能耗总量；会议、会客室均配有单独的三相支路，由于其室内设备较少，可以认为支路能耗为照明耗电量，采用式（3.4-21）和式（3.4-22）进行能耗计算；计算机中心全天24h运行，可根据灯具数量、功率、使用率和使用时间等信息，计算其照明耗电量；公共区域包括大堂、走廊、卫生间、车库和楼道等，公共区域照明都有专用分项支路，走廊、车库为三相支路，大堂、卫生间为单相支路；应急照明在低压配电柜内设有专用三相支路。

（2）供配电设计负荷下的照明耗电量计算方法：

负荷曲线的积分计算比较复杂，可采用年平均负荷来确定，计算公式如下：

$$W_{\mathrm{p,a}} = \alpha_{\mathrm{av}} P_{\mathrm{c}} T_{\mathrm{a}} \tag{3.4-23}$$

$$W_{\mathrm{q,a}} = \beta_{\mathrm{av}} Q_{\mathrm{c}} T_{\mathrm{a}} \tag{3.4-24}$$

式中 $W_{\mathrm{p,a}}$——年有功电能消耗量，kWh；

$W_{\mathrm{q,a}}$——年无功电能消耗量，kWh；

P_{c}——计算有功功率，kW；

Q_{c}——计算无功功率，kW；

α_{av}——年平均有功负荷系数，一般取 $0.7 \sim 0.75$；

β_{av}——年平均无功负荷系数，一般取 $0.76 \sim 0.82$；

T_a——年实际工作小时数，h；一班制可取1860h，二班制可取3720h，三班制可取5580h。

其中计算有功功率及无功功率计算公式如下：

计算项目	计算公式
计算有功功率（kW）	$P_c = K_d P_e$
计算无功功率（kvar）	$Q_c = P_c \tan\phi$
计算视在功率（kVA）	$S_c = \dfrac{P_c}{\cos\phi}$
计算电流（A）	$I_c = \dfrac{S_c}{\sqrt{3} U_r}$

注：P_e——同类用电设备组的设备功率，kW；

$\quad K_d$——同类用电设备组的需要系数，当设备台数为3台及以下时，K_d取1，见表3.4-2和表3.4-3；

$\quad \cos\phi$——同类用电设备组的功率因数，见表3.4-2和表3.4-3。

民用建筑用电设备需要系数及功率因数

表3.4-2

用电设备组名称		需要系数 K_d	功率因数	
			$\cos\phi$	$\tan\phi$
通风和采暖用电	各种风机、空调器	0.70～0.80	0.80	0.75
	恒温空调箱	0.60～0.70	0.95	0.33
	集中式电热器	1.00	1.00	0
	分散式电热器	0.75～0.95	1.00	0
	小型电热设备	0.30～0.50	0.95	0.33
冷机		0.85～0.90	0.80～0.90	0.75～0.48
各种水泵		0.60～0.80	0.80	0.75
锅炉房用电		0.75～0.80	0.80	0.75
电梯（交流）		0.18～0.22	0.5～0.6	1.73～1.33
输送带、自动扶梯		0.60～0.65	0.75	0.88
起重机械		0.1～0.2	0.5	1.73
厨房及卫生用电	食品加工机械	0.5～0.7	0.8	0.75
	电饭锅、电烤箱	0.85	1.0	0
	电炒锅	0.7	1.0	0
	电冰箱	0.6～0.7	0.7	1.02
	热水器（淋浴用）	0.65	1.0	0
	除尘器	0.30	0.85	0.62
机修用电	修理间机械	0.15～0.20	0.50	1.73
	电焊机	0.35	0.35	2.68
	移动式电动工具	0.20	0.50	1.73
打包机		0.20	0.60	1.33
洗衣房动力		0.30～0.50	0.70～0.90	0.75
天窗开闭机		0.10	0.50	1.73
通信及信号设备		0.70～0.90	0.70～0.90	0.75
客房床头电气控制箱		0.15～0.25	0.70～0.85	1.02～0.62

旅游宾馆用电设备需要系数及功率因数　　　　　　　表 3.4-3

用电设备组名称		需要系数 K_d	功率因数	
			$\cos\phi$	$\tan\phi$
照明	客房	0.35～0.45	0.90	0.48
	其他场所	0.50～0.70	0.60～0.90	1.33～0.48
冷水机组、泵		0.65～0.75	0.80	0.75
通风机		0.60～0.70	0.80	0.75
电梯		0.18～0.22	0.50	1.73
洗衣机		0.30～0.35	0.70	1.02
厨房设备		0.35～0.45	0.75	0.88
窗式空调机		0.35～0.45	0.80	0.75

同类用电设备组的设备功率计算公式如下：

1）单台用电设备

① 连续工作制用电设备的设备功率等于额定功率：

$$P_e = P_r \qquad (3.4-25)$$

式中　P_r——设备额定功率，kW。

② 短时或周期工作制用电设备的设备功率是指将铭牌额定功率换算到统一负载持续率下的有功功率，换算公式为：

$$P_e = P_r\sqrt{\frac{\varepsilon_r}{\varepsilon}} = S_r\cos\phi\sqrt{\frac{\varepsilon_r}{\varepsilon}} \qquad (3.4-26)$$

式中　ε_r——设备铭牌上的额定负载持续率；

　　　ε——统一要求的负载持续率；

　　　S_r——设备额定容量（额定视在功率），kVA；

　　　$\cos\phi$——设备额定功率因数。

③ 照明设备的设备功率为光源的额定功率加上附属设备的功率。如气体放电灯、金属卤化物灯等，为光源的额定功率加上镇流器的功耗；低压卤钨灯、节能等 LED 灯等，为光源的额定功率加上其变压器的功率。

2）用电设备组

成组用电设备的设备功率是指组内不包括备用设备在内的所有单个用电设备的设备功率之和。

同类用电设备组的需要系数和额定功率因数分别见表 3.4-4 和表 3.4-5。

照明用电设备的需要系数　　　　　　　表 3.4-4

建筑类别	K_d	建筑类别	K_d
生产厂房（有天然采光）	0.8～0.9	设计室	0.9～0.95
生产厂房（无天然采光）	0.9～1.0	科研楼	0.8～0.9
锅炉房	0.9	综合商业服务楼	0.75～0.85
仓库	0.5～0.7	商店	0.85～0.9
办公楼	0.7～0.8	体育馆	0.7～0.8

照明用电设备的功率因数 表 3.4-5

光源类别		$\cos\phi$	$\tan\phi$	光源类别	$\cos\phi$	$\tan\phi$
	白炽灯、卤钨灯	1.00	0.00	金属卤化物灯	0.40～0.55	2.29～1.52
荧光灯	电感镇流器（无补偿）	0.50	1.73		0.90	0.48
	电感镇流器（有补偿）	0.90	0.48	霓虹灯	0.40～0.50	2.29～1.73
	电子镇流器（>25W）	0.95～0.98	0.33～0.2	LED灯（≤5）	0.4	2.29
	高压汞灯	0.4～0.55	2.29～1.52	LED灯（>5）	0.7	1.02
	高压钠灯	0.26～0.50	2.29～1.73	LED灯（宣称高功率因数者）	0.9	0.48

2. 插座设备

插座中设备开启（比如电脑）时电流特点不同，可以根据这一点来判断电耗的各自属性。因涉及的问题较多，而这部分设备能耗计算可能包含在其他子项中，所以在能耗计算和拆分过程中不做优先拆分项。

3.4.3 动力设备能耗估算

1. 电梯设备

计算方法同 3.4.2 节照明供配电设计负荷下的照明耗电量计算法，此处不再赘述。

2. 给水排水系统设备

按照水泵轴功率进行考核的单方水能耗计算公式如下：

$$W_1 = \rho g H / (1000 \times 3600 \eta_2) \qquad (3.4\text{-}27)$$

式中　W_1——按照水泵轴功率计算的单方水能耗，kWh/m³；

　　　ρ——输送介质密度，kg/m³；

　　　g——重力加速度；

　　　H——水泵运行点扬程，m；

　　　η_2——水泵运行点效率。

按照泵组输入电功率进行考核的单方水能耗计算公式如下：

$$W_2 = W_1 / \eta_1 = \rho g H / (1000 \times 3600 \eta_1 \eta_2) \qquad (3.4\text{-}28)$$

式中　W_2——按照泵组输入电功率进行考核的单水能耗，kWh/m³；

　　　η_1——运行点考虑联轴器及电动机的综合效率（常用的弹性联轴器效率约为 0.99，一般可只考虑电动机效率）。

由上述公式可知，只要将水泵运行工况点的 ρ、H、η_1、η_2 代入计算便可得到此工况下单方水能耗值，由此计算得到给水排水泵电耗。

3.4.4 特殊功能设备能耗估算

特殊功能设备能耗计算方法同 3.4.2 节照明供配电设计负荷下的照明耗电量计算法，此处不再赘述。

3.4.5 最优化拆分方法

当知晓某一支路用电，且支路末端设备数量不多时，也可采用最优化的拆分方法求解计算支路上各末端能耗。

1. 数学模型

最优化算法即为了达到最优化目的所提出的各种求解方法。从数学意义上说，最优化方法是一种求极值的方法，即在一组约束为等式或不等式的条件下，使系统的目标函数达到极值，即最大值或最小值。

最优化分项设备能耗拆分算法就是根据各支路末端集的估算能耗，对总能耗（$E_\text{总}$）进行拆分。

$$E_\text{总} = \sum_{i=1}^{n} x_i + e \tag{3.4-29}$$

为了表述清楚，先给出一些术语的定义。

x_i——第 i 个末端集的实际能耗，简称实际能耗。

$\widetilde{x_l}$——按照某种模型估算得到的第 i 个末端集的能耗，简称估算能耗。

a_i——支路电耗约束条件下的估算能耗修正系数，简称修正系数。

$\ddot{x_l}$——在估算结果的基础上，增加了支路电耗的约束修正后得到的第 i 个末端集的能耗拆分结果，简称拆分能耗，即 $\ddot{x_l} = a_i \widetilde{x_l}$。

Y——末端集所在的支路电耗，简称支路电耗，即 $Y = \sum x_i$。

$\widetilde{e_l}$——第 i 个末端集的估算能耗与实际能耗的误差，即 $\widetilde{e_l} = \widetilde{x_l} - x_i$。

s_i——第 i 个末端集的标准差（由某种估算方法下的 $\widetilde{e_l}$ 大量的统计得到，不同的估算方法，标准差也不同）。

β_i——$\beta_i = \left(\dfrac{\widetilde{x_l}}{s_i}\right)^2$，第 i 个末端集估算的准确度（必有 $\beta_i \geq 1$），是能耗拆分的重要依据。

$\ddot{e_l}$——拆分能耗与实际能耗的误差，即：$\ddot{e_l} = \ddot{x_l} - x_i$

最优化拆分算法基本思想如下：

（1）根据分项设备能耗估算模型给出末端集能耗估算值 x_i。当然，估算结果和实际结果会有一定的误差，误差大小以标准差 s_i 的形式给出，s_i 可通过大量实测数据的统计得到（这里有一个基本假设，就是每个时刻的能耗估算结果 $\widetilde{x_l}$ 和真实值 x_i 的误差 $\widetilde{e_l}$ 呈正态分布，其标准差为 s_i）。

（2）引入支路电耗约束，为了降低估算误差，可利用支路电耗 Y 的约束，对估算得到的末端集能耗进行修正，即求修正系数 a_i，使得 $Y = \sum a_i x_i$。

（3）考虑估算准确度的影响，为了体现估算方法的经验准确度对能耗拆分的影响，引入参数估算准确度 $\beta_i = \left(\dfrac{\widetilde{x_l}}{s_i}\right)^2$。算法越准确，$\beta_i$ 值越高，反之则 β_i 值越低。

此外，不同分项经验估算算法的准确度很可能有较大差别，在求解修正系数 a_i 时，对于准确度较高的分项，$\widetilde{x_l}$ 修正之后变化的幅度应较小；对于准确度较低的分项，$\widetilde{x_l}$ 修正之后变化的幅度应较大。为计算方便，取 $(a_i - 1)^2$ 衡量 $\widetilde{x_l}$ 修正前后变化幅度。显然，末端集算法的准确度越高，修正前后的变化幅度应越小；反之，如果某末端集算法的准确度较差，则允许对其进行较大幅度的修正。能耗拆分问题可以抽象为如下的最优化问题：

运行阶段求拆分结果（已经取得实际支路电耗）：

已知：x，s，Y，$\ddot{x_l}$，$\beta_i = \left(\dfrac{\widetilde{x_l}}{s_i}\right)^2$，$\alpha$ 满足以下条件：

$$\min f(\alpha) = \sum \beta_i (a_i - 1)^2 \tag{3.4-30}$$

$$\text{s. t. } Y = \sum a_i \tilde{x}_l \quad a_i \geqslant 0 \tag{3.4-31}$$

求：$\ddot{x}$。

2. 最优化拆分算法求解过程

（1）如果支路中只有一个末端集，显然 $\ddot{x}_l = Y$，那么利用加法原则将各相能耗相加即可。

（2）如果支路中有两个末端集，且它们的估算能耗均不为 0（若其中某末端集估算能耗为 0，则该末端集的拆分能耗与拆分不确定度均取为 0，退出拆分，退化为只有一个末端集的问题），称为 1 拆 2 问题，有解析解。

当 $f(\alpha) = \sum \beta_i (a_i - 1)^2$ 取最小值时，显然有：

$$\alpha \sum \beta_i (a_i - 1)^2 / a_i = 0 \tag{3.4-32}$$

可以求得：

$$\ddot{x}_1 = \frac{\left[\dfrac{\tilde{x}_1}{\tilde{e}_1^2} + \dfrac{(Y - \tilde{x}_2)}{\tilde{e}_2^2} \right]}{\left(\dfrac{1}{\tilde{e}_1^2} + \dfrac{1}{\tilde{e}_2^2} \right)}$$

$$\ddot{x}_2 = \frac{\left[\dfrac{\tilde{x}_2}{\tilde{e}_2^2} + \dfrac{(Y - \tilde{x}_1)}{\tilde{e}_1^2} \right]}{\left(\dfrac{1}{\tilde{e}_1^2} + \dfrac{1}{\tilde{e}_2^2} \right)}$$

（3）如果支路中有 $N(N \geqslant 3)$ 个末端集，且它们的估算能耗均不为 0（若某末端集估算能耗为 0，则该末端集的拆分能耗与拆分不确定度均取为 0，退出拆分；如果此时剩余的末端集数量不足 3 个，退化为 1 拆 2 问题），称为 1 拆 N 问题，没有解析解，可以通过最优化方法求解。这里给出一种效率较高的解法。将约束条件中的等式条件去掉，原问题转化为以下的问题：

$$\min f(\alpha) = \beta_1 \left[\frac{Y - \sum_{i=2} a_i \tilde{x}_l}{\tilde{x}_1} - 1 \right]^2 + \sum_{i=2}^{n} (a_i - 1)^2 \beta_i \tag{3.4-33}$$

$$\text{s. t } -a_i \leqslant 0$$

各参数数值如下：

$$\boldsymbol{H} = \boldsymbol{H}_1 + \boldsymbol{H}_2 \tag{3.4-34}$$

$$\boldsymbol{H}_1 = \beta_1 / x_1^2 \begin{bmatrix} x_2^2 & x_2 x_i & x_2 x_n \\ x_i x_2 & x_i^2 & x_i x_n \\ x_n x_2 & x_n x_i & x_n^2 \end{bmatrix} \tag{3.4-35}$$

$$\boldsymbol{H}_2 = \begin{bmatrix} \beta_2 & 0 & 0 \\ 0 & \beta_i & 0 \\ 0 & 0 & \beta_n \end{bmatrix} \tag{3.4-36}$$

$$\boldsymbol{c} = \boldsymbol{c}_1 + \boldsymbol{c}_2 \tag{3.4-37}$$

$$\boldsymbol{c}_1 = 2 \frac{\beta_1}{x_1} \left(1 - \frac{b}{x_1} \right) \begin{bmatrix} x_2 \\ x_i \\ x_n \end{bmatrix}, \quad \boldsymbol{c}_2 = -2 \begin{bmatrix} \beta_2 \\ \beta_i \\ \beta_n \end{bmatrix}, \quad \boldsymbol{A} = \begin{bmatrix} -1 & \cdots & 0 \\ \vdots & \ddots & \vdots \\ 0 & \cdots & -1 \end{bmatrix}, \quad \boldsymbol{b} = \begin{bmatrix} 0 \\ \vdots \\ 0 \end{bmatrix}$$

$$\tag{3.4-38}$$

原问题为约束优化问题，这里为了简化计算过程，采用无约束优化的方法求解，如果得到的最小的某末端集的 a_i 小于 0，那么该末端集的拆分能耗与拆分不确定度均取为 0，去掉这个末端集后再进行计算。

3.4.6　误差控制及优化措施

为了提高设备能耗估算模型的准确性，首先应基于典型日 24h 设备能耗特征研究，并充分考虑设备的运行特点（间歇性、波动性、关联性）。对于启停状况具有较强随机性的末端集，其多数为单体功率较大的机电设备，通常具备直接计量的条件，则优先采用直接计量的方式。对于气候相关型设备，可在设备负载率与室外气象参数之间建立联系，从而提高负载率的估计精度。

具体而言，拆分计算的原则如下：

1. 抓大放小、量小不计

当某一支路的能耗太小且节能潜力不大时，可以采用"量小不计法"。所谓"量小不计"就是指某一支路能耗相对于其他支路能耗太小或者混合支路中某一种类型能耗相对另一种类型能耗太小，可以忽略，不计量能耗。分项计量的最终目的是寻找节能潜力，对于能耗相对较低的支路或者用能断断续续的小功率设备计量能耗的意义不大，因此可以采用"量小不计法"。根据能耗调查分析，从能耗数据上看空调系统和照明系统的能耗占了整个能耗的大部分，应该把这两部分作为重点拆分对象，采用"抓大放小"的原则，而对于特殊用电耗电量相对较小，且节能潜力不大，放在次位。

2. 稳定实拆、先易后难

对于能耗相对稳定的支路，优先进行拆分。某支路能耗相对稳定当某支路能耗相对稳定时采用"稳定实拆法"。所谓"稳定实拆"就是混合支路中某些耗电量比较稳定，可以通过实际测量，直接进行能耗拆分。在公共建筑中一般如电子设备用电等都比较稳定，且 24h 都在运行，可以运用这一方法。

3. 先气候无关、后气候相关

对于二级子项能耗拆分，与气候条件密切相关的能耗末端集，例如混合支路能耗［风机盘管（风柜）和照明插座混合支路］各种类别的耗电随着时间的变化而变化，则以"先气候无关、后气候相关"为原则，优先估算气候无关型耗能高的末端设备，优先估算混合支路中能耗大、波动小、运行规则的设备，以尽可能将不确定度修正到那些能耗小、不稳定、运行不规则的设备上，继而减小拆分误差。

4. 拆分结果优化

通过一级子项拆分以及二级子项拆分对分项能耗进行估算，估算出 $X_1 \sim X_n$ 的估算值，估算总能耗为 E，则有下式：

$$E = X_1 + X_2 + X_3 + X_4 + X_5 + X_6 + X_7 + X_8 + X_9 + X_{10} + \cdots + X_n \quad (3.4\text{-}39)$$

估算结果和实际结果会有一定的误差，为了降低拆分误差，可利用支路总电耗 Y 的约束，对估算得到的末端集能耗进行修正，引入"不准确度"的概念，即求修正系数 a_i，使得 $Y = \sum a_i x_i$。对于准确度较高的分项，a_i 修正之后变化的幅度应较小；对于准确度较低的分项，a_i 修正之后变化的幅度应较大。即，末端集算法的准确度越高，修正前后的变化幅度应越小；反之，如果某末端集算法的准确度较差，则允许对其进行较大幅度的修正。

根据实际项目全年建筑总电耗，根据总表数据 Y，采用迭代法为 a_i 赋值，并进行迭代计算，不断进行迭代计算，并与总表数据进行对比，直到与总表数据吻合，则 $a_i x_n$ 就是各分支分项能耗。

例如，照明能耗主要与灯具的照明功率相关，影响照明分项能耗的实际值与估算值的偏差因素主要为灯具使用时间、灯具效率，而对于某种建筑类型灯具使用时间是有固定规律的，灯具效率衰减一般较小，因此照明分项能耗的修正系数初始值可设置为 1。电梯分项能耗与之同理，不确定度系数初始值亦可预设为 1。

再如，对于能耗持续不变的末端集，如"信息中心"，如果能够实测一点的支路电耗，并认为全年的能耗均等于这一点的能耗，这种估算是准确可靠的，则不确定度系数初始值预设为 1。

但对于受运行模式、气象状况等多个因素影响，变化情况复杂的末端集，如"空调分项能耗"很难做到准确估算，其不确定度的预设则根据实际负荷率情况进行设定。

根据各设备能耗估算的准确度和可信度进行排序，并同时对不确定系数的调整和调整幅度进行设定，将分项能耗支点分为三类：可信、较可信、一般可信。

一般可信类属于通过理论分析和实验论证分项能耗估算值与实际值偏差较大的，如空调冷热源设备能耗，其不确定系数为第一优先调整，且调整幅度较大，a_i 的变化步长为 ± 0.05。

较可信属于通过理论分析和实验论证分项能耗估算值与实际值偏差不大的，如水泵、风机等，其不确定系数为第二优先调整，且调整幅度较小，a_i 的变化步长为 ± 0.03。

可信类属于通过理论分析和实验论证分项能耗估算值与实际值偏差较小的，如电梯、照明、信息中心，其不确定系数为第三优先调整，且调整幅度较小，a_i 的变化步长为 ± 0.01。

3.5 拆分实例

3.5.1 基于总表数据的分项能耗拆分

1. 建筑概况

该办公建筑位于南京市，建设于 2005 年，建筑总高度约为 37m，总建筑面积为 9708m²，地下建筑面积 1418m²，地上建筑面积 8290m²，空调面积 8910m²。标准层高 3.6m。办公人员约 1673 人。工作人员上下班时间为 9：00～17：30，每周工作 5 天。该建筑地上 10 层，为办公区域。地下 2 层，地下一层为厨房、职工餐厅、冷库、档案室等；地下二层为变配电室、车库等。

由于该建筑建设时间较早，供配电支路设计并非按照末端使用功能进行归类设计，而是按照就近的原则归为同一支路，为混合支路的情况，例如室内照明＋插座设备＋空调室内机混合。当配电支路带有混合类型负载时，无法在该支路实现所有分类能耗的直接计量，只能考察末端配电柜或配电箱下级支路的负载类型，并选择合适的计量方案，在预算和工程量可接受的范围内难以直接计量，有两种选择：（1）改变配电线路，实现分项配电；（2）考虑间接计量。分项配电是实现分项计量最直接和最好的方式，但一般只适用于新建建筑。很难为了分项计量而大规模改造既有建筑的配电系统，此时只能通过能耗拆分计算每个末端集的电耗。

2016 年建筑总用电量为 712856kWh，业主提供的逐月能耗如表 3.5-1 所示。天然气消耗量为 5832m³，消耗天然气的主要是厨房。

2016 年逐月能源账单　　　　　　　　　　　　　　　　　　　表 3.5-1

月份	1月	2月	3月	4月	5月	6月	7月	8月	9月	10月	11月	12月	年累计消耗电量（万 kWh）
用电量（万 kWh）	10.45	7.63	5.71	3.00	3.42	6.18	7.78	6.53	5.24	2.94	3.46	8.95	71.29
每月工作时间（d）	20	14	23	22	18	22	21	23	21	17	23	21	

2. 一级子项能耗拆分

（1）气候相关型能耗

暖通空调系统采用 VRV 系统，根据建筑业主提供的逐月能耗，应用三参数变异模型回归分析可以估算出暖通空调能耗，变异回归模型如图 3.5-1 和图 3.5-2 所示。

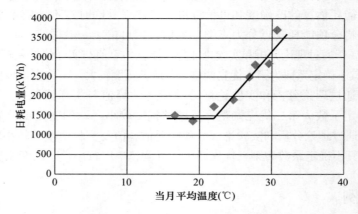

图 3.5-1　参数变异点回归分析（夏季）

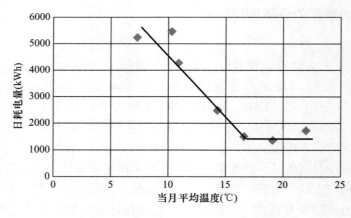

图 3.5-2　参数变异点回归分析（冬季）

由图 3.5-1 可以看出，在转折点左侧有 3 个数据点，代表有 3 个月冷机不工作，能耗为单纯的非天气决定能耗，约为 1495.6kWh/d。夏季当室外温度超过 22℃时，空调系统冷机开始工作，随着室外温度的升高，能耗随之增大，夏季暖通空调总能耗为 131102.6kWh。由图 3.5-2 可以看出，在转折点右侧有 3 个数据点，代表有 3 个月暖通空调系统不工作，能耗为单纯的非天气决定能耗，约为 1363.3kWh/d。冬季当室外温度低于 17℃时，空调系统开始工作，随着室外温度的降低，能耗随之增大，冬季暖通空调总能耗为 152439kWh。因此，暖通空调全年能耗为 283541.6kWh。

（2）气候无关型能耗

由总能耗减去空调系统能耗可以得到气候无关型能耗，共 429314.4kWh。

3. 二级子项能耗拆分

为得到各分项能耗数据，对机电系统能耗进行二级子项能耗拆分。首先对建筑用能末端进行统计，见表 3.5-2。根据建筑中各区域或各种用能设备使用功能和使用时间的不同，应用 3.4 节计算方法对各种用能设备分别进行全年耗电量累计计算。

现场用能设备及使用情况统计　　　　　　　　　　　表 3.5-2

分类	分项	建筑内设备功率（kW）	使用率（%）	平均工作时间（h/d）	计算用电量（kWh）	分类总能耗（kWh）
照明插座系统	照明	102.8	0.5	10	125930	243236
	电脑	35.5	0.8	10	69580	
	打印机	11	0.2	10	5390	
	热水	24	0.3	24	42336	
动力系统	电梯	30	0.4	10	29400	55860
	其他动力设备	90	0.15	8	26460	
其他系统	网络机房	16	1	24	94080	117600
	厨房	15	0.8	8	23520	
合计			416696kWh			

通过以上对各种二级用能设备进行全年能耗估算累计，按照分类模型进行同类重组，得到二级子项四大类分项能耗数据。图 3.5-3 为四大类分项能耗占比图，符合第 2 章调研数据的规律。全年估算能耗为 700237.6kWh，同实际能耗相差 1.8%，拆分结果准确较高。

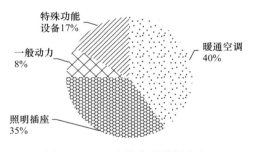

图 3.5-3　四大类分项能耗占比

3.5.2　暖通空调设备二级子项能耗拆分

1. 建筑概况

该医院是一所集医疗、教学、科研一体的综合性医院。医院总建筑面积为 34850m²，床位数为 850 床，主要建筑物共 4 栋：门诊楼、内科楼、新住院楼以及肠道门诊楼，主要建筑基本概况如表 3.5-3 所示。

该医院建筑基本概况 表 3.5-3

建筑名称	建筑层数	建筑面积（m²）	围护结构形式	总窗墙比	外墙材料	外窗类型
内科楼	6	6000	砖混结构	0.32	实心黏土砖	单层单玻璃窗
新住院楼	14	14800	钢筋混凝土结构	0.41	混凝土砌块	双层中空窗
门诊楼	6	8580	砖混结构	0.38	实心黏土砖	单层单玻璃窗
肠道门诊	4	1470	砖混结构	0.27	实心黏土砖	单层单玻璃窗

医院全年用电量为 450.51 万 kWh，全年用气量为 52.27 万 m³，按一次能源转换系数折算后的总能耗为 837.53 万 kWh，故医院单位建筑面积能耗水平为 237.1kWh/m²，单位床位能耗水平为 9721.5kWh/(床位·a)，节能潜力很大。该医院 2013 年逐月用电量及用气量如表 3.5-4 所示。

2013 年逐月用电量及用气量 表 3.5-4

月份	1	2	3	4	5	6
月用气量/(万 m³)	13.11	6.78	1.41	0.75	0.74	3.93
月用电量/(万 kWh)	39.72	35.50	26.38	25.03	26.29	40.05
月份	7	8	9	10	11	12
月用气量/(万 m³)	7.89	7.03	1.61	0.87	0.94	9.22
月用电量/(万 kWh)	56.40	69.72	46.27	27.06	26.92	31.18

2. 空调系统参数设置

该医院由于建筑众多，功能区域复杂，建筑冷热需求不一，供能系统较为多元，采用 3 套空调系统满足医院建筑的冷热需求，为了便于后续叙述，将 3 套系统分别定义为空调系统 1、空调系统 2、空调系统 3。空调系统 1 的作用区域为新住院楼、门诊楼一层及肠道门诊，以直燃式溴化锂机组作为冷热源；空调水系统为一次泵变流量系统，冷却水泵与冷水泵各两用一备；冷却塔有 4 台，采用台数控制策略。供暖水系统为一次泵变流量系统，供暖泵两用一备。末端空调机组除了大型会议室以及新住院楼一层采用吊装式空调机组以外，其他均采用风机盘管加新风的系统形式，新风机为新风余热回收风机。医院提供的风机盘管数为 600 台。空调系统 2 作用于内科楼，采用分体空调＋散热片形式；分体空调为 256 台。供暖热源为燃气热水锅炉，锅炉供应 90℃/70℃ 的热水用于供暖；供暖水系统为定流量系统，供暖泵一用一备。燃气热水锅炉兼作生活热水热源，提供医院生活热水。空调系统 3 用于门诊楼二～六层，全部采用分体空调，数量为 400 台。典型医院空调系统主要设备及其参数见表 3.5-5。

空调系统主要设备及其参数 表 3.5-5

设备名称	主要参数	数量	备注
直燃溴化锂机组	制冷量 $Q=1583kW$，制冷额定 $COP=1.36$，制热量 $Q=930kW$，制热额定 $COP=0.93$，耗气量 $Q=86Nm^3/h$	2	一用一备
燃气热水锅炉	制热量 $Q=1744kW$，耗气量 $Q=180.9Nm^3/h$	2	一用一备
冷水泵	$Q=322m^3/h$，$H=24m$，$N=37kW$	3	两用一备
冷却泵	$Q=400m^3/h$，$H=32m$，$N=45kW$	3	两用一备
供暖泵 1	$Q=150m^3/h$，$H=16.4m$，$N=7.5kW$	3	两用一备
供暖泵 2	$Q=186m^3/h$，$H=27.8m$，$N=11kW$	2	一用一备
冷却塔	$Q=450m^3/h$，$N=7.5kW$	4	

该医院空调系统在 6 月份每天从 8：30 至 23：30 运行，7～9 月空调系统 24h 全天运行。医院供暖期为 12 月 9 日至 3 月 6 日。供暖期间由直燃机组和锅炉共同满足整个医院的供热量，此时锅炉和直燃机组全天 24h 运行。

3. 一级子项能耗拆分

根据空调系统实际运行特点以及医院能源账单，拆分出空调系统能耗。图 3.5-4 为医院每月用电量，由图可知，过渡季节 4、5、10、11 月份可视为空调系统不运行，用供冷/供暖季能耗减去过渡季节能耗即可得到空调系统能耗，过渡季节平均能耗为 32.18 万 kWh/月，故该医院空调供暖能耗分别为 229.54 万 kWh 和 194.20 万 kWh。

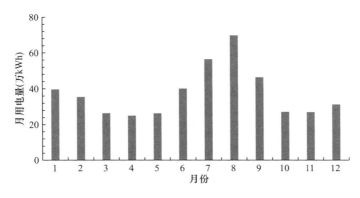

图 3.5-4 每月用电量柱状图

生活热水能耗为以过渡季节月平均用气量为基础进行计算。过渡季节月平均用气量为 8220m³/月，全年生活热水用气量为 9.90 万 m³，按一次能源折算的生活热水能耗为 70.34 万 kWh。故能耗季节拆分法拆分结果见表 3.5-6。

拆分结果   表 3.5-6

能耗分项	供暖	空调	生活热水
总能耗（万 kWh）	194.19	229.63	70.34

4. 空调系统二级子项能耗拆分

一级拆分只能得出空调总能耗数据，要得出空调系统设备能耗以了解各设备耗能情况需要根据 3.4 节二级子项设备能耗估算方法计算。根据 3.4.2 节空调机组、输配系统、末端系统的设备能耗估算模型分别计算。

根据上述冬夏两季空调系统的运行情况，以及实际中通过对医院工作人员及能源管理人员的调查沟通，各设备运行时间取值如表 3.5-7 所示。

设备运行小时数   表 3.5-7

设备类型	水泵	冷却塔	内科楼分体空调	门诊楼分体空调	末端空调机组
空调	2160h	2160h	1420h	2160h	2160h
供暖	1080h	1080h	—	1080h	1080h

根据表 3.5-5，分体空调平均额定功率为 1.2kW，风机盘管平均额定功率为 0.1kW，由此空调供暖能耗计算结果如表 3.5-8 所示。

空调供暖能耗 表 3.5-8

能耗分项	空调	供暖
冷（热）源	52.74 万 kWh	129.42 万 kWh
分体空调	134.52 万 kWh	33.18 万 kWh
水泵	35.42 万 kWh	2.27 万 kWh
冷却塔	9.50 万 kWh	—
末端空调机组	12.96 万 kWh	6.48 万 kWh
总计	245.14 万 kWh	171.35 万 kWh

根据医院能源管理人员提供的信息，医院锅炉每天运行 2h 为医院提供生活热水，除去锅炉供暖运行天数，生活热水运行天数为 234d，锅炉提供生活热水时锅炉累计运行时间为 468h，锅炉热效率为 85%，故锅炉生活热水耗气量为 9.96 万 m^3，按一次能源折算后的能耗为 70.99 万 kWh。故采用二级设备能耗估算的能耗拆分结果如表 3.5-9 所示。

二级子项能耗拆分结果 表 3.5-9

能耗分项	供暖	空调	生活热水
一级总能耗拆分（万 kWh）	194.19	229.63	70.34
二级总能耗拆分（万 kWh）	171.35	245.14	70.99
误差（%）	11.86	6.99	0.9

一级拆分与二级拆分误差均小于 15%，拆分结果以一级拆分为准，二级子项拆分结果按照一级拆分结果进行优化。因此对暖通空调系统设备能耗进行计算结果优化。空调冷源能耗不确定度设为 0.05，空调水泵、冷却塔以及末端机组能耗不确定度为 0.03，由此迭代优化后的空调能耗为 228.63 万 kWh，供暖能耗为 192.6 万 kWh。

本章参考文献

[1] 姬颖. 公共建筑间接能耗分项计量方法综述 [J]. 建筑节能，2013，41（10）：54-57.
[2] 李嵘. 空调冷热源能耗分析及对环境影响的生命周期评价 [D]. 西安：西安建筑科技大学，2005.
[3] 王莎. 能耗拆分算法在大型公建分项能耗监测系统中的应用研究 [D]. 武汉：湖北工业大学，2011.
[4] 王鑫，魏庆芃，等. 大型公共建筑用电分项计量系统研究与进展（2）：统一的能耗分类模型与方法 [J]. 暖通空调，2010，40（8）：14-17.
[5] 王鑫. 公共建筑用能分项计量综合关键技术研究 [D]. 北京：清华大学，2010.
[6] 住房和城乡建设部. 国家机关办公建筑和大型公共建筑能源审计导则，2007.
[7] 衣健光. 民用建筑节能评估能耗估算方法探讨 [J]. 节能技术和产品，2012，（4）：26-29.
[8] 刘珠雄. 办公建筑照明能效分析及节能建议 [J]. 节能与绿色建筑，2012，（5）：61-62.
[9] 赖炎连，贺国平. 最优化方法 [M]. 北京：清华大学出版社，2008.
[10] 刘烨，燕达，江亿. 大型公共建筑基于能耗指标体系的全过程节能管理研究 [C]//全国暖通空调制冷 2008 年学术年会论文集，2008.
[11] 王若君. 分项计量系统对上海地区大型公共建筑能耗案例分析 [J]. 新型建筑材料，2010，37（11）：48-50.
[12] 张辉，魏庆芃，等. 大型公共建筑用电分项计量系统研究与进展（1）：系统构架 [J]. 暖通空调，2010，40（8）：10-13.

［13］ 熊玮玮，席自强，等. 校园某实验楼电能分项计量系统研究［J］. 湖北工业大学学报，2011，26（1）：97-100.

［14］ 林卫东. 从能耗普查情况探讨实施分项计量设置［J］. 福建建设科技，2008（3）：87-88.

［15］ 李宝树，葛玉敏，刘川川. 新型电能分项计量系统［J］. 电测与仪表，2011，48（4）：63-65，76.

［16］ 邢振祥，曲伟晶. 居住区域能源消耗分项计量监测系统分析与设计［J］. 建筑节能，2008，36（12）：52-54.

［17］ 牛祺飞，张永坚，张春华. 建筑中能耗拆分方法［J］. 控制工程，2010，1（17）：80-82.

［18］ Akbari H，Heinemeier K，Le Coniac P，et al. An Algorithm to Disaggregate Commercial Whole-Building Electric Hourly Load into End Uses［C］//Washington，DC：Proc. of ACEEE 1988 Summer Study on Energy Effi- ciency in Buildings，1988.

［19］ Akbari H. Validation of an Algorithm to Disaggregate Whole-Building Hourly Electrical Load into End Uses［J］. Energy，1995，20（12）：1291-1301.

［20］ Laughman C，et. al. Power signature analysis［J］. Power and Energy Magazine，IEEE，2003，1（2）：56-63.

［21］ Marceau M L，Zmeureanu R. Nonintrusive load disaggregation computer program to estimate the energy consumption of major end uses in residential buildings［J］. Energy Conversion & Management，2000，41：1389-1403.

［22］ Pihala H. Non-intrusive Appliance Load Monitoring System Based on a Modern kWh- Meter［R］. Espoo：VTT Publications 356，1998.

［23］ Norford L K，Leeb S B. Non-intrusive electrical load monitoring in commercial buildings based on steady-state and transient load-detection algorithms［J］. Energy and Buildings，1996，24（1）：51-64.

［24］ Hart G. Nonintrusive appliance load monitoring［J］. Proceedings of the IEEE，1992，80（12）：1870-1891.

［25］ Cole A，Albicki A. Algorithm for non-intrusive identification of residential appliances［C］//Proceedings of the 1998 IEEE International Symposium on Circuits and Systems. Monterey，CA，USA，1998.

［26］ Norford L，Mabey N. Non-intrusive electric load monitoring in commercial buildings［C］//Proc. Eighth Symp. Improving Building Systems in Hot and Humid Climates，Dallas，TX，1992.

［27］ Leeb S B. A conjoint pattern recognition approach to non-intrusive load monitoring［D］. Cambridge，MA：Department of Electrical Engineering and Computer Science，Massachusetts Institute of Technology，1993.

［28］ US DOE. Energy Information Administration. Commercial buildings energy consumption survey，2003.

［29］ Baranski M，Voss J. Genetic algorithm for pattern detection in NIALM systems［C］//In Systems，Man and Cybernetics，IEEE International Conference，2004.

［30］ Akbari H，Eto J，Konopacki S，et al. Integrated Estimation of Commercial Sector End-Use Load Shapes and Energy Use Intensities in the PG&E Service Area［R］. Lawrence Berkeley National Laboratory Report LBL-34263，Berkeley，CA 94720. 1993a.

［31］ Akbari H，Rainer L，Heinemeier K，et al. Measured Commercial Load Shapes and Energy-use Intensities and Validation of the LBL End-use Disaggregation Algorithm［R］. Lawrence Berkeley National Laboratory Report LBL-32193，Berkeley，CA. 1993b.

第4章 既有公共建筑机电系统能效评价与等级划分

公共建筑机电系统主要包括暖通空调系统、给水排水系统、电气系统三个部分，是公共建筑用能系统的重要组成，这三个系统的能效提升对整个建筑能耗的降低起到了决定性作用。国内目前现有的公共建筑机电系统能效评价指标均比较具体且相对独立，缺乏必要的关联性、综合性，不足以反映机电系统节能的潜力，也无法从系统能效的层面反映公共建筑机电系统的用能情况。其次，国内现行相关标准均局限在单机设备的能效等级分类以及不同类型建筑能耗限值的研究与制定上，尚未延伸至机电系统能效分级层面。为了能够对公共建筑机电系统能效进行科学、全面、迅速的评价，有必要从综合能效的层面建立反映公共建筑机电系统运行特性的指标体系，并进行分级评价。

4.1 机电系统能效分级方法

4.1.1 基于机电系统及子系统相对节能率的能效分级方法

该方法能够广泛用于包括照明插座系统、动力系统、空调系统及特殊系统等分项的公共建筑机电系统能效等级评估，且当缺乏分项能耗指标约束值时，同时能对公共建筑机电系统整体能效等级进行快速、简便的初步判定。判定包括以下步骤：

1. 计算该公共建筑机电系统分项的能耗密度及占比

根据式（4.1-1）和式（4.1-2）计算机电系统分项的能耗密度及占比：

$$e_i = E_i / A \tag{4.1-1}$$

式中 i——公共建筑机电系统分项，i 为正整数；

e_i——第 i 项公共建筑机电系统分项的能耗密度，$\mathrm{kWh/(m^2 \cdot a)}$；

E_i——第 i 项公共建筑机电系统分项的年能耗，$\mathrm{kWh/a}$；

A——公共建筑的建筑面积，$\mathrm{m^2}$。

$$\eta_i = E_i / E \tag{4.1-2}$$

式中 η_i——第 i 项机电系统分项占公共建筑机电系统总能耗的比重；

E——公共建筑机电系统的年总能耗，$\mathrm{kWh/a}$。

2. 计算各公共建筑机电系统分项的相对节能率

根据式（4.1-3）计算机电系统分项的相对节能率：

$$X_i = \frac{e_i' - e_i}{e_i'} \times 100\% \tag{4.1-3}$$

式中 X_i——第 i 项公共建筑机电系统分项的相对节能率；

e_i'——比对公共建筑机电系统分项的能耗密度，由国家或地方现行有关能耗限定值或约束值确定，$\mathrm{kWh/(m^2 \cdot a)}$。

3. 计算该公共建筑机电系统的相对总节能率

基于以上所得到的公共建筑各机电系统分项的能耗占比以及公共建筑各机电系统分项的相对节能率，根据式（4.1-4）计算机电系统的相对总节能率：

$$X = \sum_{i=1}^{n} (X_i \times a_i) \qquad (4.1-4)$$

式中　X——公共建筑机电系统的相对总节能率，%；

　　　a_i——第 i 项公共建筑机电系统分项的相对节能率的权重，$a_i = \eta_i$。

根据步骤 3 所得到的公共建筑机电系统的相对总节能率 X 的值，判定该公共建筑机电系统的能效等级 Y，分成 1、2、3、4、5 五个等级，1 级表示能效最高，各能效等级判定方法如表 4.1-1 所示。

公共建筑机电系统的能效等级划分表　　　　　表 4.1-1

能效等级 Y				
5	4	3	2	1
X<0%	0%≤X<10%	10%≤X<20%	20%≤X<30%	X≥30%

若比对公共建筑机电系统分项的能耗密度 e_i' 无法获取时，省略步骤 2，根据式（4.1-5）和式（4.1-6）计算机电系统的相对总节能率：

$$e = E/A \qquad (4.1-5)$$

$$X = \frac{e' - e}{e'} \times 100\% \qquad (4.1-6)$$

式中　e'——比对公共建筑机电系统的总能耗密度，由国家或地方现行有关能耗限定值或约束值确定，kWh/(m² · a)；

　　　e——公共建筑机电系统的总能耗密度，kWh/(m² · a)。

根据步骤 2 计算得到的各公共建筑机电系统分项的相对节能率 X_i，判定各公共建筑机电系统分项的能效等级 Y_i，分成 1、2、3、4、5 五个等级，1 级表示能效最高，各能效等级判定方法如表 4.1-2 所示。

公共建筑机电系统分项的能效等级划分表　　　　　表 4.1-2

能效等级 Y_i				
5	4	3	2	1
X_i<0%	0≤X_i<10%	10%≤X_i<20%	20%≤X_i<30%	X_i≥30%

4.1.2 基于机电系统及子系统能效提升百分比的能效分级方法

建筑机电系统为建筑使用功能服务的用能设备及其配套设施的集合，主要包括暖通空调、给水排水、电气三个子系统。公共建筑机电系统能效评价指标体系由室内环境质量及使用功能、暖通空调系统、给水排水系统、电气系统这 4 类一级指标组成，其中室内环境质量及使用功能指标的评价结果为满足或不满足。只有当参评建筑室内环境质量及使用功能满足《公共建筑机电系统能效分级评价标准》第四章的要求时，才能进行机电系统的能效分级评价。

暖通空调系统分值设定为 0～100 分，评分按照评价系统相对于参照系统的能效提升百分比确定，基准分值为 60 分，每提高 1‰加 2 分；给水排水系统分值设定为 0～100 分，评分按照给排水系统分级评价指标的满足情况打分确定；电气系统分值设定为 0～100 分，评分按照电气系统分级评价指标的满足情况打分确定，详见《公共建筑机电系统能效分级评价标准》。公共建筑机电系统能效的总得分按式（4.1-7）进行计算：

$$Q = \sum_{i=1}^{n} w_i Q_i \tag{4.1-7}$$

式中 Q——公共建筑机电系统总得分，满分 100 分；

w_i——公共建筑机电系统子系统的指标权重；

Q_i——公共建筑机电系统子系统得分，各分项满分 100 分。

表 4.1-3 给出了公共建筑暖通空调、给水排水及电气 3 个子项的指标权重，各类指标权重的取值经广泛征求意见、公共建筑机电系统分项能耗分布水平调研和试评价后综合调整确定。

公共建筑机电系统子系统指标权重　　　　　　表 4.1-3

子系统	暖通空调 w_1	给水排水 w_2	电气 w_3
指标权重	0.55	0.15	0.30

为避免仅按总得分确定等级引起参评建筑在某一方面存在能效过低的情况，在进行机电系统能效分级评价时规定了暖通空调、给水排水、电气 3 个子项的得分不应低于 50 分，并分为 3 个等级（见表 4.1-4）：一星（★）、二星（★★）和三星（★★★），星级越高节能效果越好。

公共建筑机电系统能效分级评价　　　　　　表 4.1-4

能效等级	Q 得分
★	$60 < Q \leqslant 70$
★★	$70 < Q \leqslant 85$
★★★	$85 < Q \leqslant 100$

4.2 机电系统能效分级评价标准

4.2.1 评价指标体系构建

方法一是以公共建筑机电系统分项的年能耗和能耗密度为基础进行能效分级的，能够对机电系统的整体能效等级进行快速、简便的初步判定。方法二从能耗和能效两个层面建立了反映公共建筑机电系统运行特性的评价指标体系并进行分级评价。经对比分析，方法二中涉及的评价指标体系更加科学、全面，因此采用方法二作为《公共建筑机电系统能效分级评价标准》的评价方法。

《公共建筑机电系统能效分级评价标准》适用于新建和既有公共建筑机电系统的能效评价，对于实施机电系统节能改造的公共建筑，也可按该标准规定的能效评估方法和分级标准，分别对改造前后的建筑能效进行分级评价，通过比较改造前后机电系统能效水平的变化来评判机电系统节能改造的效果。

参照我国现行评价体系架构，通过整体能耗水平和系统能效指标两个层面对机电系统全年累计工况和典型工况的能效进行评价。机电系统能效评价一级指标分为：室内环境质量及使用功能、暖通空调系统、给水排水系统、电气系统，上层指标反映系统的整体性能，下层指标根据系统形式及设备组成划分，下层指标体现设备具体问题，评价指标体系见图 4.2-1。

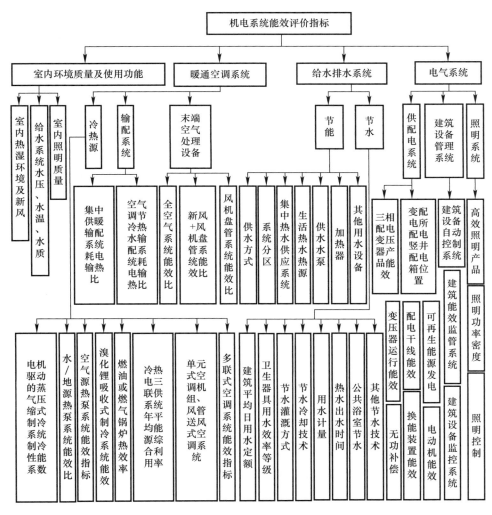

图 4.2-1 《公共建筑机电系统能效分级评价标准》指标体系

公共建筑机电系统能效的分级评价应结合我国公共建筑机电系统能效分布水平、我国国情和资源环境特点，针对建筑类型、规模和所处气候区域的不同，研究各评价指标的作用、相关性和敏感度，筛选评价指标，确定各种类型评价指标的评分准则、取值和权重。公共建筑机电系统能效分级评价从机电系统能效评价指标体系和机电系统能效等级两个层面开展，具体分级原则如下：

1. 采用 3 级能效等级

能效等级数越多，级别间差别小，将导致管理复杂化，且能效级数分得过细，每一级指标在很大程度上存在因测量误差引起的定级误判问题，因此采用 3 级能效等级。

2. 各等级指标的合理划分

三星级为目标值，指标确定在当前的最高水平；二星级为节能评价等级，指标按有 30% 左右的项目能达到的能效来设定；一星级作为能效限定值，为市场准入等级，主要用于淘汰低能效系统，指标按淘汰 10%～20% 左右的低能效项目设定。

3. 各级能效等级指标的最终确定

各级能效等级指标的最终确定，一方面以统计数据的分析为基础，并进行 LCC（全生命周期成本）分析评价；另一方面适当考虑行业发展的现状、趋势和潜力等因素。

4.2.2　室内环境质量及使用功能

室内环境质量及使用功能评价的目的是衡量机电系统性能是否满足使用需求，是进行公共建筑机电系统能效分级评价的前提，其评价结果分为满足和不满足。在进行机电系统能效性能分级评价时，应首先根据条文要求对参评建筑室内环境质量及使用功能进行评价，当参评建筑室内环境质量及使用功能不满足要求时，应进行相应改造，满足要求后再进行机电系统能效分级评价。

对室内热环境及空气品质进行综合评价时，应在系统调适后开展。这是由于建筑机电系统在运行过程中往往呈现出偏离设计状态的情况，这主要反映在系统在运行时未进行整体运行调适，系统未达到最佳的运行状态，从而造成环境调控不能达到预期目的、系统能效低于设计要求。因此，对于室内环境质量及使用功能的评价，应该是在系统充分调节、满足使用需求并达到最适宜状态后开展，以便客观评价系统的环境调控能力。影响室内环境质量及使用功能的因素主要反映在三个部分：（1）室内热湿环境及新风；（2）给水系统的水压、水温和水质；（3）室内照明质量。在进行室内热环境及空气品质测试时，应按现行行业标准《公共建筑节能检测标准》JGJ/T 177 中的相关规定进行。

1. 室内热湿环境及新风

（1）室内热环境舒适度

建筑室内环境包括温度、湿度、风速等参数，对于热湿环境的整体性能评价，依照现行国家标准《民用建筑室内热湿环境评价标准》GB/T 50785 中的规定，针对人工冷热源和考虑过渡季通风的非人工冷热源热湿环境，分别采用预计平均热感觉指标（PMV）、预计不满意者的百分数（PPD）和预计适应性平均热感觉指标（$APMV$）的计算对热环境舒适度进行要求。其中人工冷热源热湿环境评价采用 PMV、PPD 指标，应满足表 4.2-1 中 Ⅱ 级及以上等级要求。非人工冷热源热湿环境评价采用 $APMV$ 指标，应满足表 4.2-2 中 Ⅱ 级及以上等级要求。

人工冷热源热湿环境评价等级

表 4.2-1

等级	整体评价指标	
Ⅰ 级	$PPD \leqslant 10\%$	$-0.5 \leqslant PMV \leqslant +0.5$
Ⅱ 级	$10\% < PPD \leqslant 25\%$	$-1 \leqslant PMV < -0.5$ 或 $+0.5 < PMV \leqslant +1$
Ⅲ 级	$PPD > 25\%$	$PMV < -1$ 或 $PMV > +1$

非人工冷热源热湿环境评价等级 表 4.2-2

等级	评价指标（APMV）
Ⅰ级	$-0.5 \leqslant APMV \leqslant +0.5$
Ⅱ级	$-1 \leqslant APMV < -0.5$ 或 $+0.5 < APMV \leqslant +1$
Ⅲ级	$APMV < -1$ 或 $APMV > +1$

（2）室内空气品质

现行国家标准《民用建筑供暖通风与空气调节设计规范》GB 50736 对公共建筑主要房间每人所需最小新风量作了规定，并区分了公共建筑主要房间、医院建筑房间、高密人员建筑房间等，其中对办公、客房等公共建筑主要房间每人所需最小新风量做出了直接限定，医院建筑房间最小新风量按换气次数限定，高密人员建筑房间区分不同的人员密度对最小新风量进行限定。而参考各类型建筑设计标准对于最小新风量则普遍采用每人所需最小新风量进行限定，其规定需满足国家标准《民用建筑供暖通风与空气调节设计规范》GB 50736—2012 对公共建筑主要房间每人所需最小新风量的要求。公共建筑主要房间二氧化碳浓度应满足现行国家标准《室内空气质量标准》GB/T 18883 不超过 0.1％的限值要求。

2. 给水系统水压、水温和水质

提高建筑给水系统的能效是节约能源、减少资源消耗的重要途径之一，但要以满足系统基本使用功能为前提。给水系统中最基本的供水水质、系统设计、节水设计等应遵循现行国家标准《生活饮用水卫生标准》GB 5749、《城市污水再生利用 城市杂用水水质标准》GB/T 18920、《民用建筑节水设计标准》GB 50555、《建筑给水排水设计规范》GB 50015 以及现行行业标准《生活热水水质标准》CJ/T 521 等建筑给水排水设计中的基本通用标准，这是满足基本使用功能的前提，是系统能效优化的前提。公共建筑主要用水器具的用水压力、热水供水温度可参考表 4.2-3。

不同公共建筑主要用水器具的用水压力、热水供水温度 表 4.2-3

建筑类型	卫生器具类型	器具最低水压（MPa）	热水供水温度（℃）
办公建筑	坐班制办公洗手盆	0.05	35
	酒店式办公淋浴	0.05～0.10	37～40
商店建筑	洗手盆	0.05	35
医院建筑	洗手盆	0.05	35
	洗涤盆	0.05	50
	淋浴器	0.05～0.10	37～40
	浴盆	0.05～0.07	40
	手术部集中刷手池	0.05	30～35
	洗婴池	0.05	35～40
旅馆建筑	洗脸盆、盥洗水槽	0.05	30
	淋浴器	0.05～0.10	37～40
	浴盆	0.05～0.07	40
	洗涤盆	0.05	50
托儿所、幼儿园建筑	浴盆、淋浴器	0.05～0.07	30
	盥洗槽水嘴	0.05	35
	洗涤盆（池）	0.05	50

建筑类型	卫生器具类型	器具最低水压（MPa）	热水供水温度（℃）
中小学校建筑	洗手盆	0.05	30
	实验室 洗脸盆	0.05	50
	实验室 化验水嘴	0.02	16
	实验室 急救冲洗水嘴	0.10	16
高等学校建筑	洗手盆	0.05	30
	实验室 洗脸盆	0.05	50
	实验室 化验水嘴	0.02	16
	实验室 急救冲洗水嘴	0.10	16
	宿舍淋浴	0.05～0.07	37～40
体育建筑	淋浴器	0.05～0.07	35
	洗脸盆	0.05	35
	洗手盆	0.05	30
铁路旅客车站建筑	洗手盆	0.05	30
博物馆建筑	洗手盆	0.05	30
剧场建筑	洗手盆	0.05	30
	洗脸盆	0.05	35
	淋浴	0.05～0.07	37～40
展览建筑	洗手盆	0.05	30

3. 室内照明质量

室内照明质量是影响室内环境质量的重要因素之一，良好、舒适的照明要求在参考平面上具有适当的照度水平，避免炫光，显色效果良好。公共建筑主要功能房间和公共场所一般照明的照度、照度均匀度、显色指数及眩光限制应符合现行国家标准《建筑照明设计标准》GB 50034 的规定。体育场馆照明的水平照度、垂直照度、照度均匀度、相关色温、显色指数及眩光限制应符合现行行业标准《体育场馆照明设计及检测标准》JGJ 153 的规定。

国际标准《应用 IEC 62471 评估光源和灯具的蓝光危害》IEC TR 62788—2014 中指出，单位光通的蓝光危害效应与光源相关色温有关，光源相关色温越高，危害的可能性越大。对人眼的舒适度来讲，相关色温越高的光环境，相对人眼越不舒服。人员长期工作或停留的房间和公共场所，照明光源的相关色温不应高于 4000K，人员流动的公共场所照明光源的相关色温不应高于 5000K，体育场馆比赛场地照明光源的相关色温不应高于6000K。

根据国家标准《建筑照明设计标准》GB 50034—2013 第 4.4.3 条和第 4.4.4 条第 1款，人员长期工作或停留的房间和公共场所，照明光源的色容差不应大于 5 SDCM，无明显频闪，LED 灯的特殊显色指数 R9 应大于零。其中灯具的骚扰电压、谐波电流及电磁兼容抗扰度应符合现行国家标准《电气照明和类似设备的无线电骚扰特性的限制和测量方法》GB 17743、《电磁兼容 限制 谐波电流发射限制（设备每相输入电流≤16A）》GB 17625.1 和《一般照明用设备电磁兼容抗扰度要求》GB/T 18595 的规定。

4.2.3 暖通空调系统

对于公共建筑而言，其负荷分布特性及暖通空调系统能耗与建筑外部环境、自身功能及用能特征等紧密相关，暖通空调系统涉及冷热源机组、水泵、风机、空气处理等多种复杂设备，输配系统多变、控制过程具有延迟性，运行管理难度大。在建筑围护结构、建筑功能、室外气象参数相同的条件下，影响暖通空调系统能效的因素主要反映在三个部分：（1）冷热源；（2）输配系统；（3）末端空气处理设备，暖通空调系统的评价指标体系也围绕以上三个部分构建。

1. 评价方法

暖通空调系统综合能耗指标分值设定为 0～100 分，评分按照评价系统相对于参照系统的能效提升百分比确定，基准分值为 60 分，每提高 1% 加 2 分。公共建筑暖通空调系统能效分级评价时，系统或设备能效应满足约束值的规定，能效提升时可参照引导值。

供暖和空调系统总能耗和能效计算，应符合下列规定：

（1）应计算全年 8760h 逐时负荷；

（2）应分别逐时设置工作日和节假日室内人员数量、照明功率、设备功率、室内设定温度、供暖和空调系统运行时间；

（3）计算模型应能反映建筑外围护结构热惰性的影响；

（4）当进行逐时负荷计算时，应能够计算 10 个及以上建筑分区；

（5）具有冷热源、风机和水泵的设备选型功能；

（6）具有冷热源、风机和水泵的部分负荷运行效率曲线；

（7）将建筑全年累计耗冷量和累计耗热量折算为一次能耗量和耗电量。

暖通空调系统能效比 EER_{HVAC} 为累计供冷（热）量与供暖和空调系统累计总能耗的比值：

$$EER_{HVAC} = \frac{Q_{HVAC}}{E_{HVAC}} = \frac{Q_{Hi} + Q_{Ci}}{E_{Hi} + E_{Ci}} \tag{4.2-1}$$

式中　Q_{HVAC}——暖通空调系统全年累计供冷量和供热量的总和，kWh；

Q_{Hi}——暖通空调系统全年累计供热量，kWh；

Q_{Ci}——暖通空调系统全年累计供冷量，kWh；

E_{Hi}——暖通空调系统全年供暖能耗量，kWh；

E_{Ci}——暖通空调系统全年供冷能耗量，kWh。

评价系统和参照系统全年供暖、通风和空调综合能耗等各类型能源消耗量应统一折算成等价能耗数值。不同能源种类之间的转换系数应参照现行国家标准《民用建筑能耗分类及表示方法》GB/T 34913。暖通空调系统总能耗计算应包含冷热源、输配系统及末端空气处理设备三个部分。建筑通风系统能耗应包括除消防及事故通风外的机械通风设备能耗。

参照系统和评价系统能耗计算的目的是为了评价在其他设计条件都相同的条件下，由于暖通空调系统不同产生的建筑供暖空调能效提升的百分比。因此，进行参照系统和评价系统的供暖和空调能耗计算时，建筑及围护结构应统一按照评价系统进行设置。考虑到暖通空调系统模拟中的复杂性，需要对系统进行相应的简化，只计算对权衡判断产生显著影响的因素，参照系统的选取依据表 4.2-4 执行。

暖通空调系统能效计算参照系统对照表　　　　表 4.2-4

系统分类			参照系统
冷源	水冷机组（离心式/螺杆式）		电动离心式/螺杆式冷水机
	水源/地源热泵		电制冷离心机
	风冷冷水机组、吸收制冷机组		风冷冷水机组或吸收式制冷机组
	单元式空调机组、多联式空调（热泵）机组或风管送风式空调（热泵）机组		与评价系统相同
	蓄冷系统		电制冷离心机
热源	集中供热燃煤锅炉或燃气锅炉		燃煤锅炉或燃气锅炉
	市政热力		与评价系统相同
	风冷热泵	严寒和寒冷地区	燃煤燃气锅炉系统
		夏热冬冷、夏热冬暖和温和地区	与评价系统相同
	地源热泵		燃气锅炉
	冷热电三联供		天然气发电厂、燃气锅炉和电制冷离心机
	蓄热系统		燃煤燃气锅炉
冷热水输配系统	一次泵/二次泵系统		与评价系统相同
风处理和输送系统	全空气系统	定风量全空气系统	与评价系统相同
		变风量全空气系统	定风量全空气系统
	风机盘管+新风系统		与评价系统相同

　　参照系统和评价系统的供暖空调室内设计计算参数（温度、湿度和新风量）应按实际设计情况设定，并满足本章第 4.2.2 节和国家标准的相关规定。严寒和寒冷地区评价系统参数设置应采用耗热量指标的计算，对于燃气燃煤锅炉，应考虑管网与锅炉效率折算；对于地源热泵等其他系统，应折算出一个季节综合性能系数（COP）。在设置表 4.2-4 中未提到其余参数时，参照系统应与评价系统保持一致。采用吸收式机组进行供暖和制冷时，参照系统选用符合现行国家标准《蒸汽和热水型溴化锂吸收式冷水机组》GB/T 18431 和《直燃型溴化锂吸收式冷（温）水机组》GB/T 18362 的规定。采用分散式房间空调器进行制冷和供暖时，参照系统选用符合现行国家标准《房间空气调节器能效限定值及能效等级》GB 12021.3 和《转速可控型房间空气调节器能效限定值及能效等级》GB 21455 中规定的第 2 级产品。当评价系统的输配水泵为一次泵/二次泵系统时，参照系统也采用对应的一次定频系统/一次泵定频、二次变频系统。评价系统的变频措施，水泵节能量可计入。

　　热源为市政热力时，评价系统的全年供暖能耗 E_H 按下式计算：

$$E_H = \frac{Q_H}{q_1 q_2} + Q_H \times EHR_1 \qquad (4.2-2)$$

式中　E_H——建筑物全年供暖耗电量，kWh；

　　　Q_H——建筑物全年累计耗热量，kWh，通过模拟计算确定；

　　　q_1——标准煤热值，取 8.14kWh/kgce；

　　　q_2——发电煤耗，取 0.319kgce/kWh；

　EHR_1——供热循环水泵的耗电输热比。

　　当计算暖通空调系统能耗时，建筑供暖通风空调系统的能耗计算应符合下列规定：

（1）空调制冷机组的能耗计算应符合下列规定：

1）电制冷冷水机组用电量应根据满负荷制冷性能系数（COP）和部分负荷效率曲线

进行计算；

　　2）单元机组用电量应根据设备性能系数（*EER*）进行计算；

　　3）多联机组用电量应根据满负荷设备性能系数（*EER*）进行计算；

　　4）直燃机组能耗应按机组名义工况制冷性能系数（*COP*）计算，其中热量折电量系数宜取 0.45。

　　（2）冷却水系统的能耗计算应符合下列规定：

　　1）参照系统的水泵扬程应取 30m；

　　2）参照系统的水泵流量应根据冷机冷凝热量、冷却水供回水温差计算，且应增加 10%的富余量；

　　3）参照系统的水泵效率应根据水泵流量选取，当水泵流量小于 200m³/h 时，水泵效率应取 0.69；当流量大于或等于 200m³/h 时，水泵效率应取 0.71；

　　4）参照系统的冷却塔风机电量应按单位电耗制冷量 170kW/kW 计算；

　　5）评价系统的水泵扬程和流量及冷却塔风机电量应按实际参数进行计算；评价系统的水泵效率应按水泵设计工况进行计算。

　　（3）进行供暖空调水输送系统能耗计算时，参照系统和评价系统的水泵功率应按下列公式计算：

$$E_{\mathrm{p,r}} = EHR_{\mathrm{r}} \times Q_l \tag{4.2-3}$$

$$E_{\mathrm{p,f}} = EHR_{\mathrm{f}} \times Q_l \tag{4.2-4}$$

式中　$E_{\mathrm{p,r}}$——参照系统的水泵电功率，kW；

　　　　$E_{\mathrm{p,f}}$——评价系统的水泵电功率，kW；

　　　　Q_l——建筑设计热负荷，kW；

　　　EHR_{r}——参照系统供暖空调循环水泵耗电输热比；

　　　EHR_{f}——评价系统供暖空调循环水泵耗电输热比。

　　评价系统和参照系统计算时，冷热源冷水机组（热泵）的运行台数均按设计工况的设计值设置。单机制冷量（制热量）应能适应建筑空调负荷全年变化，满足季节及部分负荷要求。对于公共建筑，表 4.2-4 中冷热源和循环水泵运行台数和运行控制策略，评价系统与参照系统应保持一致。

　　能耗计算时，空气处理系统的设备参数设置应符合下列规定：

　　（1）全空气空调系统设置可调新风比时，评价系统和参照系统的最大总新风比的最小限值可取 50%；

　　（2）当新风总送风量小于 40000m³/h 或不计新风量时，风机盘管加集中新风空调系统的热回收排风量与总新风送风量的比例最小限值可取 0；新风总送风量不小于 40000m³/h 时，最小限值可取 25%；

　　（3）未设置集中新风系统的房间，在设置新风换气机的人员所需新风量与总人员所需新风量的比例时，当人员所需最小总新风量小于 40000m³/h 时，最小限值可取 0；当人员所需最小总新风量不小于 40000m³/h 时，最小限值可取 25%；

　　（4）新风或空调系统或风机盘管送风耗功率和空调送风系统的耗电量可按下列公式计算：

$$W_{\mathrm{fa},i} = W_{\mathrm{sa},i} \times V_{\mathrm{fa},i} = \frac{P_{\mathrm{fa},i}}{3600 \times \eta_{\mathrm{cd},i} \times \eta_{\mathrm{f},i}} \times V_{\mathrm{fa},i} \qquad (4.2\text{-}5)$$

$$E_{\mathrm{sup}} = \sum_{i} W_{\mathrm{fa},i} \times t_{\mathrm{df},i} \times F_{\mathrm{f},i} \times 10^{-3} \qquad (4.2\text{-}6)$$

式中　$W_{\mathrm{fa},i}$——送风系统耗功率，W；

　　　E_{sup}——送风系统耗电量，kWh；

　　　$W_{\mathrm{sa},i}$——送风系统单位风量耗功率，W/(m³·h)；

　　　$V_{\mathrm{fa},i}$——新风风量、空调机组送风量或风机盘管送风量，风机盘管时按中档风量，m³/h；

　　　$P_{\mathrm{fa},i}$——新风机组、空调机组或风机盘管的全压，Pa；

　　　$\eta_{\mathrm{cd},i}$——电机传动效率，风机盘管时取 0.85；

　　　$\eta_{\mathrm{f},i}$——风机效率，风机盘管时取 0.78；

　　　$t_{\mathrm{df},i}$——新风机组、空调机组或风机盘管年运行小时数，h；

　　　$F_{\mathrm{f},i}$——新风机组、空调机组或风机盘管的同时使用系数。

当建筑供暖和空调能耗计算中考虑蓄能、热回收等技术措施或区域供冷供热系统形式时，评价系统和参照系统的系统形式和参数设置应符合下列规定：

（1）评价系统采用蓄能系统时，评价系统的冷热源、输配和末端能耗应按实际蓄能系统的设计方案计算。参照系统应按未设置蓄能系统相对应的常规方案设置，且应符合《公共建筑机电系统能效分级评价标准》系统形式和参数设置的规定。

（2）评价系统采用热回收技术和利用自然冷源等节能措施时，评价系统的冷热源、输配和末端能耗应按实际设计方案计算。参照系统应按未设置相应节能措施进行计算。

（3）当建筑由集中冷热源站提供冷热量时，应根据集中冷热源站的运行特点计算评价系统的供冷和供暖能耗。参照系统的设置应符合《公共建筑机电系统能效分级评价标准》系统形式和参数设置的规定。

2. 能效指标约束值和引导值

《公共建筑机电系统能效分级评价标准》从系统能效或单机设备能效的角度，给出了典型工况或全年累计工况下相应的约束值或引导值要求。约束值为公共建筑暖通空调系统满足现行国家标准限值要求的指标限值，引导值为以高效利用能源为目标设定的指标推荐值。公共建筑暖通空调系统能效分级评价时，系统或设备能效应满足约束值的规定，能效提升时可参照引导值。

（1）冷源和热源

冷热源作为暖通空调系统的核心部分，可以分为电驱动、燃料驱动及冷热源、末端一体设备系统，进一步分类如表 4.2-5 所示。

冷热源设备分类　　　　　　　　　　　　　　　表 4.2-5

电驱动冷热源	电机驱动的蒸气压缩式循环制冷系统
	水/地源热泵系统
	空气源热泵系统
燃料驱动冷热源	溴化锂吸收式制冷系统
	燃油或燃气锅炉供热系统
	冷热电三联供系统

冷热源、末端一体设备系统	单元式空调机组
	风管送风式热泵系统
	多联机热泵系统

冷热源机组能效评价主要在于其工作效率情况，若采用燃油或燃气锅炉进行供热，其工作效率在于锅炉的热效率。若采用空调系统作为供冷（热）方式，其工作效率在于空调制冷（热）量与耗功率的比值，而不同的机组类型使得评价标准也不同。

1）电机驱动的蒸汽压缩循环冷水（热泵）机组

根据国家现行标准《空气调节系统经济运行》GB/T 17981，空调系统经济运行评价指标包括典型工况的评价和全年累计工况的评价。对于电机驱动的蒸气压缩循环冷水（热泵）机组，其综合制冷性能系数（SCOP）为：

$$SCOP = \sum(Q_i/P_i) \tag{4.2-7}$$

式中　Q_i——第 i 台电制冷机组的名义制冷量，kW；

P_i——第 i 台电制冷机组名义工况下的耗电功率和匹配的冷却水泵、冷却塔的总耗电量，kW。

由于其他章节以及现行国家标准《公共建筑节能设计标准》GB 50189 中对冷水泵的输配能效提出了相关要求和规定，因此在评价空调系统能效时，以空调系统中能耗占比最大的冷源能效作为评价重点，在计算 SCOP 时不包含冷水泵的输配能耗。

表 4.2-6 中的 SCOP 约束值根据国家标准《公共建筑节能设计标准》GB 50189—2015 中表 4.2.10 和表 4.2.12 的数值确定，水冷系统和风冷系统分别按照该标准中表 4.2.12 的 SCOP 和表 4.2.10 的 COP 的数值确定。不同制冷量的 SCOP 取值按照各气候区中相应最大值确定。引导值根据国家标准《绿色建筑评价标准》GB/T 50378—2014 中表 11.2.2 对电机驱动的蒸气压缩循环冷水（热泵）机组能效指标提高 12% 的要求进行确定。表 4.2-7 中全年累计工况 SCOP 约束值和引导值的选取参考了国家标准《空气调节系统经济运行》GB/T 17981—2007 中的规定以及实际系统运行测试数据。近年来磁悬浮离心式机组在实际工程中得到越来越多的应用，与传统离心式空调机组相比，磁悬浮机组在部分负荷情况下的 COP 值高于满负荷状态。因此，表 4.2-7 中新增了磁悬浮离心式机组的全年累计工况 SCOP 约束值和引导值，作为参考。

典型工况综合制冷性能系数指标（SCOP）　　　　　表 4.2-6

类型	类型	名义制冷量 CC(kW)	约束值	引导值
水冷	活塞式/涡旋式	CC≤528	3.6	4.0
	螺杆式	CC≤528	3.7	4.1
		528＜CC＜1163	4.1	4.6
		CC≥1163	4.4	4.9
	离心式	CC≤1163	4.2	4.7
		1163＜CC＜2110	4.5	5.0
		CC≥2110	4.6	5.2
风冷/蒸发冷却	活塞式/涡旋式	CC≤50	2.7	3.0
		CC＞50	2.9	3.2
	螺杆式	CC≤50	2.9	3.2
		CC＞50	3.0	3.4

全年累计工况综合制冷性能系数指标（*SCOP*）　　　　表 4.2-7

类型	类型	名义制冷量 CC(kW)	约束值	引导值
水冷	活塞式/涡旋式	CC≤528	3.3	3.7
	螺杆式	CC≤528	3.4	3.8
		528＜CC＜1163	3.7	4.2
		CC≥1163	4.0	4.5
	离心式	CC≤1163	3.8	4.3
		1163＜CC＜2110	4.1	4.6
		CC≥2110	4.2	4.7
	磁悬浮离心式	CC≤1163	5.5	6.2
		1163＜CC＜2110	5.6	6.3
		CC≥2110	5.7	6.4
风冷/蒸发冷却	活塞式/涡旋式	CC≤50	2.5	2.7
		CC＞50	2.6	3.0
	螺杆式	CC≤50	2.6	3.0
		CC＞50	2.7	3.1
	磁悬浮离心式	—	4.9	5.5

2）水/地源热泵系统

对于水/地源热泵系统的典型工况和全年累计工况，其能效比为：

$$EER_{\text{sys}-c}=\frac{Q_{\text{sc}}}{\sum N_i+\sum N_j} \tag{4.2-8}$$

$$EER_{\text{sys}-h}=\frac{Q_{\text{sh}}}{\sum N_i+\sum N_j} \tag{4.2-9}$$

$$Q_{\text{sc}}=\sum_{i=1}^{n}q_{ci}\Delta T_i,Q_{\text{sh}}=\sum_{i=1}^{n}q_{hi}\Delta T_i,q_{c(h)i}=\frac{V_i\rho_i c_i\Delta t_i}{3600} \tag{4.2-10}$$

$$EER_{\text{asys}-h(c)}=\frac{Q}{\sum N_{i,\text{a}}+\sum N_{j,\text{a}}} \tag{4.2-11}$$

$$Q=\sum_{i=1}^{n}q_{i,\text{a}}\Delta T_{i,\text{a}},q_{i,\text{a}}=\frac{V_{i,\text{a}}\rho_{i,\text{a}}c_{i,\text{a}}\Delta t_{i,\text{a}}}{3600} \tag{4.2-12}$$

式中　$EER_{\text{sys}-c}$，$EER_{\text{sys}-h}$——典型工况的系统制冷和制热能效比；

$EER_{\text{asys}-h(c)}$——全年冬季（夏季）累计工况的系统能效比；

Q_{sc}，Q_{sh}——典型工况的系统累计制冷量，kWh；

Q——全年累计工况的系统累计制热（冷）量，kWh；

$\sum N_i$，$\sum N_{i,\text{a}}$——典型工况和全年累计工况的所有热泵机组累计消耗电量，kWh；

$\sum N_j$，$\sum N_{j,\text{a}}$——典型工况和全年累计工况的所有地源侧水泵累计消耗电量，kWh；

$q_{c(h)i}$，$q_{i,\text{a}}$——典型工况和全年累计工况的系统第 i 时段的制冷（热）量，kW；

V_i，$V_{i,\text{a}}$——典型工况和全年累计工况的系统第 i 时段用户侧的平均流量，m³/h；

Δt_i，$\Delta t_{i,a}$——典型工况和全年累计工况的系统第 i 时段用户侧冷（热）水进出口平均温差，℃；

ρ_i，$\rho_{i,a}$——典型工况和全年累计工况的系统第 i 时段冷（热）水平均密度，kg/m^3；

c_i，$c_{i,a}$——典型工况和全年累计工况的系统第 i 时段冷（热）水平均定压比热，$kJ/(kg \cdot ℃)$；

ΔT_i，$\Delta T_{i,a}$——典型工况和全年累计工况的系统第 i 时段持续时间，h；

n——热泵系统测试期间采集数据组数。

其中，ρ、c 可根据第 i 时段冷（热）水进出口平均温度由物性参数表查取。水/地源热泵系统能效指标检测应符合现行国家标准《可再生能源建筑应用工程评价标准》GB/T 50801 的有关规定。

在进行水/地源热泵系统能效评价时仅考虑热泵机组和地源侧水泵的能效，不包括用户侧输配系统。表 4.2-8 中典型工况系统能效比限定值是参照国家标准《可再生能源建筑应用工程评价标准》GB/T 50801—2013 对地源热泵系统能效的限定值，结合调研数据剔除用户侧循环泵的能耗得到的。全年累计工况参照国家标准《水（地）源热泵机组》GB/T 19409—2013 中全年综合性能系数的制冷和制热的能效比例得到。

典型工况水/地源热泵系统能效比的限值范围　　　　表 4.2-8

工况	能效比	约束值	引导值
典型工况	EER_{sys-h}	3.0	4.1
	EER_{sys-c}	3.5	4.5
全年累计工况	EER_{sys}	3.2	4.3

3）空气源热泵系统

对于空气源热泵系统，其制冷性能系数 $IPLV(C)$ 为：

$$IPLV(C) = 2.3\% \times A + 41.5\% \times B + 46.1\% \times C + 10.1\% \times D \quad (4.2\text{-}13)$$

式中　A——100%负荷时的 EER，W/W；

B——75%负荷时的 EER，W/W；

C——50%负荷时的 EER，W/W；

D——25%负荷时的 EER，W/W。

注：部分负荷百分数计算基准是指名义制冷量（明示值）。

目前主要的空气源热泵产品的性能系数基本上全系列均达到现行国家标准《冷水机组能效限定值及能效等级》GB 19577 对于空气源热泵的 2 级要求，因此，在综合考虑国家标准要求和产品实际性能的基础上，采用现行国家标准《冷水机组能效限定值及能效等级》GB 19577 中的 2 级能效作为约束值，1 级能效限值作为引导值。考虑到冬季热泵的运行状态与室外状态密切相关，参考现行工程建设协会标准《空气源热泵供暖工程技术规程》T/CECS 564 中的相关规定，分气候区设置了冬季工况下的能效约束值，并参考《绿色建筑评价标准》GB/T 50378—2019 中提升 6% 的要求，设置了引导值要求。夏季和冬季典型工况和累计工况下空气源热泵系统的能效指标规定如表 4.2-9～表 4.2-11 所示。

空气源热泵系统的能效限值（夏季典型工况） 表 4.2-9

制冷量 CC(kW)	能效等级			
	$IPLV(C)$（W/W）		COP（W/W）	
	约束值	引导值	约束值	引导值
$CC \leqslant 50$	3.60	3.80	3.00	3.20
$CC > 50$	3.70	4.00	3.20	3.40

空气源热泵系统的能效限值（冬季典型工况） 表 4.2-10

能效	气候区	严寒地区	寒冷地区	夏热冬冷地区
COP（W/W）	约束值	1.70	2.10	3.00
	引导值	1.80	2.20	3.20

空气源热泵系统的能效限值（冬季累计工况） 表 4.2-11

能效	气候区	严寒地区	寒冷地区	夏热冬冷地区
COP（W/W）	约束值	1.50	1.90	2.70
	引导值	1.60	2.00	2.90

4）直燃型溴化锂吸收式冷（温）水机组

对于直燃型溴化锂吸收式冷（温）水机组，其制冷性能系数（COP）为：

$$COP = \frac{Q_c}{Q_i + N} \qquad (4.2\text{-}14)$$

式中　Q_c——机组测试期间的累计制冷量，kWh；

　　　Q_i——机组测试期间的热消耗量，kWh；

　　　N——机组测试期间机组消耗电力，kWh。

溴化锂吸收式制冷系统的能效指标检测应符合现行国家标准《蒸汽和热水型溴化锂吸收冷水机组》GB/T 18431 和《直燃型溴化锂吸收式冷（温）水机组》GB/T 18362 的有关规定，测量应在机组实验工况稳定后进行，工况稳定后的累计测量时间不少于45min。

溴化锂吸收式制冷机组需要冷却水进行冷却，冷却水系统的输送系数为：

$$TC = \frac{Q_{cw}}{N_{cp} + N_{cw}} \qquad (4.2\text{-}15)$$

式中　TC——冷却水系统的输送系数；

　　　Q_{cw}——冷却水输送的热量，kWh；

　　　N_{cp}——冷却水泵能耗，kWh；

　　　N_{cw}——冷却塔能耗，kWh。

冷却水输送系数参考《空气调节系统经济运行》GB/T 17981—2007 和大量实测数据。根据现行国家标准《溴化锂吸收式冷水机组能效限定值及能效等级》GB 29540，本指标引导值与约束值适用于规定的名义工况条件下的溴化锂吸收式制冷机组的性能评价。约束值参照国家标准《溴化锂吸收式冷水机组能效限定值及能效等级》GB 29540—2013 表 1 和表 2 中 3 级的数值，引导值参照表 1、表 2 中 1 级的数值。实验方法按照现行国家标准中的规定方法和企业声明的现行国家标准中规定的工况之一进行，实测值保留两位小数（此处现行国家标准是指《蒸汽和热水型溴化锂吸收式冷水机组》GB/T 18431 或《直燃型溴化锂吸收式冷（温）水机组》GB/T 18362）。

蒸汽型机组根据实测单位冷量蒸气耗量进行评价，蒸汽型机组能效限值如表 4.2-12 所示；直燃型机组根据实测性能系数分级，直燃型机组能效限值如表 4.2-13 所示。溴化锂吸收式制冷机需要冷却水对机组进行冷却，冷却水系统的输送系数限值如表 4.2-14 所示。

蒸汽型机组蒸汽耗量限值　　　　　　　　　　表 4.2-12

能效等级		约束值	引导值
单位冷量蒸汽耗量（kg/kWh）	饱和蒸汽 0.4MPa	1.40	1.12
	饱和蒸汽 0.6MPa	1.31	1.05
	饱和蒸汽 0.8MPa	1.28	1.02

直燃型机组能效限值　　　　　　　　　　表 4.2-13

能效等级	约束值	引导值
性能系数 COP	1.10	1.40

机组冷却水系统输送系数限值　　　　　　　　　　表 4.2-14

能效等级	约束值	引导值
输送系数 TC	20	30

5）燃油或燃气锅炉供热系统

对于燃油锅炉或燃气锅炉供热系统，锅炉的运行效率 η 为：

$$\eta = \frac{\sum_{j=1}^{N}\sum_{i=1}^{n}Q_{ij}}{\sum_{j=1}^{n}B_{j}Q_{dj}} \tag{4.2-16}$$

式中　Q_{ij}——测试期间的逐日供热量，W；

　　　B_j——某测试时期燃料消耗量，kg；

　　　Q_{dj}——某测试时期燃料的低位发热量，kJ/kg；

　　　n——某测试时期的天数，d；

　　　N——供暖天数，d。

由此可见，提高锅炉能效的主要途径是减少锅炉的热损失，提高有效热量的利用率。充分利用锅炉产生的各种余热，能够减少燃料的消耗量，从而提高锅炉的运行效率。锅炉的余热利用可以分为三个部分：炉膛的余热利用、排污水的余热利用及烟气的余热利用。当供热需求较低时，为避免锅炉在低效率下运行，可以适当调节锅炉的运行时间，对锅炉的停烧时间进行控制，充分利用炉膛的余热。为保证蒸汽的质量以及锅水的品质，锅炉运行时要保持相当的排污量，回收排污中的大量废热，无疑是提高锅炉效率的有效途径。排烟温度和排烟容积是影响烟气的余热利用的主要因素，可以通过在排烟管路上设置节能器回收烟气余热，提高锅炉的能效。

根据《工业锅炉能效限定值及能效等级》GB 24500—2009 中热效率的规定，其限值如表 4.2-15 所示。

燃油和燃气锅炉热效率限值　　　　表 4.2-15

能效等级	燃料品种	燃料收到基低位发热量 $Q_{net,v,ar}$ [kJ/kg（或 kJ/m³ 标志）]	锅炉容量 D[t/h(或 MW)]	
			$D{\leq}2$（或 $D{\leq}1.4$）	$D{>}2$（或 $D{>}1.4$）
			锅炉热效率（%）	
引导值	重油	$Q_{net,v,ar}$	90	92
约束值			86	88
引导值	轻油	$Q_{net,v,ar}$	92	94
约束值			88	90
引导值	燃料气	$Q_{net,v,ar}{\geq}18800$kJ/m³ 标志	92	94
约束值			88	90

6）冷热电三联供系统

现行行业标准《燃气冷热电三联供工程技术规程》CJJ 145 采用年平均能源综合利用率作为冷热电三联供系统的性能评价指标，调查研究表明目前年平均能源综合利用率可以超过 70%。年平均能源综合利用率按照下式计算：

$$V = \frac{3.6W + Q_1 + Q_2}{B \times Q_L} \times 100\% \qquad (4.2\text{-}17)$$

式中　V——年平均能源综合利用率，%；

　　　W——年净输出电量，kWh；

　　　Q_1——年有效余热供热总量，MJ；

　　　Q_2——年有效余热供冷总量，MJ；

　　　B——年燃气总耗量，m³；

　　　Q_L——燃气低位发热量，MJ/m³。

冷热电三联供系统年平均能源综合利用率限值规定如表 4.16 所示。

冷热电三联供系统年平均能源综合利用率限值　　　　表 4.2-16

性能指标	约束值	引导值
年平均能源综合利用率（%）	70	85

7）单元式空调机组或风管送风式空调（热泵）系统（一体机）

在对整个建筑所装备的单元式空调机组、房间空调器等进行整体评价时，根据设备机组能效，然后根据设备容量加权计算整个建筑单元式空调机组、房间空调器的能效按照式（4.2-18）计算：

$$EER(SEER) = \sum_{i=0}^{n} EER_i(SEER) \times \frac{Q_i}{Q} \qquad (4.2\text{-}18)$$

式中　$EER(SEER)$——系统能效；

　　　$EER_i(SEER)$——第 i 编号设备的能效；

　　　Q_i——第 i 编号设备的制冷量，kW；

　　　Q——所有抽检设备的总制冷量，kW；

单元式空调机组、房间空气调节器、转速可控型房间空调器能效限值规定见表 4.2-17～表 4.2-19。

单元式空气调节机能效限值 表 4.2-17

类型		能效等级 EER(W/W)	
		引导值	约束值
风冷式	不接风管	3.20	3.00
	接风管	2.90	2.70
水冷式	不接风管	3.60	3.40
	接风管	3.30	3.10

房间空气调节器能效限值 表 4.2-18

类型	额定制冷量（CC）	能效等级 EER(W/W)	
		引导值	约束值
整体式		3.30	3.10
分体式	CC≤4.5kW	3.60	3.40
	4.5kW<CC≤7.1kW	3.50	3.30
	7.1kW<CC≤14kW	3.40	3.20

转速可控型房间空调器能效限值 表 4.2-19

类型/额定制冷量（CC）	能效等级 SEER(W/W)	
	约束值	引导值
CC≤4500W	5.20	4.50
4500W<CC≤7100W	4.70	4.10
7100W<CC≤14000W	4.20	3.70

采用单元式空调机的建筑，单元式空调机 EER 的约束值和引导值分别采用了国家标准《单元式空气调节机能效限定值及能源效率等级》GB 19576—2004 规定的 2 级与 1 级节能评价值所对应的能效值。

采用房间空气调节器的建筑，房间空气调节器 EER 的约束值和引导值分别采用了国家标准《房间空气调节器能效限定值及能效等级》GB 12021.3—2010 规定的 2 级与 1 级节能评价值所对应的能效值。

采用转速可控型房间空调器的建筑，转速可控型房间空调器 SEER 的约束值和引导值分别采用了国家标准《转速可控型房间空气调节器能效限定值及能效等级》GB 21455—2013 规定的 2 级与 1 级节能评价值所对应的能效值。

所有空调器、单元式空调机能效的测试和计算，必须严格按照我国相关的产品标准测试和计算方法执行，具体如下：

① 单元式空调机能效 EER 的测试方法参照现行国家标准《单元式空气调节机》GB/T 17758 的规定执行，其中制冷消耗功率测试时，自带水泵不运行；

② 风管式空调机组能效 EER 的测试方法参照现行国家标准《风管送风式空调（热泵）机组》GB/T 18836 的规定执行；

③ 屋顶式空调机组能效 EER 的测试方法参照现行行业标准《屋顶式风冷空调（热泵）机组》的规定 JB/T 8702 执行；

④ 房间空调器能效 EER 的测试方法参照现行国家标准《房间空气调节器》GB/T

7725 的规定执行；

⑤ 转速可控型房间空调器季节能效 *SEER* 的测试方法参照现行国家标准《转速可控型房间空调器能效限定值及能效等级》GB 21455 的规定执行。

8）多联式空调（热泵）系统

根据现行国家标准《多联式空调（热泵）机组》GB/T 18837，多联机制冷性能系数 *IPLV*（*C*）按下式计算：

$$IPLV(C) = 2.3\% \times A + 41.5\% \times B + 46.1\% \times C + 10.1\% \times D \quad (4.2\text{-}19)$$

式中　*A*——100% 负荷时的 *EER*，W/W；

　　　B——75% 负荷时的 *EER*，W/W；

　　　C——50% 负荷时的 *EER*，W/W；

　　　D——25% 负荷时的 *EER*，W/W。

注：部分负荷百分数计算基准是指名义制冷量（明示值）。

现行国家标准《多联式空调（热泵）机组能效限定值及能源效率等级》GB 21454 对能源效率等级和机组能效限定值进行了规定，表 4.2-20 为摘录自《多联式空调（热泵）机组能效限定值及能源效率等级》GB 21454—2008 中多联式空调（热泵）机组的能源效率等级限值的要求。

多联式空调（热泵）机组的能源效率等级限值　　　表 4.2-20

制冷量 *CC*(kW)	制冷综合性能系数				
	1	2	3	4	5
CC≤28	3.60	3.40	3.20	3.00	2.80
28<*CC*≤84	3.55	3.35	3.15	2.95	2.75
CC>84	3.50	3.30	3.10	2.90	2.70

此外，根据国家标准《多联式空调（热泵）机组》GB/T 18837—2015 的规定，2011年制冷综合性能系数限值为表 4.2-20 中的 3 级要求。调研数据显示，到 2011 年，市场上的多联机产品已经全部为节能产品（1 级和 2 级），而 1 级能效产品更是占到了总量的98.8%；至 2018 年，市场上的多联机空调（热泵）机组产品性能有了大幅提高，已经远超过了 1 级能效。根据对市面上几种空调品牌的调研：*CC*≤28，*IPLV* 多数在 6.6～9.6之间；28<*CC*≤84，*IPLV* 多数在 6.4～9.3 之间；*CC*>84，*IPLV* 多数在 6.0～8.4之间。

因此，在综合考虑国家标准要求和产品实际性能的基础上，采用国家标准《多联式空调（热泵）机组》GB/T 18837—2015 中 1 级能效作为《公共建筑机电系统能效分级评价标准》的约束值，参考市面调研得到的产品的性能值作为引导值，具体如表 4.2-21 所示。

多联式空调（热泵）机组的能效指标限值（典型工况）　　　表 4.2-21

制冷量 *CC*(kW)	制冷综合性能系数 *IPLV*（*C*）（W/W）	
	约束值	引导值
CC≤28	3.60	6.60
28<*CC*≤84	3.55	6.40
CC>84	3.50	6.00

（2）输配系统及末端设备

暖通空调系统输配系统及末端设备主要包括三部分：集中供暖输配系统、空气调节冷热水输配系统和空调通风输配系统，输配系统及末端设备的评价指标体系主要围绕以上三个部分构建。

1）集中供暖输配系统

集中供暖输配系统采用耗电输热比作为评价指标，其计算方法如式（4.2-20）所示：

$$EHR-h=0.003096\sum(G\times H/\eta_b)/Q\leqslant A(B+a\sum L)/\Delta T \qquad (4.2\text{-}20)$$

式中　$EHR-h$——集中供暖系统耗电输热比；

　　　　G——每台运行水泵的设计流量，m^3/h；

　　　　H——每台运行水泵对应的设计扬程，mH_2O；

　　　　η_b——每台运行水泵对应的设计工作点效率；

　　　　Q——设计热负荷，kW；

　　　　ΔT——设计供回水温差，℃；

　　　　A——与水泵流量有关的计算系数，按照《公共建筑节能设计标准》GB 50189—2015 表 4.3.9-2 选取；

　　　　B——与机房及用户的水阻力有关的计算系数，一级泵系统时 B 取 17，二级泵系统时 B 取 21；

　　　　$\sum L$——热力站至供暖末端（散热器或辐射供暖分集水器）供回水管道的总长度，m；

　　　　a——与 $\sum L$ 有关的计算系数；当 $\sum L\leqslant400m$ 时，$a=0.0115$；当 $400m<\sum L<1000m$ 时，$a=0.003833+3.067/\sum L$；当 $\sum L\geqslant1000m$ 时，$a=0.0069$。

根据对国内公共建筑运行情况的调研，由于受到水泵设备选型、运行效率、管道长度以及供回水实际温差等影响，很难达到设计值的要求。目前，公共建筑在全年累计工况下，集中供暖系统耗电输热比为 0.01、0.01～0.03、0.03 的比例各占 1/3 左右，为了使该值更加合理，同时鼓励提高集中供暖系统的能效，故设定 0.025 为 $EHR-h$ 的约束值，0.01 为 $EHR-h$ 的引导值。全年累计工况下耗电输热比的约束值和引导值应符合表 4.2-22 的规定。

全年累计工况下耗电输热比 $EHR-h$ 的约束值和引导值　　　　表 4.2-22

耗电输热比	约束值	引导值
$EHR-h$	0.025	0.01

2）空气调节冷（热）水输配系统

空气调节冷（热）水输配系统采用耗电输冷（热）比作为评价指标，其设计值应符合现行国家标准《公共建筑节能设计标准》GB 50189 中有关其计算的规定，空调冷（热）水系统耗电输冷（热）比的计算方法为：

$$EC(H)R-a=0.003096\sum(G\times H/\eta_b)/Q\leqslant A(B+a\sum L)/\Delta T \qquad (4.2\text{-}21)$$

式中　$EC(H)R-a$——空调冷（热）水系统循环水泵的耗电输冷（热）比；

　　　　G——每台运行水泵的设计流量，m^3/h；

　　　　H——每台运行水泵对应的设计扬程，mH_2O；

　　　　η_b——每台运行水泵对应的设计工作点效率；

　　　　Q——设计冷（热）负荷，kW；

ΔT——规定的计算供回水温差，℃，按照《公共建筑节能设计标准》
GB 50189—2015 表 4.3.9-1 选取；

A——与水泵流量有关的计算系数，按照《公共建筑节能设计标准》
GB 50189—2015 表 4.3.9-2 选取；

B——与机房及用户的水阻力有关的计算系数，按照《公共建筑节
能设计标准》GB 50189—2015 表 4.3.9-3 选取；

$\sum L$——从冷热机房出口至该系统最远供回水管道的总输送长度，m；

a——与 $\sum L$ 有关的计算系数，按照《公共建筑节能设计标准》GB
50189—2015 表 4.3.9-4 或表 4.3.9-5 选取。

根据对国内公共建筑运行情况的调研，由于受到气候区域、水泵设备选型、运行效率、管道长度等影响，运行值与设计值有一定偏差。目前，公共建筑在全年累计工况下，空气调节系统耗电输冷比为 0.02、0.02~0.04、0.04 的比例各占 1/3 左右，为了使该值更加合理，同时，为使空气调节系统在运行阶段更加节能，鼓励采取大温差的运行方式，故设定 0.04 为约束值，0.03 为引导值。全年累计工况下，空气调节冷（热）水输配系统耗电输冷（热）比的约束值和引导值应符合表 4.2-23 的规定。

$EC(H)R-a$ 的约束值和引导值　　　　　　　　　表 4.2-23

耗电输冷（热）比	约束值	引导值
$ECR-a$	0.04	0.03
$EHR-a$	0.02	0.01

3）空调通风输配系统

空调通风输配系统的能效比受空调末端类型影响较大，空调通风输配末端包括各类空调机组、新风机组、排风机组、风机盘管等，该系统的空调末端能效比限值 EER_{tlv} 按式（4.2-22）计算：

$$EER_{tlv} = \frac{\sum A_i EER_{tlv,i}}{\sum A_i}$$

（4.2-22）

式中　A_i——当系统采用多种末端时，第 i 种末端服务的空调面积为 A_i（若有两种或多种空调末端服务于同一区域，则该区域按 EER_{tlv} 值最大的空调末端类型进行统计）；

$EER_{tlv,i}$——第 i 种末端对应的能效比限值。

典型工况和全年累计工况下，空调通风输送系统的能效比限值规定如表 4.2-24 所示。

空调通风输送系统的能效比限值　　　　　　　　表 4.2-24

空调通风输送末端类型		空调通风输送末端能效比 EER_{tlv}	
		全年累计工况	典型工况
全空气系统	约束值	6	8
	引导值	7	9
新风＋风机盘管系统	约束值	9	12
	引导值	10	13
风机盘管系统	约束值	24	32
	引导值	26	36

4.2.4 给水排水

在建筑给水排水系统中，合理的设计有助于节约能源，同时采用相关技术达到节约水资源的目的。在给水排水系统中，耗能主要源于水泵的运行，故提高水泵运行的能效对于节能至关重要。此外，用于生活热水制备和输送的能耗也占据了建筑能耗的一部分。因此，建筑给水排水系统能效的评价主要从给水排水系统设计、水泵能效及配置、生活热水热源及供应系统及节水措施采用情况等方面着手。

给水排水系统综合能耗评价指标包含 15 个二级指标，评价总分值为 0～100 分，按照节能和节水两个方面分别设置评价指标，指标结构见表 4.2-25。

给水排水系统综合能耗指标结构 表 4.2-25

序号	分值	指标	定性	定量	
1	10	供水方式	√		
2	1	系统分区		在满足最不利配水点所需最小压力的前提下	各分区用水点压力大于或等于 0.3MPa 且小于或等于 0.4MPa
	4				各分区用水点压力小于 0.3MPa 且大于 0.2MPa
	7				各分区用水点小于或等于 0.2MPa
	3				冷热水压力分区一致且压差不大于 0.02MPa
3	10	集中热水供应系统	√		
4	6	生活热水热源		再生能源利用率小于 50% 且大于或等于 30%	
	8			再生能源利用率小于 100% 且大于或等于 50%	
	10			再生能源利用率达到 100%	
5	3	供水水泵能效与配置		水泵能效	能效等级为 3 级
	4				能效等级为 2 级
	5				能效等级为 1 级
	4			水泵配置	供水泵组（不含备用泵）水泵数量不低于 2 台
	5				供水泵组（不含备用泵）水泵数量不低于 3 台
	3			变频泵组	单台变频泵
	5				变频泵多于 1 台
6	8	加热器	√		
7	5	其他用水设备	√		
8	2	建筑平均日用水定额		建筑平均日用水定额满足现行国家标准《民用建筑节水设计标准》GB 50555 中节水用水定额的要求	低于节水用水定额上限值
	3				低于上限值与下限值平均值
	5				低于下限值
9	6	卫生器具用水效率等级	√		
10	2	节水灌溉方式	√		

序号	分值	指标	定性	定量
11	5	节水冷却技术	√	
12	5	用水计量	√	
13	2	热水出水时间		保证配水点出水温度不低于 45℃ 的时间不大于 10s
14	2	公共浴室节水措施	√	
15	3	其他节水技术		其他用水中采用节水技术或措施的比例达到 50%
	5			其他用水中采用节水技术或措施的比例达到 80%

节能表现共含 7 个指标，总计 68 分；节水表现共含 8 个指标，总计 32 分。定量分值占到 50 分，保证了指标的严谨和客观。

1. 给水排水系统设计

供水形式是影响供水系统能效的重要因素。现有的供水系统中有多种供水设置形式，目前主流的供水形式包括：变频加压供水、高位水箱重力供水、管网叠压变频供水等。合理的压力分区和适当的减压措施有助于控制超压出流现象，减少水资源的浪费。因此，建筑给水排水系统设计主要从供水方式和系统分区两方面进行评价。

（1）供水方式

高位水箱重力供水在供水水量、水压要求高的场所经常使用，常采用工频水泵将市政自来水加压至高位水箱后，再通过高位水箱的重力向下方供水，这种系统的能效高，因为供水泵直接给储水的高位水箱供水，运行过程中始终处在高效段，同时水泵间歇运行，不用时刻运行保持系统压力，大大降低了系统的无效能耗，但该系统的缺点是二次污染的风险增加。

变频调速水泵供水是现在最常用的供水形式，相对于传统的工频泵供水，变频调速水泵是通过一个或多个变频器来控制水泵进行变频供水，有效提高了水泵的供水效率。而无负压供水相对于传统变频供水又可以充分利用市政供水的压力，进一步提高供水的能效。

（2）系统分区

给水系统设计时应合理进行压力分区，采取适当的减压措施控制超压出流现象，减少浪费。用水器具给水额定流量是指为满足使用要求，用水器具给水配件出口在单位时间内流出的规定出水量。流出水头是保证给水配件流出额定流量在阀前所需的最低水压。给水配件阀前压力大于流出水头，给水配件在单位时间内的出水量超过额定流量的现象，称超压出流，该流量与额定流量的差值，为超压出流量。给水配件超压出流，不但会破坏给水系统中水量的正常分配，对用水工况产生不良影响，同时因超压出流量未产生使用效益，为无效用水量，即浪费的水量。因它在使用过程中流失，不易被人们察觉和认识，属于"隐形"水量浪费，应引起足够的重视。

当选用恒定出流的用水器具时，该部分管线的工作压力需满足相关设计规范的要求。当建筑因功能需要，选用特殊水压要求的用水器具时，如大流量淋浴喷头，可根据产品要求采用适当的工作压力，但应选用用水效率高的产品。

为保证热水系统的稳定出流，避免在热水使用过程中出现忽冷忽热等问题，应设计冷热水的分区一致，系统内冷、热水的压力平衡，达到节水、节能、用水舒适的目的。

2. 供水水泵

水泵的评价包括水泵能效及水泵配置两部分。水泵加压供水系统工作时，水量水压需求是变化的，采用单台水泵加压供水无法确保水泵均在高效段工作，有可能使加压供水系统能效下降；多台水泵组合供水可以通过启停不同数量的水泵提高能效。而对于采用水泵加压供水至高位水箱后重力供水的系统，供水泵数量不受此限制，水泵只需满足在高效段运行即可。

《清水离心泵能效限定值及节能评价值》GB 19762—2007 中给出了泵效率 η 的计算方法，如式（4.2-23）所示：

$$\eta = P_u/P_a \times 100\% \qquad (4.2\text{-}23)$$

式中　η——泵效率，%；

P_u——泵的输出功率（有效功率），kW；

P_a——泵的轴功率（输入功率），kW。

参考《清水离心泵能效限定值及节能评价值》GB 19762—2007 中的相关条款，供水水泵的能效评估指标如表 4.2-26 所示。

供水水泵能效评估指标表　　表 4.2-26

$Q(\text{m}^3/\text{h})$	5	50	100	300	500
单级泵 η	≥56.0	≥72.9	≥76.0	≥80.0	≥81.7
多级泵 η	≥53.4	≥66.9	≥70.9	≥77.2	≥79.5
Q (m^3/h)	1000	3000	5000	10000	>10000
单级泵 η	≥83.7	≥86.0	≥87.0	≥88.0	≥90.0
多级泵 η	≥81.9	≥83.5	—	—	—

关于水泵配置的评价参考现行国家标准《公共建筑节能设计标准》GB 50189，其评估项为：

（1）供水泵组（不含备用泵）设置水泵数量不低于 2 台；

（2）至少 1 台水泵采用变频水泵。

3. 生活热水

在给水排水系统中，生活热水供应系统能源消耗较大，合理选择非传统能源并优先采用可再生能源制备生活热水，对于给水排水系统的能耗减量有着至关重要的意义。常用的热水供应系统热源可再生能源利用种类如表 4.2-27 所示。

常用热水供应系统热源可再生能源利用种类表　　表 4.2-27

热源	条件
余热、废热	有条件的区域优先采用
地热	有条件的区域优先采用
太阳能	日照时数大于 1400h/a 且年太阳辐射量大于 4200MJ/m² 及年极端最低气温不低于 −45℃ 的地区，优先采用
空气源热泵	夏热冬暖和夏热冬冷地区
水源热泵	在地下水源充沛、水文地质条件适宜，并能保证回灌的地区，采用水源热泵； 在沿江、沿海、沿湖、地表水源充足，水文地质条件适宜，及有条件利用城市污水、再生水的地区，采用地表水源热泵

分散加热的热水供应系统，可以有效地节省大循环系统的热水循环而造成的无效能耗，同时系统设置灵活，即用即开，相对于定时加压或全天加压的循环加压热水供应系统有天然的能效优势。但是对于热水使用要求较高的场所，分散加热的热水供应系统使用较少，其舒适度不如集中热水供应系统。

闭式热水供应系统与开式相比较，可以大大降低热水系统的能源消耗，闭式系统的循环水泵只考虑循环流量和管道的水头损失，而开式系统的循环水泵还要增加用水流量和高差水头；热水供应系统中设备和管道的有效保温也是减少无效能耗的途径。

4. 节水措施

（1）卫生器具用水效率等级

目前我国已对部分用水器具的用水效率制定了相关标准，如现行国家标准《水嘴用水效率限定值及用水效率等级》GB 25501、《坐便器用水效率限定值及水效等级》GB 25502、《小便器用水效率限定值及用水效率等级》GB 28377、《淋浴器用水效率限定值及用水效率等级》GB 28378、《便器冲洗阀用水效率限定值及用水效率等级》GB 28379 等，在选用卫生器具时，尽可能选用较高节水能效等级的节水器具，有助于节约水资源。相关节水器具用水效率等级指标如表 4.2-28～表 4.2-30 所示。

水嘴用水效率等级指标　　　　　　　　　　表 4.2-28

用水效率等级	1 级	2 级	3 级
流量（L/s）	0.100	0.125	0.150

坐便器用水效率等级指标　　　　　　　　　　表 4.2-29

用水效率等级			1 级	2 级	3 级	4 级	5 级
用水量（L）	单档	平均值	4.0	5.0	6.5	7.5	9.0
	双档	大档	4.5	5.0	6.5	7.5	9.0
		小档	3.0	3.5	4.2	4.9	6.3
		平均值	3.5	4.0	5.0	5.8	7.2

淋浴器用水效率等级指标表　　　　　　　　　　表 4.2-30

用水效率等级	1 级	2 级	3 级
流量（L/s）	0.08	0.12	0.15

（2）节水灌溉方式

节水灌溉的评估项包括：1）采用节水灌溉系统，并在此基础上设置土壤湿度感应器、雨天关闭装置等节水控制措施；2）种植无需永久灌溉的植物。

绿化灌溉应采用喷灌、微灌、渗灌、低压管灌等节水灌溉方式，同时还可采用湿度传感器或根据气候变化的调节控制器等，可参照《园林绿地灌溉工程技术规程》CECS 243 中的相关条款进行设计施工。目前普遍采用的绿化节水灌溉方式是喷灌，其比地面漫灌要省水 30%～50%。采用再生水灌溉时，因水中微生物在空气中极易传播，应避免采用喷灌方式。微灌包括滴灌、微喷灌、涌流灌和地下渗灌，比地面漫灌省水 50%～70%，比喷灌省水 15%～20%。其中微喷灌射程较近，一般在 5m 以内，喷水量为 200～400L/h。

无需永久灌溉的植物是指适应当地气候，仅依靠自然降雨即可维持良好生长状态的植物，或在干旱时体内水分丧失，全株呈风干状态而不死亡的植物。无需永久灌溉的植物仅在生根时需进行人工灌溉，因而不需设置永久的灌溉系统，但临时灌溉系统应在安装后一年之内移走。

（3）节水冷却技术

公共建筑集中空调系统的冷却水补水量很大，甚至可能占据建筑物用水量的30%～50%减少冷却水系统不必要的耗水对整个建筑物的节水意义重大。

开式循环冷却水系统或闭式冷却塔的喷淋水系统受气候、环境的影响，冷却水水质比闭式系统差，改善冷却水系统水质可以保护制冷机组并提高换热效率。通过设置水处理装置和化学加药装置改善水质，减少排污耗水量。

开式冷却塔或闭式冷却塔的喷淋水系统设计不当时，高于集水盘的冷却水管道中部分水量在停泵时有可能溢流排掉。为减少上述水量损失，设计时可采取加大集水盘、设置平衡管或平衡水箱等方式，相对加大冷却塔集水盘浮球阀至溢流口段的容积，避免停泵时的泄水和启泵时的补水浪费。

由于冷却塔排污、溢水和飘水等原因造成开式或闭式冷却塔实际补水量大于蒸发耗水量，从冷却补水节水角度出发，对于减少开式冷却塔和设喷淋水系统的闭式冷却塔的不必要耗水，《绿色建筑评价标准》GB/T 50378—2014提出了定量要求：

$$\frac{Q_e}{Q_b} \times 100\% \geqslant 80\% \tag{4.2-24}$$

式中　Q_e——冷却塔年排出冷凝热所需的理论蒸发耗水量，kg；
　　　Q_b——冷却塔实际年冷却水补水量（系统蒸发耗水量、系统排污量、飘水量等其他耗水量之和），kg。

排出冷凝热所需的理论蒸发耗水量按式（4.2-25）计算：

$$Q_e = \frac{H}{r_o} \tag{4.2-25}$$

式中　Q_e——冷却塔年排出冷凝热所需的理论蒸发耗水量，kg；
　　　H——冷却塔年冷凝排热量，kJ；
　　　r_o——水的汽化潜热，kJ/kg。

（4）其他节水措施

1）用水计量

按照建筑用水的用途或不同经营管理单元分别设置水表进行计量，不仅可以实现"用者付费"，达到节水目的，而且可以统计各种用途的用水量，便于进行水耗分析与优化。

2）公共浴室节水

对于设有公共浴室的公共建筑，可采用带恒温控制、温度显示功能的冷热水混水淋浴器，同时通过"用者付费"鼓励行为节水，可设置刷卡付费或脚踏式开关、感应开关、延时自闭等无人自动关闭设施，避免"长流水"现象发生。

3）热水出水时间

热水的出水温度及出水时间是衡量热水用水舒适度的主要指标，同时控制热水出水时间也是节约用水的一个重要措施，用水卫生器具的热水出水时间符合现行国家标准《民用建筑节水设计标准》GB 50555的规定，集中热水供应系统考虑到节水和热水使用舒适的要求，应设热水回水管道，保证热水在管道中循环。所有循环系统均应保证立管和干管中热水的循环。对于热水使用要求高的饭店可采用保证支管中的热水循环，或有保证支管中热水温度的措施，以达到舒适需求。

4.2.5 电气

建筑电气系统作为公共建筑的基础设施之一，其主要耗能系统有供配电系统、照明系统和建筑设备管理系统。这三个系统能效的提升主要在于变压器能效、照明功率密度及建筑设备自动控制和监控系统设置情况。

电气系统综合能耗评价指标包含 16 个二级指标，评价总分值为 100 分，其中定量分值占到 57 分。由于评价指标来自于对调研数据的分析和提炼，因此电气系统的得分可以真实、客观地体现一栋公共建筑电气系统运行节能情况，并会给出建筑机电系统节能上的评价和建议。

1. 供配电系统

（1）配电变压器

配电变压器的能效主要取决于负载损耗和空载损耗，《三相配电变压器能效限定值及能效等级》GB 20052 对变压器产品能效等级进行了规定，公共建筑常用的干式变压器，损耗与能效等级对照表如表 4.2-31，能效等级越高的变压器损耗越小。

变压器损耗与能效等级对照表 表 4.2-31

额定容量 （kVA）	空载损耗（W）					负载损耗（W）				
	1级	2级	1级	2级	3级	1级		2级、3级		
	电工钢带		非晶合金		电工钢带、非晶合金	电工钢带	非晶合金	电工钢带、非晶合金		
								B （100℃）	F （120℃）	H （145℃）
315	比2级低10%	705	280	880		比2级低10%	比2级低5%	3270	3470	3730
400		785	310	980				3750	3990	4280
500		930	360	1160				4590	4880	5230
630		1070	420	1340				5530	5880	6290
630		1040	410	1300				5610	5960	6400
800		1215	480	1520				6550	6960	7460
1000		1415	550	1770				7650	8130	8760
1250		1670	650	2090				9100	9690	10370
1600		1960	760	2450				11050	11730	12580
2000		2440	1000	3050				13600	14450	15560
2500		2880	1200	3600				16150	17170	18450

目前已有的《电力变压器经济运行》GB/T 13462—2008 和《配电变压器能效技术经济评价导则》DL/T 985—2012 规定的变压器经济运行评价方法，在电力变压器运行的经济性评价上具有重要意义，但上述两标准提出的方法在公共建筑的适用性上存在不足之处。北京市地方标准《三相配电变压器节能监测》DB11/T 140—2015 中采用的日均负载率指标比较简洁。

在典型工况运行时，变压器处于正常运行方式，实际运行状态的负载率曲线通常较多表现为以 24h 为周期的波动曲线，不同类型公共建筑具有不同的波动特点，相同类型的公共建筑由于受系统组成、设备选型、自控参数、用户作息等多种因素影响，实际负载率波动曲线上也会呈现出相应的变化。

公共建筑变压器的负载率因受不同建筑类型的各种不确定因素影响，波动曲线变化比较复杂。公共建筑变压器负载率曲线波动的峰谷差和每天 24h、制冷季、供暖季、节假日等各种时间节点汇集的复杂性，比上级电力变压器负载率波动幅度差更大、更突然、曲线更加复杂。对于多数类型的公共建筑而言，变压器日间负载率与夜间负载率的峰谷差较大，日均负载率较低。根据实际运行数据，很多公共建筑变压器负载率曲线全年最高点未达到 40%，从每台变压器总负载变化趋势上看，在每个 24h 周期内，机电系统设备运行控制越能准确调节，负载率曲线振荡变化越小；机电系统配置和对各种常规负荷、充电负荷的运行调控越完善、削峰填谷措施越有效，总负载率曲线峰谷差越小、运行越平稳，变压器越能持续保持高效运行。

因此，为了体现变压器运行情况、保证变压器能效评价的准确性，在评价公共建筑变压器运行能效时，选择全年用电量最高日的日负载率曲线图进行评价。

采用参评变压器的日负载率曲线图评价运行能效，可用于指导机电系统能效提升改造，还可从实时波动曲线变化中判断建筑用能的安全状态，对公共建筑应急管理也有益。

三相配电变压器的评估项包括：1）变压器能效等级达到 2 级，得 3 分；达到 1 级，得 5 分。2）变压器运行能效的评价，应采用参评建筑全年用电量最高日的各台变压器监测记录数据，逐台对日负载曲线按表 4.2-32 的评分规则评分，评价总分值为 10 分。

公共建筑变压器运行能效评分规则　　　　　　　　表 4.2-32

运行状态		低载低效	轻载中效	最佳高效	重载高效	满载中效
负载区间	5					$0.85{\leqslant}\beta{<}1.0$
	4				$0.75{\leqslant}\beta{<}0.85$	
	3			$0.3{\leqslant}\beta{<}0.75$		
	2		$0.1{\leqslant}\beta{<}0.3$			
	1	$0{\leqslant}\beta{<}0.1$				
得分		1	4	10	5	1

（2）电动机

电动机的能效评价包括制冷剂、水泵、风机和电梯等以电动机提供动力的设备，这些设备虽然不由电气专业直接设计选型，但电气专业应从节能的角度对公共建筑明确提出上述动力用电设备配套电动机的能效等级要求，提资给建筑、暖通、给水排水等相关专业，并体现在上述设备的选型表中，从而保证上述主要动力设备的能效等级作为重要指标之一向后续流程传递，并促进相关产业能效升级。随设备配套的电动机在产品铭牌上应注明电动机对应的能效等级，公共建筑应采用节能型产品，电动机的能效等级应达到 2 级及以上。

当前的相关标准如下：1）《小功率电动机能效限定值及能效等级》GB 25958—2010，该标准适用于 690V 及以下的电压和 50Hz 交流电源供电的小功率三相异步电动机（10～200W）、电容运转异步电动机（0.1～2.2kW）、电容起动异步电动机（0.12～3.7kW）、双值电容异步电动机（0.25～3kW）等一般用途电动机，以及房间空调器风扇电动机（6～550W）；2）《中小型三相异步电动机能效限定值及能效等级》GB 18613—2012，该标准适用于 1000V 及以下的电压，50Hz 三相交流电源供电，额定功率在 0.75～375kW 范围内，电机极数为 2 极、4 极和 6 极，单速封闭自扇冷式一般用途电动机或一般用途防爆电动机。

电动机能效的评估项是对设备轴功率负载动力端配套的节能电动机能效评价，按照表4.2-33 的规则进行评价，评价总分值为 6 分。

公共建筑节能电动机能效评分规则　　　　　　　　　　　　表 4.2-33

主要耗能设备配套的电动机能效等级	以电动机为动力的制冷机、水泵、风机和电梯等主要耗能设备的分项计量核查年总电耗中，采用节能电动机的设备电耗比例 D(%)	评价总分值
1 级能效	$10{\leqslant}D_1{<}20$	1
	$20{\leqslant}D_1{<}30$	2
	$D_1{\geqslant}30$	3
2 级能效	$20{\leqslant}D_2{<}30$	1
	$30{\leqslant}D_2{<}40$	2
	$D_2{\geqslant}40$	3

（3）可再生能源发电装置和系统

可再生能源发电装置和系统包括光伏、风电以及其他形式，应根据当地气候和自然资源条件合理利用可再生能源发电并取得实际应用效果，对系统可再生能源全年实际供电量相对于设计发电量的比例进行评价，按照表 4.2-34 的规则评分，评价总分值为 4 分。

可再生能源发电系统能效评分规则表　　　　　　　　　　表 4.2-34

评价项目	评价内容		得分
可再生能源发电系统	$Cr=\dfrac{系统全年供电量（kWh）}{系统全年设计发电量（kWh）}$	$Cr{\geqslant}90\%$	3
		$80\%{\leqslant}Cr{<}90\%$	2
		$70\%{\leqslant}Cr{<}80\%$	1

在上述得分的情况下，可再生能源发电采用并网运行方式，得 1 分。

系统年净供电量是刨除了可再生能源发电系统逆变器等装置自身损耗之后供到配电系统中全年实际可用的电量，可核查配电系统对应的分项计量仪表获得实际运行数据。

（4）无功补偿

集中补偿是低压系统采用的主要方式，区域补偿、就地补偿也是有益的补偿方式。需要注意的是，不能因为可以采用无功补偿就放松对设备本身功率因数的指标要求，设计、招标时应尽可能采用功率因数符合标准的设备。

以晶闸管控制的电抗器（TCR）、晶闸管投切的电容器（TSC）以及二者的混合装置（TCR＋TSC）等主要形式组成的静止式动态无功补偿装置（SVC）得到快速发展。随着大功率全控型电力电子器件 GTO、IGBT 及 IGCT 的出现，相控技术、脉宽调制技术（PWM）、四象限变流技术的提出，电力电子逆变技术得到快速发展。静止无功发生器（SVG）产生无功和滤除谐波是靠其内部电子开关频繁动作产生无功电流和与谐波电流相反的电流。结合具体工程项目情况合理设计，选用适合的无功补偿装置，可以保证电能质量、降低线路损耗、变电损耗，减少发热量，采取合理的补偿措施后还可优化变压器装机容量和线路选型。

无功补偿的评价总分值为 3 分，评估项包括：1）变电所采用集中式无功补偿装置，且低压侧功率因数不低于 0.95，得 1 分；2）功率因数低的大功率用电设备在就地配电系统中设置无功补偿装置，且功率因数不低于 0.95，得 1 分；3）无功补偿器采用 SVC 或 SVG 等技术，得 1 分。

（5）换能装置

UPS 装置本身的效率，应在设计时提出参数要求。UPS 的效率曲线上，存在一个高效率的区间，因此 UPS 的选型要注意高效率的运行区间。多台并机 UPS，根据实际负载的轻重而自动控制部分台数进入休眠状态，可以提高系统能效。UPS 的散热与冷却方式应注意有利于降低能耗。应在有连续调节电动机负载要求的设备上使用变频器，选型应与设备匹配，运行环境的通风散热及变频器运行状态应正常。

换能装置的评价总分值为 2 分，评估项包括：1）大型机房采用的 UPS 装置满载效率不低于 94%、半载效率不低于 85%，且运行负载率不低于 0.3，得 1 分；2）变频器选型合理且正常运行，得 1 分。

（6）配电系统

变配电所、配电竖井、配电箱位置设计合理，接近所服务区域的负荷中心，主要干线或支路不超出长度限值，评价总分值为 5 分，并按照表 4.2-35 的规则评分并累计。

低压线路能效评分规则表　　　　　表 4.2-35

低压线路能效评价	主要线路长度限值（m）	符合长度限值要求的主要干线或支路比例		得分
低压供电干线	200	符合长度限值要求的主要干线计算容量之和 $\sum P$ 不低于低压配电总计算容量 P_j 的比例	$\sum P \geqslant 90\% \cdot P_j$	3
			$75\% \cdot P_j \leqslant \sum P < 90\% \cdot P_j$	1
末端配电箱的支路	60	各配电分区内符合长度限值要求的箱支路之和不低于箱支路总数的比例	95%	2

配电系统能效评价，针对使用功能确定的大型设备机房或用电设备集中区域，对其由变配电所单独供电的低压供电干线及配电箱，按表 4.2-36 进行设计能效评价，按表 4.2-37 进行运行能效评价，总分值为 5 分。

配电干线设计能效评分规则表　　　　　表 4.2-36

评价范围	评价内容		得分
配电容量不低于 100kW 的低压干线	设计配电容量利用率 C_{d100}	$C_{d100} \geqslant 90\%$	5
		$80\% \leqslant C_{d100} < 90\%$	4
		$70\% \leqslant C_{d100} < 80\%$	3
		$60\% \leqslant C_{d100} < 70\%$	2
		$50\% \leqslant C_{d100} < 60\%$	1

配电干线运行能效评分规则表　　　　　　　　表 4.2-37

评价范围	评价内容		得分
配电容量不低于 100kW 的低压干线	实际配电容量 利用率 C_{g100}	$C_{g100} \geqslant 60\%$	5
		$50\% \leqslant C_{g100} 60\%$	4
		$40\% \leqslant C_{g100} < 50\%$	3
		$30\% \leqslant C_{g100} < 40\%$	2
		$20\% \leqslant C_{g100} < 30\%$	1

2. 照明系统

（1）照明产品能效

国家对各类光源、镇流器和 LED 模块控制器等照明产品已正式发布了能效标准，为实现照明节能，应优先选用较高能效等级的产品。驱动电源装置相关的能效等级，应符合目前已经实施的标准，例如《LED 模块用直流或交流电子控制装置性能要求》GB/T 24825，以及评价时已经颁布生效的其他标准，但均应不低于能效 2 级。

照明产品能效的评价总分值为 10 分，按照表 4.2-38 的规则评分并累计。

照明产品能效评分规则　　　　　　　　表 4.2-38

评价范围	评价内容	得分
传统照明产品	光源的能效能级达到 2 级	1
	光源的能效能级达到 1 级	2
	镇流器等驱动电源装置的能效等级达到 2 级	1
	镇流器等驱动电源装置的能效等级达到 1 级	2
	灯具的效率高于现行国家标准《建筑照明设计标准》GB 50034 的规定值	2
	照明灯具采用直管荧光灯功率因数不低于 0.95、高强度气体放电灯功率因数不低于 0.9、功率容量 $P \leqslant 5W$ 的 LED 灯功率因数不低于 0.75、功率容量 $P > 5W$ 的 LED 灯功率因数不低于 0.9，上述 4 项在参评公共建筑中存在的项均满足	1
LED 照明产品	能效比现行国家标准《LED 室内照明应用技术要求》GB/T 31831 和现行行业标准《体育场馆照明设计及检测标准》JGJ 153 的规定值提高 20%	1
	能效比现行国家标准《LED 室内照明应用技术要求》GB/T 31831 和现行行业标准《体育场馆照明设计及检测标准》JGJ 153 的规定值提高 30%	3

（2）照明功率密度

实现照明节能的主要方式在于降低照明功率密度，根据现行国家标准《建筑照明设计标准》GB 50034 对室内照明能效的评价主要基于室内照明功率密度（LPD），表 4.2-39 给出了不同场所 LPD 的限值。

室内照明能效的基本项评估指标表　　　　　　　　表 4.2-39

场所	照度标准值（lx）	照明功率密度限值（W/m²）
图书馆	300	$\geqslant 9.0$
一般办公建筑	300	$\geqslant 9.0$
高档办公建筑	500	$\geqslant 15.0$
一般商业建筑	300	$\geqslant 10.0$
高档商业建筑	500	$\geqslant 16.0$

室内房间和场所一般照明功率密度限值评价总分值为 10 分，评估项包括：

1）满足现行国家标准《建筑照明设计标准》GB 50034 的规定目标值，得 4 分；

2）照明功率密度相比目标值降低 5％～10％，得 7 分；3）照明功率密度相比目标值降低 11％～20％，得 10 分。

（3）照明控制

合理进行照明控制，考虑灯具的布置，按使用条件和天然采光采取分区、分组设置，对于有外窗的区域，尽量考虑灯与侧窗平行布置，有效达到节能控制的目的。对于电化教室、会议厅、多功能厅和报告厅等场所，按靠近或远离讲台的方式控制。走廊、楼梯间、卫生间、开水间、地下车库等场所为人员流动场所，采用感应自动控制，能有效保证环境照度使用要求，同时达到人走灯灭的目的。门厅、大堂、电梯厅为建筑内的主要人员密集的流动功能区，但下班和夜间转为一般流动场所，采取分组或调光方式把照度降下来，达到节能和满足使用的双重目的。

根据房间及公共场所的特点合理进行照明控制，评价的总分值为 4 分，评估项包括：1）照明控制系统设计合理，得 1 分；2）重点照明单独控制，得 1 分；3）多种功能要求的场所采取场景控制，得 1 分；4）有天然采光的区域独立控制，得 1 分。

公共场所根据需要采用合理的照明控制方式，评价的总分值为 12 分，评估项包括：1）走廊、楼梯间、卫生间、开水间、地下车库等场所，采用自动开关控制或调光控制装置，得 3 分；2）门厅、大堂、电梯厅等场所，非工作时间采用定时自动降低照度控制，得 3 分；3）有天然采光的区域，采用随天然光照度变化而自动控制人工照明，得 3 分；4）地下或无外窗空间合理利用导光管系统采光，得 2 分。

3. 建筑设备管理系统

（1）建筑设备自动控制系统

冷热源群控系统、电梯群控系统、智能照明系统、变电室电力监控系统等专用控制系统可以通过通信接口纳入建筑设备监控系统。用电设备在使用人员离开后不需继续通电运行的场所合理采用节能控制装置，例如宾馆客房采用节能控制总开关，办公建筑等的开水间采用适宜的节能控制装置，汽车库的停车位采用智能感应控制装置，电梯轿厢节能控制装置等。

建筑设备自动控制系统评价的总分值为 12 分，评估项包括：1）对建筑内主要设备，包括冷热源、供暖通风和空气调节、给水排水、供配电、照明、电梯等设备进行监控，或通过通信接口将设备专用的监控系统纳入建筑设备监控系统中集中管理，得 7 分；2）用电设备在使用人员离开后不需继续通电运行的场所合理采用节能控制装置，例如宾馆客房采用节能控制总开关、办公建筑等的开水间采用适宜的节能控制装置、汽车库的停车位采用智能感应控制装置、电梯轿厢节能控制装置等，参评建筑至少采用 1 项且节能控制运行状态正常，得 2 分；3）采用自动控制系统并针对不同建筑类型采用合理的运行策略、运行正常，例如合理选用电梯和自动扶梯并采取电梯群控、扶梯自动启停等节能控制措施，得 3 分。

（2）建筑设备监测系统

建筑设备监测系统具有室内空气质量监测和风机联动控制功能，对人员密度较大且随时间变化大的区域，即设计人员密度超过 0.25 人/m²，设计总人数超过 8 人的主要功能房间进行二氧化碳浓度的监测并与通风系统联动。对地下车库的一氧化碳浓度进行监测并与通风系统联动。

建筑设备监控系统具有室内空气质量监测和风机联动控制功能，评价的总分值为 2 分，评估项包括：1）监测主要功能房间中人员密度较大且随时间变化大的区域的二氧化碳浓度，并与通风系统联动，得1分；2）监测地下车库的一氧化碳浓度，并与通风系统联动，得1分。

（3）建筑能效监测系统

设置建筑能效监管系统，对建筑物主要能耗进行监测，并进行能效分析和优化管理。建筑耗电量可按照明插座、空调、电力、特殊用电分项进行监测计量。其中，照明插座用电是指建筑物内照明、插座等室内设备用电的总称，包括建筑物内照明灯具和从插座取电的室内设备，如计算机等办公设备、厕所排气扇等。

空调用电是为建筑物提供空调、供暖服务的设备用电的统称。常见的系统主要包括冷水机组、冷水泵（一次冷水泵、二次冷水泵、冷水加压泵等）、冷却泵、冷却塔风机、风冷热泵等和冬季供暖循环泵（供暖系统中输配热量的水泵；对于采用外部热源、通过板换供热的建筑，仅包括板换二次泵；对于采用自备锅炉的，包括一、二次泵）、全空气机组、新风机组、空调区域的排风机、变冷媒流量多联机组。若空调系统末端用电不可单独计量，空调系统末端用电应计算在照明和插座子项中，包括220V排风扇、室内空调末端（风机盘管、VAV、VRV末端）和分体式空调等。

电力用电是集中提供各种电力服务（包括电梯、非空调区域通风、生活热水、自来水加压、排污等）的设备（不包括空调供暖系统设备）用电的统称。电梯是指建筑物中所有电梯（包括货梯、客梯、消防梯、扶梯等）及其附属的机房专用空调等设备。水泵是指除空调供暖系统和消防系统以外的所有水泵，包括自来水加压泵、生活热水泵、排污泵、中水泵等。通风机是指除空调供暖系统和消防系统以外的所有风机，如车库通风机，厕所屋顶排风机等。特殊用电是指不属于建筑物常规功能的用电设备的耗电量，特殊用电的特点是能耗密度高、占总电耗比重大的用电区域及设备。特殊用电包括信息中心、洗衣房、厨房餐厅、游泳池、健身房、电热水器等其他特殊用电。

设置建筑能效监管系统，对建筑物主要能耗进行监测，并进行能效分析和优化管理，评价的总分值为10分，评估项包括：1）建筑耗电量按照明插座、空调、电力、特殊用电分项进行监测与计量，得3分；2）建筑用水量、燃气量、集中供热耗热量、集中供冷耗冷量进行分类总表计量，得2分；3）建筑耗电量按不同管理单元或功能区域进行监测，得3分；4）建筑用水量、集中供热耗热量、集中供冷耗冷量按不同管理单元或功能区域计量，得2分。

4.3　机电系统能耗综合评价分析应用软件功能实现

目前我国既有公共建筑机电系统前期节能改造决策主要依赖于现场仪器的测试及诊断，成本较高，且甲方决策时间较长，不利于既有公共建筑能效提升改造工作的推动。基于综合指标、节能表现指标、节能水平指标，有必要建立既有公共建筑机电系统能效水平快速评价框架，并开发一款"既有公共建筑机电系统能效提升决策支持系统"。

4.3.1　软件开发设计界面

既有公共建筑机电系统能耗综合评价分析应用软件是基于评价指标体系开发的便捷、直观的评价工具。该软件充分满足了简明和便捷的设计初衷。图4.3-1为软件欢迎界面，点击"文件"可以执行"打开""新建""保存"和"退出"等基本操作，点击"帮助"可以获取软件介绍，使用说明等信息。

图 4.3-1　软件欢迎界面

用户首先需要输入项目的相关概况信息。信息录入完毕后，点击"下一页"进入机电系统数据录入界面进行参数选择和录入，或点击"首页"回到首页。

在能源系统数据录入界面，用户只需要勾选符合项目情况的条款，输入项目运营数据，就可以完成对这一评价类别的信息准备工作。

待用户完成了项目基本信息录入和能源系统数据录入后，返回首页，点击"评价"即进入评价界面，如图 4.3-2 所示，三个指标的得分和评价结果将显示在界面中，界面方便

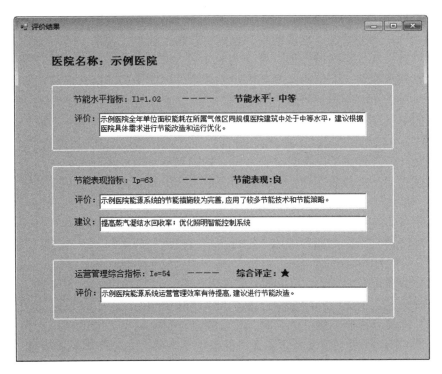

图 4.3-2　评价结果界面

用户发现既有公共建筑机电系统的优点和不足，为既有公共建筑提高服务水平、改善运营状况提供帮助和支持。

4.3.2　决策支持实例

以夏热冬冷地区某办公楼为例，应用既有公共建筑机电系统能耗综合评价分析软件评价机电系统综合能耗水平。

该项目位于四川省成都市，院科技大楼设计于 1985 年 9 月，有主楼和副楼（无地下室），框架结构，主楼建成，副楼未建。建成的主楼总建筑面积 8143.96m²，建筑主楼为 10 层，局部 11 层，建筑高度 42.17m。整个建筑呈扁长的"S"形，项目用地呈矩形，用地南高北低、西高东低，场地内最大落差约 1.5m。

电气系统包括建筑物内的配电、照明、动力系统、屋面光伏发电系统。在建筑智能化方面包含通楼宇自控系统、智能电网用户监控与电能能效管理系统、智能灯光控制系统等。电源由院内配电房采用电缆引来，供全部设备负荷，系统采用放射式与树干式相结合的供电方式供电。在大楼屋面设置 18kW 的光伏发电系统，并入电网运行。在公共走道、门厅、电梯前室、卫生间、会议室、学术报告厅、部分小办公室等设有吊顶的区域，选用的是 LED 筒灯、LED 平板灯，采用嵌入式安装。而在没有设置吊顶的办公区域、通道等处，照明灯具则选用的是 LED 明装筒灯、LED 吊装平板灯以及 LED 支架灯等。在地下设备用房，通过与建筑专业的紧密配合，充分利用结构的减震沟的高度与宽度，设计成了自然采光，电光源为补充。在照明灯具的控制方面，设置了一套智能照明控制系统。建筑共 3 台电梯，电梯采用高效电机及能源反馈装置，同时具备群控功能。

楼内设置的楼宇自动化控制系统对各类机电设备（空调、各类风机、配电、给排水、电梯等）的运行、安全状况、能源使用和管理实行自动监视、测量、程序控制与管理。系统在室内的设置了空气品质监测器（可探测 CO_2\PM2.5\TVOC 浓度等），通过网络与大楼的信息发布系统联络，对室内空气环境品质质量、能源消耗情况进行实时在线监测与发布。同时，空气品质监测器信号通过 DDC 控制器与楼层新风换气机组联动、补充室内新风，改善室内空气环境品质质量。办公室风机盘管电源控制采用 MSPD 的控制技术，即在进门距地 1.5m 的门边安装红外测距传感器（存在传感器），室内顶棚安装红外感应器，通过红外测距与红外传感器的逻辑配合，可以精确判断室内是否有人存在。

该项目设置了一套能效管理系统。采用分项、分类设置能耗计量装置的方式，分别统计照明用电、插座用电、空调用电、电梯用电、风机、水泵用电、特殊设备用电量以及用水量、热能用量等。能耗管理系统采用 C/S 架构设计，在任意一台连接广域网的计算机上只要安装能耗管理系统客户端软件即可实时访问该能耗管理系统。

空调冷热源采用风冷热泵机组，标准工况下主机制冷能效比为 3.35。在过渡季节充分利用室外"免费冷源"，加大建筑外窗的可开启面积，增加室内自然通风量，排除室内余热。根据房间分区、功能和时间分别设置空调系统和控制系统；公共区域及大办公室风机盘管分组、分区独立控制，独立办公室风机盘管独立控制；室内末端风机盘管和空气处理机组均设置 TiO_2 紫外线杀菌及净化装置，具备空气杀菌，去除 TVOC、甲醛、苯、异味、有害微生物、无机气态污染物等功能。室内大空间设置 CO_2、PM2.5、空气质量监测装置，实时监测室内 CO_2、PM2.5、温湿度。各层新风换气机采取就地控制和自动控制相结合的控制模式，根据室内 CO_2 浓度调节新风机档位，过滤器设更换报警装置。采用新风换气机对空调排风进行能量回收。

　　用水采用分区供水方式。室外排水系统采用雨、污分流，污废水经初处理后排放，室内生活污水经室外污水检查井汇集后，先接入院区内已有格栅池初处理后，再排入市政污水检查井。污水经排水管道收集后，排入院区现有污水管网。选择的卫生洁具均满足《节水型生活用水器具》CJ/T 164—2014 的要求；设置雨水回收利用系统，收集屋面雨水和场地雨水。经处理后的雨水供院区和办公楼垂直绿化用水、道路浇洒用水。雨水回用处理设备采用雨水净化一体机。绿化采用自动微喷灌系统设置自动喷灌控制器，定时灌溉，设置土壤湿度传感器，雨天自动关闭。该项目主要通过透水铺装、植草砖以及屋顶绿化的方式增加室外场地雨水的渗透，降低场地综合径流系数。

　　该项目为改造项目，使用了较多先进的节能技术，将项目数据输入软件中，整体得到了二星（★★）的评价。

本章参考文献

[1]　王智超，杨英霞，袁涛，刘赟，李剑东，于震．沈阳市公共建筑空调系统状况及能耗调查与分析 [J]．建筑科学，2010，26（6）：53-56.

[2]　中国城市科学研究会．中国绿色建筑（2017）[M]．北京．中国建筑工业出版社，2017.

[3]　中国建筑科学研究院．公共建筑节能改造技术规范．JGJ 176—2009 [S]．北京．中国建筑工业出版社，2009.

[4]　江亿．破解建筑节能难题 [J]．中国建设信息，2011，（13）：26-27.

[5]　薛志峰，江亿，彦启森．既有建筑运行管理与节能改造 10 例分析 [J]．供热制冷，2005，（9）：40-44.

[6]　丁勇，魏嘉，黄渝兰．基于照度适宜性分析的公共建筑照明节能改造研究 [J]．建筑节能，2014，（8）：97-101.

[7]　王若君．分项计量系统对上海地区大型公共建筑能耗案例分析 [J]．新型建筑材料，2010，37（11）：48-50.

[8]　张辉，魏庆芃，等．大型公共建筑用电分项计量系统研究与进展（1）：系统构架 [J]．暖通空调，2010，40（8）：10-13.

[9]　王鑫，魏庆芃，等．大型公共建筑用电分项计量系统研究与进展（2）：统一的能耗分类模型与方法 [J]．暖通空调，2010，40（8）：14-17.

[10]　熊玮玮，席自强，等．校园某实验楼电能分项计量系统研究 [J]．湖北工业大学学报，2011，26（1）：97-100.

[11]　林卫东．从能耗普查情况探讨实施分项计量设置 [J]．福建建设科技，2008，（3）：87-88.

[12]　李宝树，葛玉敏，刘川川．新型电能分项计量系统 [J]．电测与仪表，2011，48（4）：63-65，76.

[13]　邢振祥，曲伟晶．居住区域能源消耗分项计量监测系统分析与设计 [J]．建筑节能，2008，36（12）：52-54.

[14]　牛祺飞，张永坚，张春华．建筑中能耗拆分方法 [J]．控制工程．2010，1（17）：80-82.

[15]　Akbari H，Heinemeier K，Le Coniac P，et al．An Algorithm to Disaggregate Commercial Whole-Building Electric Hourly Load into End Uses [C]//Washington，DC：Proc. of ACEEE 1988 Summer Study on Energy Effi- ciency in Buildings，1988，10：13-26.

[16]　Akbari H．Validation of an Algorithm to Disaggregate Whole-Building Hourly Electrical Load into

End Uses [J]. Energy, 1995, 20 (12): 1291-1301.

[17] Laughman C, et. al. Power signature analysis [C]// Power and Energy Magazine, IEEE, 2003, 1 (2): 56-63.

[18] Marceau M L, Zmeureanu R. Nonintrusive load disaggregation computer program to estimate the energy consumption of major end uses in residential buildings [J]. Energy Conversion & Management, 2000, 41: 1389-1403.

[19] Pihala H. Non-intrusive Appliance Load Monitoring System Based on a Modern kWh- Meter [R]. Espoo: VTT Publications 356, 1998.

[20] Norford L K, Leeb S B. Non-intrusive electrical load monitoring in commercial buildings based on steady-state and transient load-detection algorithms [J]. Energy and Buildings, 1996, 24 (1): 51-64.

[21] Hart G. Nonintrusive appliance load monitoring [C]// Proceedings of the IEEE, 1992, 80 (12): 1870-1891.

[22] Cole A, Albicki A. Algorithm for non-intrusive identification of residential appliances [C]// Proceedings of the 1998 IEEE International Symposium on Circuits and Systems. Monterey, CA, USA, 1998, 3: 338-341.

[23] Norford L, Mabey N. Non-intrusive electric load monitoring in commercial buildings [C]// Proc. Eighth Symp. Improving Building Systems in Hot and Humid Climates, Dallas, TX, 1992.

[24] Leeb S B. A conjoint pattern recognition approach to non-intrusive load monitoring [D]. Cambridge, MA: Department of Electrical Engineering and Computer Science, Massachusetts Institute of Technology, 1993.

[25] US DOE. Energy Information Administration. Commercial buildings energy consumption survey, 2003.

[26] Baranski M, Voss J. Genetic algorithm for pattern detection in NIALM systems [C]// In Systems, Man and Cybernetics, IEEE International Confer-ence, 2004, 4: 3462-3468.

[27] Akbari H, Eto J, Konopacki S, et al. Integrated Estimation of Commercial Sector End-Use Load Shapes and Energy Use Intensities in the PG&E Service Area [R]. Lawrence Berkeley National Laboratory Report LBL-34263, Berkeley, CA 94720. 1993a.

[28] Akbari H, Rainer L, Heinemeier K, et al. Measured Commercial Load Shapes and Energy-use Intensities and Validation of the LBL End-use Disaggregation Algorithm [R]. Lawrence Berkeley National Laboratory Report LBL-32193, Berkeley, CA. 1993b.

[29] Inc. , Arlington, VA. The Identification and Development of Methods for the Extrapolation of Commercial Buildings Energy Performance [R]. A report prepared by Building Energy Associates, for Lawrence Berkeley Laboratory, Berkeley, CA , Marc

第5章 典型机电系统能效偏离识别与纠偏控制技术

工程实践表明，既有公共建筑机电系统在常年运行过程中存在着大量的历史运行数据，这些数据却没有得到很好的利用。为了充分利用既有条件并解决机电系统低效运行的问题，本章提出采用偏离高能效阈值运行工况的实时纠偏控制技术，以及适用于既有公共建筑机电系统高效运行的自动纠控寻优系统。当机电系统出现低效运行工况时能通过智能化手段实现在线动态监测及汇总分析，及时调整系统运行策略，使机电系统稳定运行在高能效区间，进而实现整个系统的连续高效供能。

5.1 基于历史数据的负荷预测技术

负荷预测以机电负荷分布情况为基础，确定最优的运行工况，制定最佳运行策略，以达到机电系统高效、节能的目的。准确的负荷预测是机电系统节能运行的关键所在。常用的现代负荷预测建模技术包括神经网络与支持向量机。在实际工程中选择最优的预测方法预测机电系统负荷是个关键问题。

5.1.1 基于 BP 神经网络的负荷预测

神经网络中 BP 算法的数学模型主要包含 3 个层次，分别为：输入层、隐含层及输出层。其基本思想是：在模型训练过程中反复、不间断地循环正向传播数据信息和反向传递误差信号这两个过程，实现在训练过程中对权值进行不停地修正，确保计算输出的误差值越来越小，直至预期的输出与实际输出值最为接近时，训练停止。图 5.1-1 为其结构示意图。

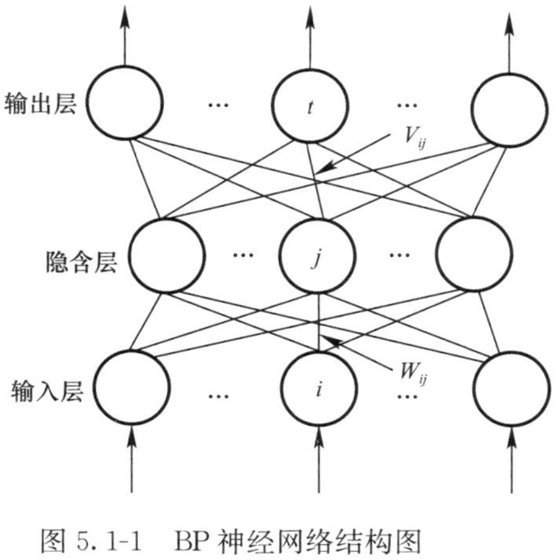

1. BP 神经网络的数学描述

结合 BP 算法的神经网络，输入信号具有前向传播性，同时由于误差可以多次进行回传，使得输出误差得到反复的纠偏，这就是 BP 算法的神经网络的典型特点。

图 5.1-1 BP 神经网络结构图

2. BP 神经网络的拓扑结构

BP 模型的拓扑结构一般包含两方面，一是针对层与层之间的连接方式，二是对网络参数进行确定。拓扑结构构建的优劣直接关系到结果的质量。

（1）确定 BP 神经网络层数；

（2）确定首末层节点数；

（3）确定隐含层节点数。

3. BP 神经网络设计流程

（1）确定神经网络结构。BP 神经网络结构主要包含确定网络层数、输入层、输出层、隐含层几个方面。

（2）确定传递函数。Sigmoid 函数具有容错性好、计算简单、适应性强等优点，故选其作为传递函数，神经网络输出层传递函数也选用 Sigmoid 函数，则输出值可映射到任意数值。

（3）确定训练方法。BP 神经网络的训练方法有很多，根据不同的训练内容应选择适合该内容的训练方法。

4. MATLAB 神经网络工具箱

神经网络工具箱（GUI）是 MATAB 平台中一款常用的工具箱，GUI 使用简单、调用便捷，大大降低了神经网络算法的使用门槛和对程序语言的知识储备，软件中设置了许多默认参数，这些默认参数可以运用到诸多实际工程案例中。

5. BP 神经网络负荷预测流程

BP 神经网络建模和预测流程图如图 5.1-2 所示。

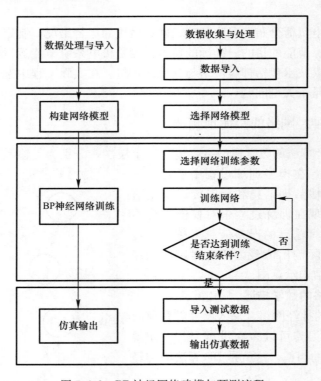

图 5.1-2 BP 神经网络建模与预测流程

5.1.2 基于支持向量机的负荷预测

1. 支持向量机（SVM）理论

SVM 具有适应性强、稳定性好、时间快等优点。SVM 的结构示意图如图 5.1-3 所示：

SVM 通过在少量样本数据的复杂性和学习能力之间寻求数据的最优解，来获得足够好的推广能力。

2. LIBSVM 工具箱

LIBSVM 是一类原理简易、操作便捷且计算快速准确的 SVM 回归分析的软件包。LIBSVM 中不但可以满足微软操作系统，同时还给出了文件的源代码，便于后期人们对其进行修改以及在其他操作系统上应用。LIBSVM 软件中适合于 SVM 的参数调节参数较少，但软件中设置的许多默认参数，可以运用到实际工程中，能够有效解决许多问题，并提供了交互检验（Cross Validation）的功能。在 MATLAB 实验平台上运用 LIBSVM 工具箱进行实验，能降低其运算复杂度。

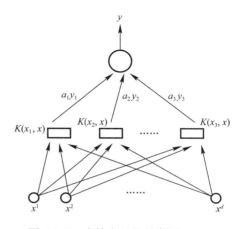

图 5.1-3　支持向量机示意图

3. 建模和预测流程

SVM 模型建模和预测流程如图 5.1-4 所示。

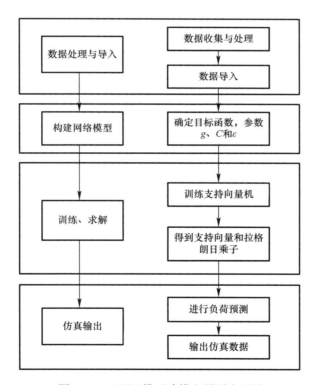

图 5.1-4　SVM 模型建模和预测流程图

5.1.3　两种预测方法对比分析

本节结合项目实际，从历史运行数据中摘取足够的样本，进行试算比较，进而分析对比两种预测方法的优劣。

1. 基于 BP 神经网络模型纠偏值预测

（1）BP 神经网络建立

BP 神经网络中拟定输入量 4 个，输出量 1 个，隐含层为 1 层，通过多次试凑，最终确定隐藏层神经元个数为 12 个，选择 67 组作为训练样本，4 组作为测试样本。图 5.1-5 为 BP 神经网络结构图。

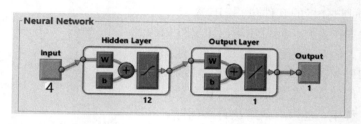

图 5.1-5　神经网络结构图

（2）BP 神经网络训练

拟定训练参数构建网络，本次网络的训练条件为：将最大训练次数设定为 1000 次，将训练精度 MSE 设定为 0.00，将最小梯度设定为 10^{-7}，学习速率设定为 0.05，最大验证数据失败的次数设定为 6。其训练过程如图 5.1-6 所示。

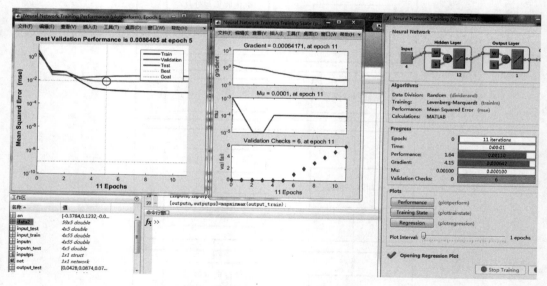

图 5.1-6　神经网络训练过程

由图 5.1-6 可知，本次训练效果良好，网络在最小梯度接近 10^{-7} 时停止训练，此时训练精度 MSE 为 0.000100，训练过程中预测值和实际值的拟合曲线如图 5.1-7 所示。

（3）BP 神经网络仿真

网络训练完成后，使用剩余 4 组数据作为测试集进行测试，判定输出仿真结果纠偏值在 10% 内即为符合要求。图 5.1-8 为仿真输出结果与实际结果对比图。

具体数值如图 5.1-9 所示。

由图 5.1-9 可以发现，预测纠偏值均在 10% 以内，测试结果基本符合要求，但仍存在整体稳定性不佳的情形。

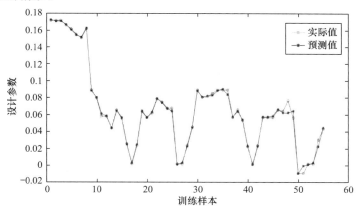

图 5.1-7　预测值与实际值的拟合曲线

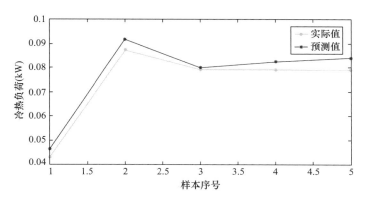

图 5.1-8　仿真结果与实际结果对比图

	1	2	3	4	5	6	7	8	9	10	11	12
1	0.0463	0.0918	0.0798	0.0825	0.0839							
2												

test_simu　×
1x5 double

图 5.1-9　BP 神经网络纠偏值预测

2. 基于支持向量机模型纠偏值预测

（1）核函数的选取

在对核函数的研究中发现，支持向量机模型性能的优劣与核函数的关联度不大，模型中参数 g 与惩罚系数 C 才是重点，但合理地选取核函数有益于减轻整体的计算量。RBF核函数因其泛化能力强、参数选取少、计算量小等优点而被广泛采用，本书也采用 RBF核函数。

（2）参数的优化结果

本书采用网格优化算法对 SVM 进行参数寻优。使用 5 折交叉验证，限定惩罚参数 C 和 RBF 核函数参数 g 的变化空间都在 $[2^{-8}, 2^8]$，限定 C 和 g 的步长大小为 0.5，C 和 g

的初值为 0 和 eps＝10^{-4}。最后的寻优结果为 bsetg＝0.0078，bestC＝90.51。

（3）SVM 创建与训练仿真

下一步进行支持向量机网络的创建与训练，并进行仿真与预测，见图 5.1-10 和图 5.1-11。

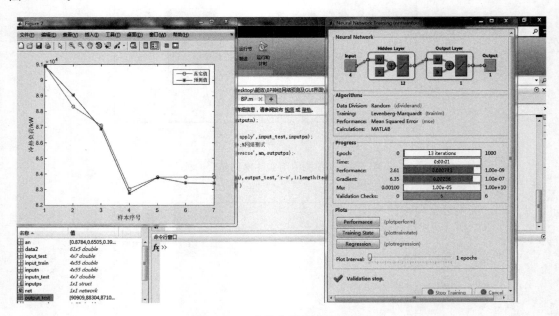

图 5.1-10　支持向量机网络结构图

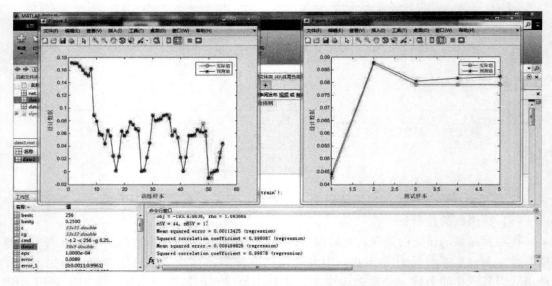

图 5.1-11　支持向量机训练及测试过程

训练过程中预测结果与实际数据对比如图 5.1-12 所示。

运用测试集进行训练，可得如图 5.1-13 所示结果。

具体数值如图 5.1-14 所示。

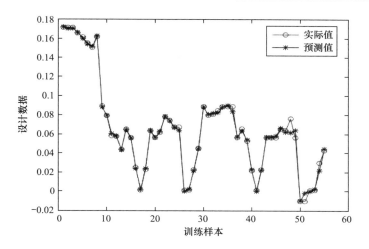

图 5.1-12　SVM 训练图

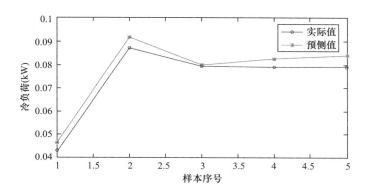

图 5.1-13　仿真值与实际结果对比图

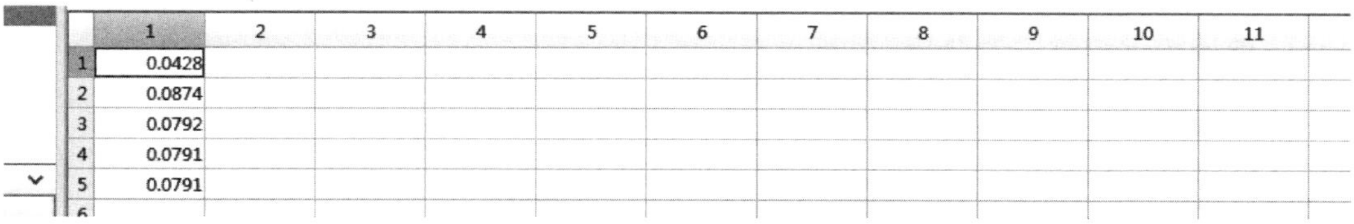

	1	2	3	4	5	6	7	8	9	10	11
1	0.0428										
2	0.0874										
3	0.0792										
4	0.0791										
5	0.0791										
6											

图 5.1-14　支持向量机纠偏值预测结果

可以发现，预测结果基本符合要求，均在 10% 以内，且与相同条件下的 BP 神经神经网络预测结果相比，其结果的精度和稳定性更优。

通过以上二者分别预测的结果可以看出，在此算例中，与 BP 神经网络算法相比，支持向量机算法的预测仿真结果精度更高，实际数据对比的相对误差和平均误差都较 BP 神经网络更优。实际项目中，可结合历史运行数据，优选一种负荷预测方法，作为纠偏控制策略实施的依据。

预测负荷是宏观的负荷估算，在相同特征条件下需求的负荷近似，即依据历史数据来估算未来某一时刻相同或类似条件下的负荷，从而调整设备的运行方案，进行系统优化控制，以达到节能的目的。鉴于此，准确的负荷预测是机电系统节能运行的关键所在。预测控制本质上就是对系统运行状态的最优控制，可以提前预测下一时刻的目标值，从而求得系统目标函数的最小值，进而达到对系统运行的最优控制，且预测控制算法对模型要求较低，易于工程实现。另一方面，准确的建筑空调冷负荷预测对空调系统来说是一个基础型性前提条件。

5.2 基于滚动优化策略的前馈预测控制技术

5.2.1 传统控制方法

1. 反馈控制方法分析

从被控对象获取信息，按照偏差的极性而向相反的方向改变控制量，再把调节被控量的作用馈送给控制对象，这种控制方法称为反馈控制，见图 5.2-1。反馈控制总是通过闭环来实现，控制系统要达到减小或消除偏差的目的。

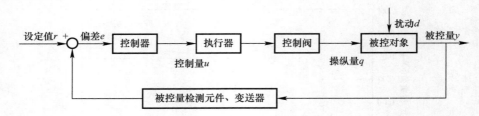

图 5.2-1　反馈控制逻辑框图

反馈控制的主要特点包括：按偏差进行调节；调节量小，失调量小；能随时了解被控变量变化情况；输出影响输入（闭环）。

反馈控制必须有偏差才能进行调节，偏差是控制的依据，也就是调节作用落后于干扰作用；调节不及时，被控变量总是变化的。

2. 前馈模型控制方法分析

前馈控制是按干扰进行调节的开环调节系统，在干扰发生后，被控变量不发生变化时，前馈控制器根据干扰幅值、变化趋势，对操纵变量进行调节，补偿干扰对被控变量的影响，使被控变量保持不变，如图 5.2-2 所示。

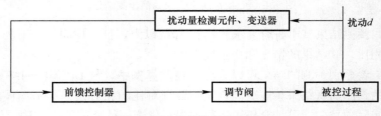

图 5.2-2　前馈控制逻辑框图

前馈控制的特点包括：前馈控制系统没有被控量的反馈信息，是开环控制系统；基于补偿原理，根据扰动量大小进行工作，扰动是控制依据，控制及时，精度高；仅仅对前馈量有控制作用；前馈控制器为多用控制器；不能随时了解被控变量的变化情况。

单纯前馈对于补偿的效果没有检验手段。在前馈作用的控制结果并没有最后消除被控变量偏差时，系统无法得到这一信息而做进一步的校正。前馈控制模型的精度也受多种因素的限制，对象特性要受负荷和工况等因素的影响而产生漂移，必将导致干扰通道和控制通道的变化，因此一个固定的前馈模型难以获得良好的控制效果。

3. 传统控制方法的局限性

在传统的暖通空调系统控制过程中，均采用 PI、PID 等传统的控制系统算法进行具体的控制与管理，见图 5.2-3。由于只考虑了特定工况下的变量，缺少对全局的考虑和管控以及过渡季节控制中冬夏季模式切换等问题，调节时存在较大的振荡和波动，在一定程度上降低了暖通空调控制的及时性、灵活性及准确性，导致在暖通空调控制方法的使用过程中具有控制对象延迟的情况。

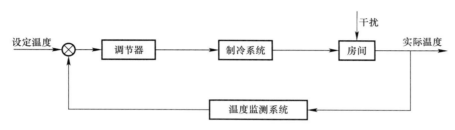

图 5.2-3 传统空调系统控制框图

目前中央空调系统的能效控制方法中主要存在以下几个问题：

（1）多台机组联合运行工况下采用简单启停群控算法，部分负荷工况下系统能效偏离高效区。

（2）常规的控制系统都是通过某种特定的、单一设定的逻辑来对空调系统内单个设备进行控制。

（3）公共建筑整体空调系统能效与系统各部分设备能效不统一，难以在高效区保障系统的正常运行。

基于以上几个问题，采用前馈预测控制的方法，以"能效设定—阈值偏离—实时纠控—自动寻优"为基本控制逻辑，以系统最大能效为控制目标，将公共建筑中的原有空调系统及各种传感器作为执行器，在不影响空调系统使用的情况下，采用各种传感器进行数据的采集，进入预定算法进行负荷预测，最后通过前馈控制的方法将预测结果加入控制流程中及时控制系统的工作状态，实现能效最优的控制。

5.2.2 基于负荷预测的前馈控制方法

预测控制主要包括预测模型、滚动优化、反馈校正。在预测控制过程中，首先要根据已建立的预测模型对被控对象下一时刻的输出进行预测，然后根据目标函数，在有限的时域内求解得出控制量的最优序列，之后为被控对象选取最优控制序列的首个数值用于对其控制，完成这些步骤之后再从头不断重复进行，这样被控对象就可以一直维持在最优状况下，而且在进行以上步骤时，相关的参数也在不断地进行寻优过程。模型预测控制的原理如图 5.2-4 所示。

利用预测控制时，首先要建立被控对象的预测模型。神经网络建模可以高精度逼近任意非线性函数，且不需要深入了解被控对象内部机理，只需确定输入、输出及隐层参数，经过大量的样本数据对网络权值进行训练后，输入—输出数据对之间的非线性关系就能够被找到，见图 5.2-5。空调系统是一个典型的非线性且具有大滞后的系统，充分调用神经网络预测控制算法容易找到非线性关系，解决非线性系统求解困难的问题，且鲁棒性强，求解运算量相对较少，精度较高。

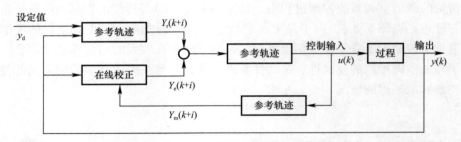

图 5.2-4　预测控制原理图

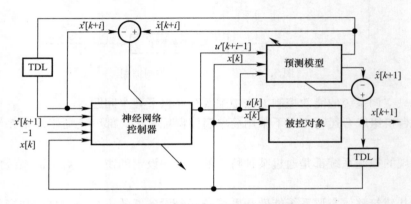

图 5.2-5　神经网络预测控制原理图

　　基于负荷预测的控制算法是在预测时域内，根据滚动优化策略得到控制变量的最优控制序列的一种控制算法。滚动优化思想是利用被控对象的预测模型输出与其设定值之间的误差进行的寻优计算。

　　而前馈控制是按扰动量进行补偿的开环控制，即当系统扰动出现时，按照扰动量的大小直接产生校正作用。在实际应用中，前馈控制往往与反馈控制同时应用，以实现"前馈＋反馈"的复合控制方式，这样既有前馈控制的及时性特点，也有反馈控制的精确度。本节中将以室外温度、建筑面积、流动人口数量等作为扰动量，结合历史运行数据以神经网络、支持向量机等作为工具进行负荷预测，将预测量作为前馈控制的输入量进行前馈控制，如图 5.2-6 所示。

　　由于机电系统属于多变量复杂的系统，很难在其能耗控制时建立精准的数学模型，而且其结构、参数和环境具有不确定性、时变性和非线性，难以实现最优控制。空调系统是一个延迟十分严重的系统，在短时间内的变化很难引起瞬间的反应，因此采用前馈控制进行能耗预测是相对可行的。针对以上问题，得出以下方法：

　　对机电系统的能耗以神经网络和支持向量机为主要工具进行预测，通过前馈控制的方法将预测结果加入机电系统的整个控制过程中，沿原有控制系统进行各项控制，以能效效率最高、运行功率较优为主要目的来调节冷水机组、冷水泵、冷却水泵、冷却塔、空调末端等的控制，最终实现机电系统的整体优化。

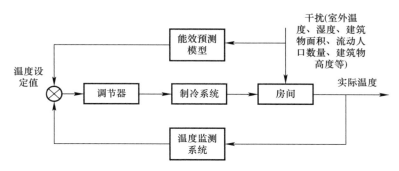

图 5.2-6　加入前馈预测后的空调系统控制框图

5.2.3　滚动优化策略在前馈预测中的应用

　　预测控制的主要特征在于滚动优化，见图 5.2-7。滚动优化是在线反复进行优化计算，使模型失配、外界环境的变化引起的不确定性及时得到弥补，提高控制质量。反复对每一采样时刻的偏差进行优化计算，可及时地校正控制过程中出现的各种复杂情况。

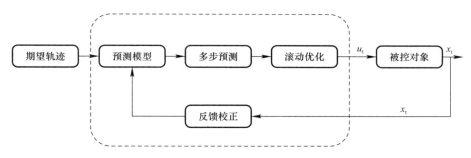

图 5.2-7　模型预测控制

　　滚动优化与传统的全局优化不同，滚动优化在每一时刻优化性能指标只涉及从该时刻起未来有限的时间，而到下一时刻，这一优化时间同时向前推移，不断地进行在线优化。在每一时刻得到一组未来的控制动作，而只实现本时刻的控制动作，到下一时刻重新预测优化出一组新的控制，也是只实现一个新的控制动作，每步都是反馈校正。预测控制有了预见性，滚动优化和反馈校正能够更好地适应实际系统，有更强的鲁棒性。

　　模型预测方法是基于水平后退的方法，神经网络模型预测在指定时间内预测模型响应。预测是用数字最优化程序来确定控制信号，通过最优化如下的性能准则函数，即

$$J = \sum_{j=1}^{N_2} [y_r(k+j) - y_m(k+j)]^2 + \rho \sum_{j=1}^{N_u} [u(k+j-1) - (k+j-2)]^2 \quad (5.2-1)$$

式中　N_2——预测时域长度；

　　　N_u——控制时域长度；

　　　u——控制信号；

y_r——期望响应；

y_m——网络模型响应；

ρ——控制量加权系数。

预测量通过前馈控制回路进入控制逻辑中，与原有控制逻辑结合控制各环节的工作状态，并通过不断地采样，反复预测实现滚动优化，根据实时反馈信息，对预测模型进行在线修正，从而降低由于参数时变导致的模型失配。使整个回路根据不断更新的预测量持续调整机电系统的工作状态，使其能够合理高效地运行，提高系统鲁棒性，进一步优化了机电系统控制技术。

5.3 基于系统多目标优化的能效控制方法

5.3.1 系统的多目标最优化控制理论

最优控制是在满足一定约束条件下，根据受控系统动态特性寻求最优控制规律（控制策略），使得系统按照特定技术要求进行运转，并在规定的性能指标（目标函数）下具有最优值。

最优化方法解决实际工程问题步骤分为 3 步：

（1）根据提出的最优化问题，依次建立数学模型、确定变量、列出约束条件和目标函数；

（2）根据建立的数学模型作出分析、研究，选出最优化求解方法；

（3）根据算法（最优化的方法）列出程序框图并编写算法程序，求出最优解，并对算法（收敛性、通用性、简便性、计算效率及误差等）做出评价。

最优控制的目的是在保持室内舒适性的基础上最大限度地提高机电系统的能效。本节以多台冷水机组联合运行的空调水系统为对象，利用各主要设备耗能模型及其内在关联，提出暖通空调系统的性能最优化模型，建立系统能效优化的目标函数。采用"动态规划"最优化算法，寻求在一定空调负荷下，满足系统能效最高并能保持居住环境舒适性的最优化策略。

5.3.2 粒子群算法优化约束多目标问题

多目标优化通常存在多个彼此约束与冲突的目标的问题，从而使得问题的求解变得复杂，故寻求高效的优化算法成为多目标优化的需要。

1. 多目标优化问题的数学描述

一般多目标优化数学描述如下：

$$\text{Min}(\&\text{Max}) \quad \nu = f(x) = [f_1(x), f_2(x), \cdots, f_n(x)](n = 1, 2, \cdots, n) \tag{5.3-1}$$

$$g(x) = [g_1(x), g_2(x), \cdots, g_k(x)] < 0 \tag{5.3-2}$$

$$h(x) = [h_1(x), h_2(x), \cdots, h_m(x)] = 0 \tag{5.3-3}$$

$$x = [x_1, x_2, \cdots, x_d, \cdots, x_D] \tag{5.3-4}$$

$$X_{d\,\text{min}} \leqslant x_d \leqslant x_{D\,\text{max}}(d = 1, 2, \cdots, D) \tag{5.3-5}$$

其中，x 为 D 维决策变量，y 为目标函数，N 为优化目标总数；$f_n(x)$ 为第 n 个子目标函数；$g(x)$ 为 K 项不等式约束条件，$h(x)$ 为 M 项灯饰约束条件，约束条件构成了可行域；$x_{d\min}$ 和 $x_{d\max}$ 为向量搜索的上下限。以上方程表示的多目标最优化问题包括最小化问题（min）和最大/小化问题（max/min）以及确定多目标优化问题。

动态多目标优化问题与一般多目标优化问题的不同在于增加了时间变量 t，其方程表示如下：

$$\text{Min}(\&\text{Max})\,v = f(x,t) = [f_1(x,t), f_2(x,t), \cdots, f_n(x,t)]\,(n = 1, 2, \cdots, N)$$

$$(5.3\text{-}6)$$

$$g(x,t) = [g_1(x,t), g_2(x,t), \cdots, g_k(x,t)] \leqslant 0 \qquad (5.3\text{-}7)$$

$$h(x,t) = [h_1(x,t), h_2(x,t), \cdots, h_m(x,t)] = 0 \qquad (5.3\text{-}8)$$

$$x(t) = [x_1(t), x_2(t), \cdots, x_d(t), \cdots, x_D(t)] \qquad (5.3\text{-}9)$$

$$X_{d\min}(t) \leqslant x_d(t) \leqslant x_{D\max}(t)\,(d = 1, 2, \cdots, D) \qquad (5.3\text{-}10)$$

在空调系统运行优化的问题中，大多数的优化问题都属于多目标有约束问题。对于最小化无约束连续多目标优化问题可表示成下面的非线性规划问题：

$$\text{Min}f(x) = [f_1(x), f_2(x), \cdots, f_n(x)], \quad n = (1, 2, \cdots, N)$$

$$x = (x_1, x_2, \cdots, x_D) \in R^D$$

$$\text{s. t. } g_j(x) \leqslant 0, \quad j = 1, 2, \cdots, q\,h_j(x) = 0, \quad j = q+1, q+2, \cdots, m \quad (5.3\text{-}11)$$

其中，$f(x)$ 为多目标函数的集合，$f_n(x)$ 代表第 n 个目标函数，x 是一个 D 维的决策变量，$g_j(x)$ 和 $h_j(x)$ 分别为不等式约束条件和等式约束条件，它们决定了可行解的范围。

多目标优化问题通常很难在问题的约束集合 M 中找到一个唯一的全局最优值，使得 n 个目标函数同时达到最小，但在搜寻过程中会出现 Pareto 解集（又称为非劣最优解集），它是由一组能最大化均衡各个目标的较好的解的集合。Pareto 最优的相关定义如下：

定义 1（Pareto 占优）：对于任意两个向量，$u, v \in \Omega$，称 u 占优 v，或称 v 被 u 占优，记作 $u\phi v$，当且仅当 $\forall i = 1, 2, \cdots, m, u_i \leqslant v_i \wedge \exists j = 1, 2, \cdots, m, u_j < v_j$。

定义 2（Pareto 最优解）：一个解 $x^* \in \Omega$ 属于 Pareto 的最优解时，当且仅当 $\exists x \in \Omega$：$x > x^*$。

定义 3（Pareto 最优解集）：Pareto 最优解集是最优解的集合 $PS = \{x^* \mid \exists x \in \Omega: x > x^*\}$。

2. 基本粒子群算法

粒子群算法求解最优化问题的基本步骤如下：

第一步：初始化状态下粒子群的规模、位置、速度；

第二步：粒子适应度的计算及评价；

第三步：

（1）比较例子适应度值与其自身的 pbest，若粒子的适应度值优于 pbest，则将粒子当前值设为 pbest；

（2）比较粒子适应度值与其 gbest，若粒子的适应度值优于 gbest，则将粒子当前值设为 gbest；

第四步：按照上述公式更新粒子的速度与位置；

第五步：循环至第二步，直至满足终止条件（一般为达到最优目标值或者达到预先设定的最大迭代次数）。

3. 多目标粒子群算法

多目标粒子群算法核心作如下描述：

初始化种群后，种群大小为 n。基于适应度支配的思想，将种群分成两个子群，一个为非支配子集（P_Set），另一个为支配子集（NP_Set），两个子集的 P_Set 和 NP_Set 基数分别为 n_1，n_2，且满足 $n_1 + n_2 = n$（$n_1 \geqslant 1$，$n_2 \leqslant n$），外部精英集用来存放每一代产生的非劣子集（P_Set），在每次的迭代过程中，只对 NP_Set 中的粒子进行速度和未知的更新，并在更新后对 NP_Set 中的粒子基于适应度支配思想与 P_Set 中的粒子进行比较，若 $x_i \in NP\_Set$，$\exists x_j \in P\_Set$，使得 x_i 支配 x_j，则删除 x_j，将 x_i 加入到 P_Set 更新外部精英集，在每次迭代过程中，P_Set 逐渐向 Pareto 前端靠近。通常需要规定外部档案集的最大值以及算法的终止条件。其具体步骤如图 5.3-1 所示。

4. 自适应的惩罚函数处理约束条件

大多数的工程优化问题都是带约束的问题，如前文公式中的 $g_j(x)$ 和 $h_j(x)$ 分别表示不等式约束和等式约束，求解带约束优化问题的主要任务是处理约束条件。目前常用的方法就是利用惩罚函数法，它的基本思想是将约束条件变为惩罚项加入到适应度函数中，以构造惩罚适应值函数，具体如下式所示：

$$\mathrm{Min}F(x) = f(x) + c\varphi(x) \tag{5.3-12}$$

式中　$F(x)$——x 的适应值函数；

　　　$f(x)$——目标函数；

　　　c——惩罚因子；

　　　$\varphi(x)$——惩罚项；一般来说；惩罚项 $\varphi(x)$ 是个体到可行域的距离，反映个体 x 违反约束的程度；

$$\varphi(x) = \sum_{j=1}^{m} \varphi_j(x), \quad 1 \leqslant j \leqslant m \tag{5.3-13}$$

其中，个体 x 到第 j 个约束条件的距离 $\varphi_j(x)$ 可以表示为：

$$\varphi_j(x) = \begin{cases} \max\{0, g_j(x)\}, & 1 \leqslant j \leqslant q \\ \max\{0. |h_j(x)| - \delta\}, & q+1 \leqslant j \leqslant m \end{cases} \tag{5.3-14}$$

式中　　　　δ——一个正的不等式约束条件容忍值；

$g_j(x)$，$h_j(x)$——分别由约束函数 $g_j(x)$ 和 $h_j(x)$ 所得到的数值。

使用自适应惩罚函数法，惩罚系数 c 和适应值函数如下式所示：

$$c(\rho) = 10^{\alpha(1-\rho)} \tag{5.3-15}$$

$$F(x) = f(x) + 10^{\alpha(1-\rho)}\varphi(x) \tag{5.3-16}$$

式中　α——一个需要调整的参数，具体可取 [0，10] 之间的整数。

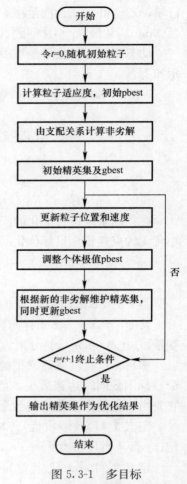

图 5.3-1　多目标
粒子群算法基本步骤

5.3.3 基于多目标粒子群算法的运行优化流程

本节以空调系统为例进行说明。

1. 目标函数及约束条件

（1）目标函数

空调系统能效比（EERS）：

$$f(x) = EERs = \frac{Q}{\sum N_i} \qquad (5.3-17)$$

式中　$EERs$——空调系统能效比；

$\sum N_i$——空调系统设备（包括冷水机组、冷却水泵、冷却塔、空调系统末端设备等）的年电耗，kWh。

（2）约束条件

1）第 k 台主机在第 i 小时的制冷量 $Q_s(i) \cdot x(k)$ 应该低于各台主机的最大制冷量 $Q_{k \cdot ch \cdot max}(i)$：

$$0 \leqslant Q_s(i) \cdot x(k) \leqslant Q_{k \cdot ch \cdot max}(i) \qquad (5.3-18)$$

2）建筑逐时需冷量 $Q(i)$ 全部由制冷设备提供：

$$Q(i) = Q_s(i), \quad i = 8, 9, \cdots, 23 \qquad (5.3-19)$$

2. 多目标粒子群算法优化过程

本节的主要目的是应用多目标优化算法求解空调系统运行策略的问题，求解目标系统能效比最高，求解对象是获得满足优化目标和约束条件的最优解，即确定 k 台制冷主机的逐时出力。具体过程如下：

（1）初始化基本参数

1）空调系统参数：制冷主机（台数、额定功率、额定制冷量）、冷却塔、各类泵（额定功率）等；

2）冷负荷参数：目标建筑逐时冷负荷（周期为一天）；

3）空调运行时间参数：供冷时间；

4）算法相关参数：粒子维数、种群大小、惯性因子、学习因子及算法涉及的其他参数。

（2）适应度评价

采用自适应的惩罚函数法处理约束条件，即将约束条件变为惩罚项加入到适应度函数中，将有约束问题变为无约束问题，按照下式确定适应度函数：

$$c(\rho) = 10^{\alpha(1-\rho)} \qquad (5.3-20)$$

$$F(x) = f(x) + 10^{\alpha(1-\rho)} \varphi(x) \qquad (5.3-21)$$

式中　$F(x)$——x 的适应值函数；

$f(x)$——目标函数；

c——惩罚因子；

$\varphi(x)$——惩罚项；

ρ——群体可行解的比例；

α——一个需要调整的参数，具体可取 [0，10] 之间的整数。

粒子更新策略：粒子群算法中个体和群体的更新是基于适应度评价的原则，通过适应度评价原则进行非劣解集的选择，而如何制定粒子更新策略是多目标粒子群研究的重点。

本书利用最优解评估选取的方法更新粒子的个体极值 pbest 和群体极值 gbest。

pbest 和 gbest 更新规则如下：

① 对种群中的所有粒子 i 分别求适应度值 $F(x_i)$；

② 计算粒子 i 在不同的目标函数下的个体极值 $\mathrm{pbest}f(x_i)$；

③ 分别求目标函数 $f(x)$ 的全局极值 $\mathrm{gbest}f(x)$；

④ 计算全局极限值距离，为 dgbest；

⑤ 计算每个粒子 i 的 $\mathrm{pbest}f(x_i)$ 之间的距离；

⑥ 若 $\mathrm{dpbest}f(x_i)<\mathrm{dgbest}$，则 $\mathrm{pbest}f(x_i)$ 在 $\mathrm{pbest}f(x_i)$ 中随机选取；否则，$\mathrm{pbest}=1/2\mathrm{pbest}f(x_i)$。

MOPSO 的算法流程图如图 5.3-2 所示。

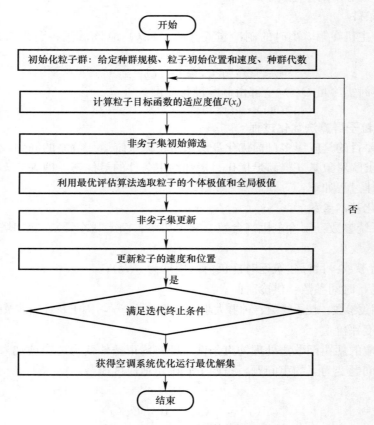

图 5.3-2　MOPSO 的算法流程图

通过该算法，可结合具体工程项目进行优化计算，进而针对性寻求最佳运行策略。

5.4　基于前馈预测的能效偏离识别及纠偏控制

本节同样以机电系统中较为典型的暖通空调系统进行说明。首先利用神经网络或支持向量机根据历史数据与冷负荷的预测值，以及当前影响系统工作的外部干扰（例如，室外温度、湿度、流动人口数量、用电设备、建筑物信息等）预测出当前环境的制冷负荷，经前馈网络将能效预测值加入原有控制中，通过调节冷水机组工作台数、冷水泵及冷却水泵工作频率、冷却塔风机工作台数及转速、空调末端设备工作状态以达到对空调能效的整体控制，并通过第 5.3 节介绍的多目标粒子群优化的方法，不断对系统进行纠偏寻优，使能效调整到最佳状态，达到系统优化的目的。实施过程中，可通过设定时间步长来定时进行能效调节。纠偏控制流程如图 5.4-1 所示。

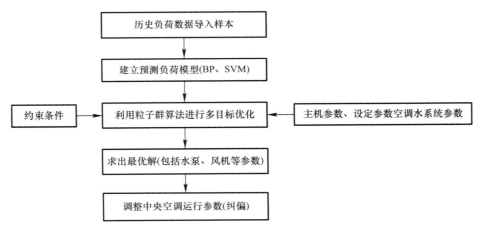

图 5.4-1 纠偏控制流程图

5.4.1 冷热源系统能效偏离识别及纠偏控制

1. 冷水机组控制策略优化

在实际工程中，中央空调系统不止一台冷水机组，冷水机组的数量会根据系统的负荷状态进行加减载，从而可以使机组能够处于高效运行状态。建筑物中负荷的变化会影响冷水供、回水温差，而空调系统的总冷量是根据供、回水温差和流量计算，一般情况下通过计算系统总冷量是不能准确计算空调负荷的，也就很难有较好的控制效果。采用不断采集影响空调能效的各方面因素（例如室外温度、室内温度、流动人口数量、用单设备等）来对空调系统的整体最佳能效进行持续预测，并推算出冷水机组在当前情况下最佳运行时所需负荷，进而计算出冷水机组的需求台数及加减载情况，是实现能效最优，运行高效的一种控制方式。

（1）基于大数据的空调负荷预测

以既有集中空调系统为主要对象，通过检测建筑空调系统运行时的相关参数瞬时值：室内外温湿度（t_0、φ_0、t_i、φ_i）、设备和照明功率（P）、人数（M）、供暖空调系统的实际运行制冷量与制热量（Q）、围护结构热工参数采用竣工图技术参数与实测数据。通过检测数据进行整理，当供暖空调系统的相邻时刻实际制冷量（制热量）Q_k、Q_{k+1}、Q_{k+2} 偏差在 5% 以内时，该 3 组数据连同相应时刻的室内外温湿度（t_0、φ_0、t_i、φ_i）、设备和照明功率（P）、人数（M）、瞬时基础负荷 Q_{jk} 均记录入历史数据库，如此反复生产历史数据库。

该空调负荷预测系统主要实现方式如下：

1）获取空调所在场地拟预测时刻的室外温度 t，t 的单位为℃；

2）基于预定预测步长 s 及所述室外温度 t，得到温度区间 $[t-s，t+s]$，s 的单位为℃；

3）从历史积累的空调运行于稳定条件下的冷或热负荷实测值、照明和设备总功率、室内人数、敞开水表面积、室内外空气焓差、室内外温度差等大数据中筛选出在所述温度区间内的数据，所筛选出的数据包括 i 个数据组，每个数据组所对应的室外温度为 t_i，其中，i 为正整数；

4）基于所筛选出的数据，计算得到拟预测时刻的冷或热负荷，计算方法如下：

$$Q'_n = \varepsilon + (\alpha_1 \Delta t + \alpha_2 \Delta t^2 + \cdots \alpha_n \Delta t^2) + \beta_1 E + \gamma_1 P + \delta_1 A + M\Delta h \quad (5.4\text{-}1)$$

上式中，$\varepsilon = \beta_0 + \gamma_0 + \delta_0 + \alpha_0$，为常数；$Q'_n$ 表示该空调拟预测时刻的冷或热负荷，kW；β_0、β_1 表示照明和设备总功率引起的冷或热负荷逐时变化的相关系数；E 表示照明和设备总功率，kW；r_0、r_1 表示室内人数引起的冷或热负荷逐时变化的相关系数；P 表示室内人数；δ_0、δ_1 表示敞开水表面积引起的冷或热负荷变化逐时变化的相关系数；A 表示敞开水表面积，m^2；M 表示新风量，kg/s；Δh 表示室内外空气焓差的绝对值，kJ/kg；α_0、$\alpha_1 \cdots \alpha_n$ 表示室内外温差引起的冷或热负荷逐时变化的相关系数；Δt 表示室内外温差的绝对值，℃；n 为正整数。

首先取 $n=1$，在所筛选出的数据中按照接近原则抽取 $n+5=6$ 个数据组，该 $n+5=6$ 个数据组中，与该室外温度 t 最接近的 t_i 所对应的那个数据组作为最接近数据组，其余的 $n+4=5$ 个数据组的数据代入进行回归计算得到 α_1、β_1、r_1、δ_1、ε，共计 $n+4=5$ 个参数，再将该 5 个参数代回式（5.4-1），此时该式的变量为 Δt、E、P、A、M、Δh，然后将最接近数据组的数据代入此时的式，计算得到 Q'_1，若 Q'_1 不满足精度条件，则依次取 $n=2$、3、$\cdots$，继续按前述方式迭代计算，直至满足精度条件为止，其中，精度条件为 $|Q'_n - q_n|/q_n < T_1$，q_n 为当取 $n=1$、2、$\cdots\cdots$时所抽取的数据组中最接近数据组所对应的冷或热负荷实测值，该精度条件中的 Q'_n 为当取 $n=1$、2、$\cdots\cdots$时对应迭代计算得到的拟预测时刻的冷或热负荷过程值，T_1 表示第一预定阈值。

迭代计算完毕后，将满足精度条件的回归计算所得到的 α_1、$\alpha_2 \cdots \alpha_n$、β_1、r_1、δ_1、ε 及满足精度条件时所取的 n 代入式（5.4-1），再将拟预测时刻实际监测所得的 Δt、E、P、A、M、Δh 值代入，此时计算出拟预测时刻的冷或热负荷最终值。

稳定条件包括用户侧供水温度恒定，波动小于 T_2；用户侧回水温度恒定，波动小于 T_3；机组输入功率恒定，波动小于 T_4；用户侧冷水泵输入功率恒定，波动小于 T_5；以及稳定持续时间不低于 T_6；其中，T_2 表示第二预定阈值，单位为℃；T_3 表示第三预定阈值，单位为℃；T_4 表示第四预定阈值，为百分数；T_5 表示第五预定阈值，为百分数；T_6 表示第六预定阈值，单位为 h。

在负荷计算单元中，所筛选出的数据按照接近原则抽取 $n+5$ 个数据组的方法为：从 i 个数据组中将满足 $|t_i - t|$ 结果最小的 t_i 所对应的 $n+5$ 个数据组抽取出来。

T_1 的取值范围为小于或等于 12.5%；T_2 和 T_3 的取值范围均为小于或等于 0.2℃；T_4 和 T_5 的取值范围均为小于或等于 1.5%；T_6 的取值范围为大于或等于 1h。

基于逐渐积累的、空调运行于稳定条件下的大量实际空调供冷供热量的历史数据，结合回归预测算法，对计算拟预测时刻的冷或热负荷的模型不断优化，随着时间推移，预测结果越准确。预测的负荷越准确，对机组进行群控、流量控制、压差控制或者温度控制等方式提供更准确的信号，使空调系统随着时间累计长期处于高能效运行状况中。实际运行中，如果系统能够嵌入动态负荷计算模块将会更佳。

（2）改进后的优化启停群控策略

改进启停算法的主要思路是使得更多机组运行在75%负荷比例的高效率范围。机组不适合以75%负荷比例运行时，优先采用100%负荷比例，其次采用50%负荷比例，尽量避免采用25%负荷比例。

根据现有 EER 曲线和不同负荷比例时的电功率，可以得到较为节能的群控算法组合规律如下：

50%优于25%+25%组合；75%优于25%+50%组合，优于25%+25%+25%组合；100%略优于25%+75%组合（优势不明显，曲线不同时结论可能不一样），优于50%+50%组合，优于25%+25%+50%组合，优于25%+25%+25%+25%组合。以上规律说明1%～100%负荷内，采用单台机组运行属于最节能方式。

50%+75%优于25%+100%组合；75%+75%优于50%+100%组合。根据以上优劣关系，即可以得到所有负荷的最优机组群控方法，如图5.4-2和图5.4-3所示。

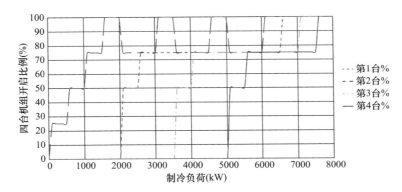

图 5.4-2 优化启停群控算法四台机组开启比例变化过程

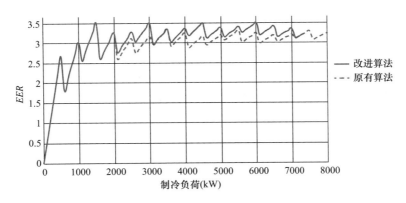

图 5.4-3 简单启停与优化启停群控算法综合 EER 对比

由图可以看出，改进后的群控算法相比原有群控算法，在常见的负荷比例范围内，综合 EER 普遍提高 0.2～0.4 左右，节能效果显著。

（3）以系统能效最大化为控制目标的优化控制策略

该控制策略的实现步骤如下：

1) 拟合各台冷水机组的 COP-PLR 曲线

COP 值是冷水机组输出的冷负荷与消耗的能量的比值。冷水机组的 COP 值随着冷负荷的增加而增加，当冷负荷接近机组容量时 COP 值最大；COP 值是冷凝温度、蒸发温度和供冷量的二次函数，可以用部分负荷率（PLR）来综合表述，PLR 是冷水机组制冷量和机组容量的比值。

每个冷水机组的设计容量可以通过铭牌得到，冷负荷可以通过预测方法计算或冷水机组进出口水的温度和流量计算得到，而进出口水的温度和流量可以通过安装在每个冷水机组进出口的温度传感器和流量传感器测量得到，COP 值是 PLR 的一个凹函数，它可以表达为式（5.4-2）：

$$COP_i = a_i + b_i PLR_i + c_i PLR_i^2 \qquad (5.4-2)$$

式中　COP_i——第 i 台机组的能效比；

PLR_i——第 i 台机组的部分负荷率。

2) 建立目标函数和约束条件

首先，目标函数为所有运行的冷水机组的 COP 值的总和，即式（5.4-3）：

$$J = \sum_{i=1}^{I} COP_i \qquad (5.4-3)$$

式中　J——冷水机组的 COP 值总和；

COP_i——第 i 台冷水机组的能效比。

目标函数的求解还需一些约束条件，这些约束条件分为等式约束条件和不等式约束条件。等式约束条件是指能量守恒和质量守恒等热物理平衡方程，例如运行着的机组供冷量总和必须与负荷端的冷负荷相等，它可以通过测量负荷端的水流量和进出口水的温度得到。这个关系式可以表达为式（5.4-4）：

$$\sum_{i=1}^{I} PLR_i \times RT_i = CL \qquad (5.4-4)$$

式中　PLR_i——第 i 台冷水机组的部分负荷率；

RT_i——第 i 台冷水机组的容量；

CL——负荷端的冷负荷。

不等式约束条件一般是基于用能设备的运行稳定而提出的，例如运行着的冷水机组的负荷率（PLR）一般应大于 0.3，以使冷水机组的运行保持稳定。

3) 求解拉格朗日函数

最优解的获得可以通过拉格朗日法解决，表达式为：

$$L = \sum_{i=1}^{I} COP_i + \left[CL - \sum_{i=1}^{I} (PLR_i \times RT_i) \right] \qquad (5.4-5)$$

式中　COP_i——第 i 台冷水机组的能效比；

CL——负荷端的冷负荷；

PLR_i——第 i 台冷水机组的部分负荷率；

RT_i——第 i 台冷水机组的容量。

结合以上不等式约束条件，该拉格朗日函数的求解可以采用迭代法。

该控制策略忽视了定流量系统中水泵的能量消耗，最佳运行的问题被转化为怎样使运行的冷水机组的能效值达到最大的问题。与常规方法相比，该方法消耗的能量更少，并且有更高的精度，优于常规的控制方法。

2. 冷却塔控制策略优化

冷却塔风机控制：

冷却塔供回水温度与机组部分负载率具有一定的关系：

$$CWRT - CHWST = A \times PLR + B \tag{5.4-6}$$

式中　A 和 B——分别是有关环境变化和机组设计的影响因子；

　　$CWRT$——冷却水回水温度；

　$CHWST$——冷水供水温度；

　　　PLR——机组部分负荷率。

重新调整公式得：

$$CWRT = CHWST + A \times PLR + B \tag{5.4-7}$$

通过上式可以得出最佳控制策略为冷却塔出水温度，根据冷水供水温度实时进行调整。温度设定值必须满足制冷机制造厂商规定的低负载下的最小 $CWRT$ 必须满足制冷机温差。取值范围从几度到十几度。温和的气候条件下，最小温差值越小，冷水机组能效越高。

可以大致根据以下经验估算上式中系数：

$$LIFTd = CWRTd - CHWSTd \tag{5.4-8}$$

$$A = (LIFTd - LIFTm)/0.7 \tag{5.4-9}$$

$$B = LIFTd - A \tag{5.4-10}$$

式中　$LIFTd$——冷却水回水温度和冷水供水温度额定温差；

　　$LIFTm$——最小负荷下最小温差。

冷却塔风机加减机策略与变频冷机相似，最好结合工程实际根据实际曲线进行控制优化。

5.4.2 输配系统能效偏离识别及纠偏控制

1. 部分冷负荷下变水量控制和变风量控制的比较

基于中法能源中心集中空调系统实例，在 MATLAB/Simulink 中搭建集中空调系统控制模型，其中表冷器采用 trnsys16 中 type32 的模型计算方法。数学模型为：

水侧总换热量：

$$Q_T = m_w C_{pw}(T_{wo} - T_{wi}) \tag{5.4-11}$$

空气侧总换热量：

$$Q_T = H_{ai} - H_{ao} \tag{5.4-12}$$

表冷器换热经验公式：

$$Q_T = N_{row} \times A_f \times BRCW \times WSF \times LMTD \tag{5.4-13}$$

其中：

$$\frac{1}{BRCW} = C_1 + \frac{C_2}{v_a} + \frac{C_3}{v_w} + \frac{C_4}{v_w^2} + \frac{C_5}{v_a^3} + \frac{C_6}{v_w^2 v_a^4} \tag{5.4-14}$$

$$\begin{aligned} WSF = k_1 &+ k_2 \Delta T_1 + k_3 \Delta T_1 \Delta T_2 + k_4 \Delta T_1^2 + k_5 \Delta T_1 \Delta T_2^2 \\ &+ k_6 \Delta T_1^2 \Delta T_2 + k_7 \Delta T_1 \Delta T_2^3 + k_8 \Delta T_1^2 \Delta T_2^3 \\ &+ k_9 \Delta T_1^3 \Delta T_2^3 \end{aligned} \tag{5.4-15}$$

$$\Delta T_1 = T_{dpi} - T_{wi} \tag{5.4-16}$$
$$\Delta T_2 = T_{dbi} - T_{wi} \tag{5.4-17}$$

式中　　　　Q_T——表冷器交换的总热量，kW；

　　　　　　m_w——冷水流量，kg/s；

　　　　　　C_{pw}——水的比热，kJ/(kg·℃)；

T_{wo} 和 T_{wi}——分别为冷水出口和进口温度，℃；

H_{ai} 和 H_{ao}——分别为空气进口和出口焓，kJ/kg；

N_{row} 和 A_f——表冷器盘管排数和迎风面积；

　　v_a 和 v_w——分别为空气和水的流速，m/s；

T_{dpi} 和 T_{dbi}——分别为进口空气的露点温度和干球温度，℃；

$C_1 \sim C_6$ 和 $k_1 \sim k_9$——经验常数。

　　针对不同负荷率下一次回风空调系统，对 JW10-4 型 6 排表冷器进行计算。设计工况为室外设计干球温度 35℃，湿球温度 29℃；室内参数为干球温度 26℃，相对湿度 50%；冷水进口温度 7℃，出口温度 12℃；新风比为 20%；以设计负荷为 100%，计算流程如图 5.4-4 所示，比较空调负荷率在 60%～100% 时，分别进行变水量控制和变风量控制，室内温湿度的情况以及系统能耗。

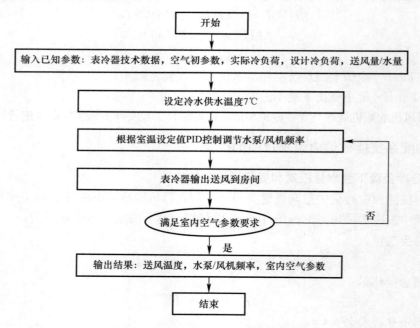

图 5.4-4　变水量/变风量计算流程图

　　由表 5.4-1 和表 5.4-2 得出，部分冷负荷时，水量的降低会导致表冷器除湿能力下降，导致室内相对湿度升高，负荷率为 60% 时的房间相对湿度比室内设计相对湿度值高 17.3%，达到了 67.3%。舒适性空调的室内设计相对湿度一般为 40%～65%，可见已经超出此范围；并且其冷水泵频率过低，已到 20Hz 以下，系统运行安全受到影响。变风量调节在满足房间温度的同时，室内相对湿度也可以得到很好的控制。风机变频可以适应更大的冷负荷变化范围，充分发挥表冷器降温除湿性能。但当部分冷负荷风机频率较低时，由于供水温度和水量恒定，会出现新风量不足、供回水温差偏低、送风温度过低等不合理的现象。

不同冷负荷时采用变水量调节　　　　表 5.4-1

负荷率 Q/Q_0(%)	100	90	80	70	60
送风温度（℃）	12.3	13.6	15	16.4	17.8
室内温度（℃）	26	26	26	26	26
室内相对湿度（%）	50	53.8	58	62.5	67.3
水泵频率（Hz）	50	30.7	21.4	17.5	14.5

不同冷负荷时采用变风量调节　　　　表 5.4-2

负荷率 Q/Q_0(%)	100	90	80	70	60
送风温度（℃）	12.3	11.1	10.1	9	8.2
室内温度（℃）	26	26	26	26	26
室内相对湿度（%）	50	49	48.8	49.3	51.1
风机频率（Hz）	50	42	35.5	29.5	24.6

由相似律可知，水泵/风机的流量、扬程、功率有如下关系：

$$\frac{Q}{Q_0} = \sqrt{\frac{H}{H_0}} = \sqrt[3]{\frac{N}{N_0}} \qquad (5.4\text{-}18)$$

式中　Q——流量，m³/s；

H——扬程，m；

N——功率，kW。

冷水机组额定功率为 12.5kW，冷水泵和冷却水泵额定功率为 0.73kW，风机额定功率为 3kW。由图 5.4-5 可以看出，风机变频运行

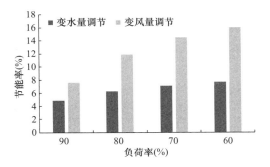

图 5.4-5　不同冷负荷时
两种调节方式能耗比较

对集中空调系统能耗影响显著，特别是在较低冷负荷情况下，在负荷率为 60% 时，采用变风量调节可以降低 16% 的能耗，比变水量调节节省了 8.3% 的能耗。

2. 部分冷负荷下变水温和变风量优化控制调节效果

由上文分析可知，风机的能耗大小对集中空调系统总能耗影响很大，但在部分负荷下，仅靠风机变频调节会导致新风量不足、供回水温差偏低，送风温度过低等不合理的情况。在保证机组安全运行情况下，部分冷负荷时适当提高冷水机组的供水温度能有效的降低冷水机组耗能。相关文献提供的冷水机组性能数据显示，冷水出口温度平均每升高 1℃，节能率就提高 2%～3%。因此本节将冷水机组和风机进行综合优化控制，采取冷水温每升高 1℃，主机节能 2.5% 进行估算，以最低耗能为目标，得到调节效果，计算流程图如图 5.4-6 所示。

如表 5.4-3 所示，某一冷负荷大小范围内，在满足房间舒适性要求前提下，均有使系统能耗最低的冷水供水温度，称为最优供水温度。在冷负荷较高时，冷水供水温度宜采用 7℃，而在负荷率为 60% 这样冷负荷较低的情况下，冷水温度可提高到 12℃，很大程度上降低了主机的耗能。在优化控制策略下，风机的频率在 35～42Hz 之间调节，保证了设备运行安全，避免了前述风机频率过低带来的不合理现象。

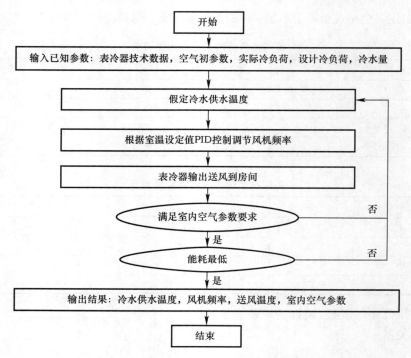

图 5.4-6　变水温变风量优化控制流程图

不同冷负荷下最优冷水供水温度　　　　　　　　　　　　　　　表 5.4-3

负荷率 Q/Q_0（%）	82～90	72～82	64～72	60～64
供水温度（℃）	7	9	10	12
风机频率（Hz）	35～42			

通过表 5.4-4 可以看到，不同冷负荷情况下，变水温和变风量优化调节控制策略可以有效控制房间舒适性。

不同冷负荷变水温变风量优化调节　　　　　　　　　　　　　　表 5.4-4

负荷率 Q/Q_0（%）	90	80	70	60
送风温度（℃）	11.1	12.5	12.8	14.2
室内温度（℃）	26	26	26	26
室内相对湿度（%）	49	53	55	59
冷水进口温度（℃）	7	9	10	12
风机频率（Hz）	42	41	37	35.8

图 5.4-7 是变水温变风量优化控制调节和前面两种控制方式的节能率对比，可以看出空调负荷越小，变水温和变风量优化控制策略的节能效果越明显。在空调负荷率为 60% 时，采用冷水供水温度 12℃和风机频率 35.8Hz，可比仅采用变水量调节节能 13.3%，比仅采用变风量调节节能 5%。

综上所述，冷水量的降低会导致表冷器的除湿能力下降，造成室内相对湿度升高，在冷负荷较低时，仅采用水泵变频调节会导致房间舒适性的降低，有一定局限性；在计算条件下，风机变频运行对集中空调系统能耗大小影响显著，特别是在较低冷负荷情况下。风机变频可以适应更大的冷负荷变化范围，充分发挥表冷器降温除湿性能。但当部分冷负荷风机频率较低时，由于供水温度和水量的恒定，会出现新风量不足、供回水温差偏低、送风温度过低等不合理的现象；在满足房间空调效果和计算条件下，变水温和变风量优化控制策略在

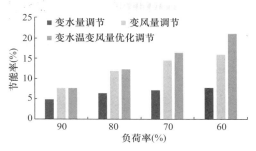

图 5.4-7　三种控制方式的耗能比较

某一冷负荷大小范围内，均有使系统能耗最低的最优冷水供水温度。空调负荷越小，变水温和变风量优化控制策略的节能效果越明显。

5.4.3　末端系统能效偏离识别及纠偏控制

选取空调水系统实验台 5 个型号相同的风机盘管从上游到下游依次编号 1～5 号，研究实验台单个风机盘管关闭时，对其他风机盘管流量、水力失调度及总流量的影响进行优化系统控制策略。试验结果如图 5.4-8～图 5.4-10 所示。

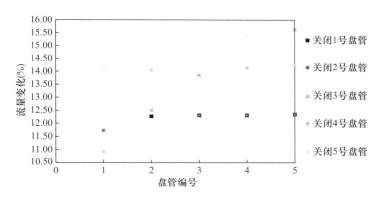

图 5.4-8　单个盘管关闭其他盘管流量变化

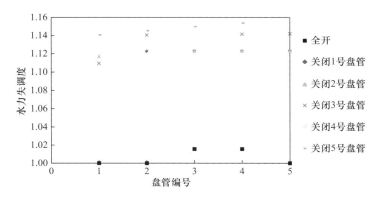

图 5.4-9　单个盘管关闭其他盘管水力失调度

由图 5.4-8 和图 5.4-10 知，单个风机盘管关闭时，其他风机盘管流量变化呈现出关闭风机盘管的上游风机盘管水流量均增大，但流量增大程度不一致，风机盘管发生不等比例

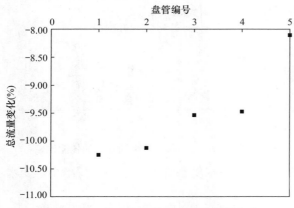

图 5.4-10　单个盘管关闭系统总流量变化

失调，关闭风机盘管的下游风机盘管流量也都增大，流量增大程度趋向于一致，即该风机盘管下游的风机盘管发生近似等比例失调，且下游各个风机盘管流量增大程度均大于上游风机盘管流量增大程度。由图 5.4-10 知，关闭上游风机盘管对系统总流量影响比关闭下游风机盘管大。

风机盘管不同位置启闭和不同开启数量将对系统整体水力特性和系统其他风机盘管水力特性产生不同的影响。通过对这些影响规律分析，提出基于负荷分布和压差控制点相结合的变压差控制纠偏方法。

"负荷分布"是指系统中风机盘管开启的位置和数量；"压差控制点"是指水泵压差控制点。"负荷分布"和"压差控制点"不同，水泵压差控制的压差设定值也不同。工程上，通常以额定工况来确定压差设定值，一经设定就不再改变。而实际运行过程中，负荷很少处于额定工况，此时如果不根据负荷分布特点设定合适的压差设定值，当"压差控制点"在近端时，系统将整体处于大流量运行状态；当"压差控制点"在远端时，靠近"压差控制点"的末端会出现过流，远离"压差控制点"的末端会出现欠流。

当水阀不控时，假设空调冷水的流动处于阻力平方，故用户侧阻力系数 S_{II} 不变，此时压差设定值应该按式（5.4-19）选取。

$$\Delta P_{set} = \Delta P_{ful,set} Q^2 \tag{5.4-19}$$

式中　ΔP_{set}——压差设定值，kPa；

$\Delta P_{full,set}$——满负荷时的压差设定值，kPa；

Q——总负荷率，0%～100%。

基于负荷分布和压差控制点相结合的变压差控制纠偏方法，几种典型负荷分布工况下可根据如下方法调整压差设定值。

（1）负荷均匀变化，水阀不控时，按式（5.4-19）动态设置"压差控制点"的压差值进行冷水泵控制，通过调节水泵的频率，基本上就能够满足各个末端风机盘管的流量需求，不过需要注意的是，总负荷率太低时，水泵的频率可能会达到下限值，为保证水泵最低运行频率，当总负荷率比较低时可以打开分集水器处的旁通管水阀。

（2）当负荷分布在压差控制点附近时，如果还是以额定工况下的压差设定值设定压差，所有风机盘管末端均处于过流状态，系统整体运行在大流量状态。为了降低水泵电耗，此时压差设定值应相对于额定工况调低，系统总负荷率越小，调低的幅度越大，因为总负荷率越低，意味着系统总水量越小，管路的压损就越小，末端得到的资用压力就越大。

（3）当负荷分布远离压差控制点时，如果还是以额定工况下的压差设定值设定压差，大多数风机盘管末端将处于欠流状态，为了保证空调房间的制冷效果，此时压差设定值应相对于额定工况调高，且系统总负荷率越小，调高的幅度越大。

（4）当负荷分布在系统上部时，如果还是以额定工况下的压差设定值设定压差，所有风机盘管末端均处于过流状态，系统整体运行在大流量状态。为了降低水泵电耗，此时压差设定值应相对于额定工况调低，系统总负荷率越小，调低的幅度越大。

（5）当负荷分布在系统下部时，如果还是以额定工况下的压差设定值设定压差，所有风机盘管末端将处于欠流状态，离压差控制点越远，欠流越严重。为了保证空调房间的制冷效果，此时压差设定值应相对于额定工况调高，且系统总负荷率越小，调高的幅度越大。

输配及末端系统的优化调节难度因工程规模而异，实际实施中应充分关注。

5.4.4 机电系统能效纠偏寻优控制软件功能实现

1. 登录界面

（1）开启 BA 服务器电脑或者分站电脑，进入登录界面，即可进入桌面操作系统。鼠标左键双击图标即会进入楼宇管理平台，软件运行的初始界面如图 5.4-11 所示。

图 5.4-11　登录页面图

（2）输入用户名和密码，然后敲击键盘回车键（Enter）即会弹出（登录界面后连续 15min 没有操作，系统会自动保护需重新登录）。

2. 显示界面

点击"登录系统"图标便会出现图 5.4-12 所示的界面，从图 5.4-12 中可以看出，该楼宇控制智能化管理平台包括空调系统、给水排水系统、电气系统、室内环境、数据分析、报警信息和历史趋势。

图 5.4-12　系统主界面图

图 5.4-12 右侧主要显示建筑逐日、逐月、逐年的用电、用水、分项用电情况，并显示单位用水量、单位用电量和机电系统能效得分和等级。

点击右上角历史数据按钮，生成 excel 表，查询近期用电、用水和能效情况。

点击右上角系统退出按钮，退回图 5.4-11 界面。

系统能效以分值评价，不同评价区间内的分值将显示不同星级。系统能效分值低于最低设定分值（即不满足最低星级要求），并持续 10 分时，报警变红。

报警变红后，发出报警，人工点击，显示报警原因。

点击手/自动按钮，可对系统能效进行重新设定。

3. 空调系统界面

（1）系统能效显示界面

点击"空调系统"图标，即可弹出如图 5.4-13 所示界面。空调系统部分包含 4 个部分：子系统能效、冷热源系统、水输配系统、风处理及输配系统。

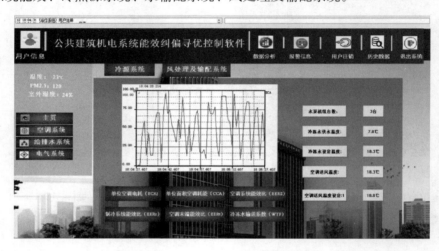

图 5.4-13　空调系统能效显示界面图

子系统能效板块，用于显示反映空调系统能效的指标［单位面积空调电耗（ECA）、单位面积空调耗冷/热量（CCA）、空调系统能效比（EERs）、制冷系统能效比（EERr）、空调末端能效比（WTFCHW）、冷水输送系数（WTFCHW）］，及空调系统主要运行参数（冷水供水设定温度、冷水供水温度、冷水供回水温差、冷水设定温差、空调送风温度、空调送风温度设定）。

点击下方能效指标板块，例如"电能（ECA）"，可在上方显示该指标逐时变化情况。

点击手自动，对冷水供水温度、温差、空调送风温度等进行人工设定。

点击主页图标，回到图 5.4-12 界面。

空调系统故障，或能效超标并持续 30 分时，报警变红。报警变红后，发出报警，人工点击，显示报警原因。

（2）冷热源及输配系统控制界面

点击"冷源系统"图标，即可弹出如图 5.4-14 所示空调冷热源控制系统界面。

如右侧系统图所示，冷源系统由 12 台风冷热泵机组、3 台循环水泵、若干阀门、温度、压力、流量传感器组成。

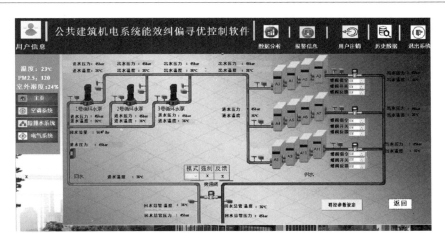

图 5.4-14 冷热源系统控制界面图

点击主页图标，回到图 5.4-12 界面。

空调系统故障，或能效超标并持续 30 分时，报警变红。报警变红后，发出报警，人工点击，显示报警原因。

1）传感器

左侧系统图中，所有传感器显示在界面上，实时记录现场的温度（℃）、压力（bar）、流量（m³/h），并可实现人工设定。

2）风冷机组

冷水机组运行时会有动态图显示"AD"图标，鼠标左键单击图标进入单台风冷机组的参数查看，如图 5.4-15 所示。

3）循环水泵

运行时有动态图演示"1 号循环泵"，发生故障时水泵会变成红色。鼠标左键单击图标进入单台水泵的设定和参数显示，如图 5.4-16 所示。

风冷机组1	
温度控制	出水控制
防冻模式	未开启
水泵运行状态	OFF
制冷制热模式	制热
手自动模式	手动
故障状态	正常
机组运行状态	运行
电加热1运行	停止
电加热2运行	停止
压缩机A-1运行	停止
压缩机A-2运行	停止
压缩机B-1运行	停止
压缩机B-2运行	停止
故障代码	01
设定温度反馈	45.1
出水温度	23.8

1号循水泵	
水泵控制模式	
水泵强制控制	
水泵指令	未给出
水泵运行状态	运行
水泵故障	正常
前方手自动	
变频器控制模式	
变频器强制控制	x %
变频器频率反馈	0.1%
变频器变频指令	0.1%
水泵运行时间	0.0hr

图 5.4-15 AO 状态界面图   图 5.4-16 1 号循环水泵状态界面

水泵控制模式：有强制模式和自动模式切换；

水泵强制控制：点击停止按钮进行水泵强制启动和停止；

变频器控制模式：有强制模式和自动模式切换；

变频器强制控制：此模式为手动输入频率。

4. 冷机群控界面

点击"冷机群控"，进入如图 5.4-17 所示的冷机群控界面，可实现对冷机群控状态的查询和自动/人工手动控制。

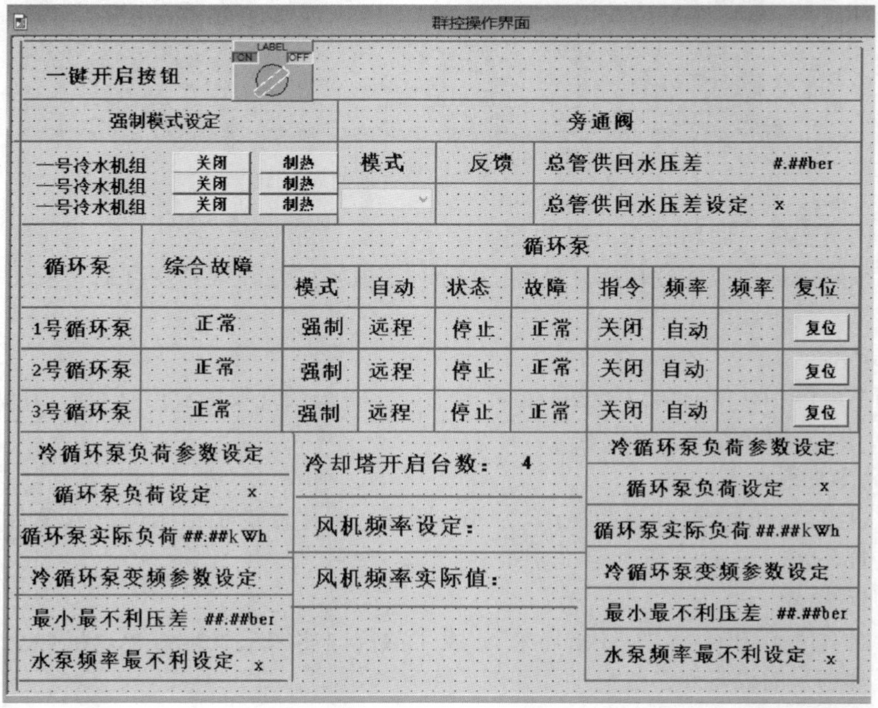

图 5.4-17　冷机群控界面图

群控系统界面显示所有群控设备的控制模式切换点位和状态显示。

（1）循环水泵控制板块（见图 5.4-18）

1号循环泵	正常	强制	远程	停止	正常	关闭	自动	复位
2号循环泵	故障	强制	远程	停止	正常	关闭	自动	复位
3号循环泵	正常	强制	远程	停止	正常	关闭	自动	复位

图 5.4-18　循环水泵控制

"综合故障"表示某一组制冷组发生任意故障，就会产生综合故障。"复位和正常"复位表示冷水泵发生综合故障后，需要维护人员到现场检查该设备自身是否有无法启动的问题，确定后需要人为点击按钮进行复位。

（2）一键启动板块

"一键开启按钮"，根据群控逻辑，自动选择开启水泵和风冷热泵机组。

（3）循环水泵负荷设定

"循环泵负荷参数设定"，在此处可对循环水泵的负荷进行设定，循环水泵会根据设定负荷进行加减机组。

（4）循环水泵变频设定

"循环泵变频参数设定"，在此处可对循环水泵的变频进行设定，循环水泵会根据设定压差自动对水泵进行变频调节。

（5）旁通压差设定

"旁通阀"，在此处可对旁通阀参数进行设定，旁通阀会根据设定压差自动在 0%～30%进行调节。

5. 风处理及输配系统界面

点击"风处理及输配系统"图标，进入如图 5.4-19 所示的风处理及输配系统控制界面，可实现对新风机组、组合式空调机组状态的查询和自动/人工手动控制。

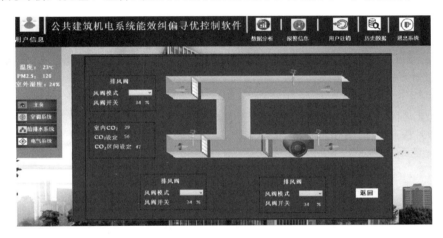

图 5.4-19　风处理及输配系统控制界面图

如右侧系统图，新风系统新风送风量根据末端房间 CO_2 浓度确定，通过调节风机频率和送回风风阀开度实现新风量和送风量的调节。

右侧除了浓度、风机频率、风阀开度等，还可显示风机实时的单位风量耗功率，同时用户可自动或手动设定室内 CO_2，风机频率、风阀开度等。

点击主页图标，回到图 5.4-12 界面。

空调系统故障，或能效超标并持续 30 分时，报警变红。报警变红后，发出报警，人工点击，显示报警原因。

所有传感器显示在界面上，实时记录现场的 CO_2 浓度、压力（bar）、频率等。

新风热回收机组操作说明：

（1）风机手自动状态为前端风机配电柜的远程和本地选择按钮，要远程控制需要选至自动。

（2）风机模式分为强制模式和 CO_2 模式，强制模式时启动点击风机强制启停按钮，CO_2 模式时根据室内 CO_2 的浓度与 CO_2 的设定值联动启动/关闭机组。

（3）风阀分为自动模式和手动模式，手动模式下风阀开启需用户点击，自动模式下风阀开度根据机组启停命令自动联动。

6. 给排水系统设备控制界面

点击"给排水系统"图标，即可弹出图 5.4-20 所示界面。

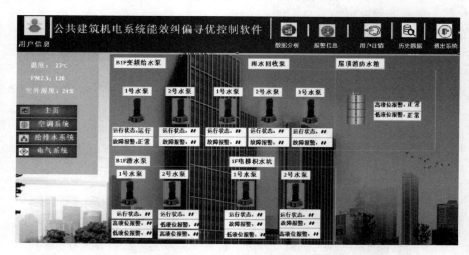

图 5.4-20　排水系统界面图

给排水系统分为 B1F 变频给水泵监测、B1F 潜污泵监测、B1F 电梯集水坑监测、雨水回收泵监测、屋顶消防水箱液位监测。

7. 供配电系统界面

（1）系统能效显示界面，如图 5.4-21 所示。

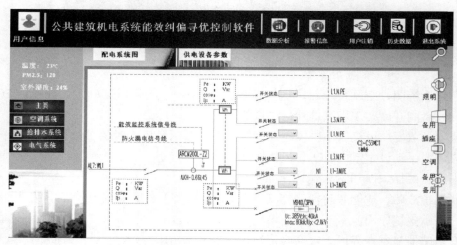

图 5.4-21　供配电系统能效界面图

（2）设备监测显示界面，如图 5.4-22 所示。

8. 报警界面

点击"报警信息"按钮，显示如图 5.4-23 所示界面。

公共建筑机电系统能效纠偏寻优控制软件是基于上述研究开发的配套工具。实际项目运用中，可按本章逻辑进行进一步优化，以期指导机电系统升级改造有效实施。

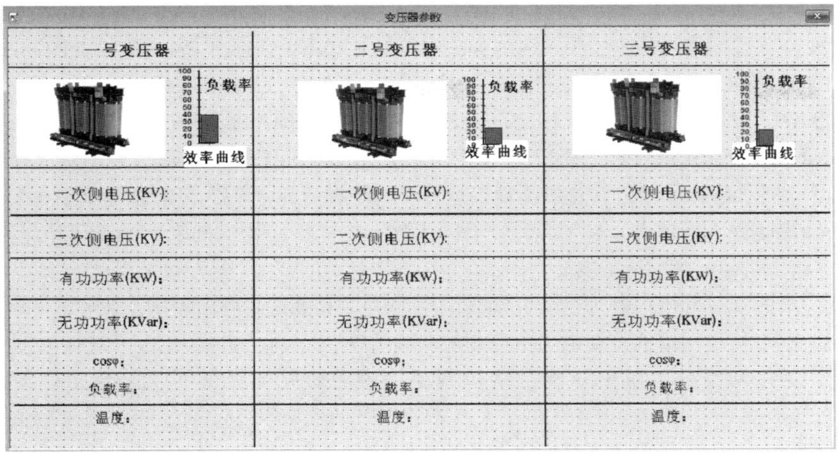

图 5.4-22　设备控制界面图

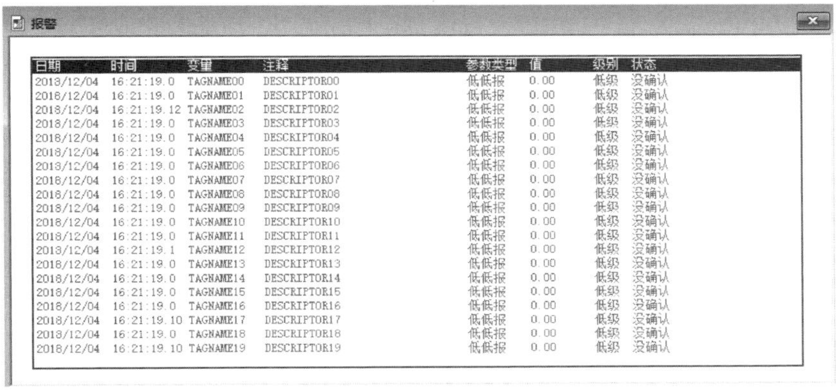

图 5.4-23　报警界面图

本章参考文献

［1］　Huang C L，Dun J F. A distributed PSO-SVM hybrid system with feature selection and parameter optimization［J］. Applied Soft Computing，2008，8（4）：1381-1391.

［2］　Zheng C，Jiao L. Automatic parameters selection for SVM based on GA［C］// Intelligent Control and Automation，2004. Wcica 2004 Fifth World Congress on IEEE，2004.

［3］　C. -C. Chang，C. -J. Lin，LIBSVM：A Library for Support Vector Machines［J］. Acm Transactions on Intelligent Systems and Technology，2011，2（3）：389-396.

［4］　Tian X，Gasso G，Canu S. A multiple kernel framework for inductive semi-supervised SVM learning ［J］. Neurocomputing，2012，90：46-58.

［5］　J. Wang，H. P. Lu and K. N. Plataniotis. Gaussian Kernel Optimization for Pattern Classification［J］. Pattern Recognition，2009，42（7）：1237~1247.

［6］　Flake G W，Lawrence S. Eficient SVM regression training with SMO［J］. Machine Learning，2000，46（1-3）：271-290.

［7］　L. Zhao，N. Takagi. An Application of Support Vector Machines to Chinese Character Classification Problem［C］// Systems，Man and Cybernetics，IEEE Conference，2007.

[8]　L. Wang，P. Xue and K. L. Chan. Two Criteria for Model Selection in Multi-class Support Vector Machines [J]. IEEE Trans. on Systems，Man and Cybernetics，Part B：Cybernetics. 2008，38 (6)：1432～1448.

[9]　Zhi hui YAN，Ling ZENG. The BP Neural Network with MATLAB [C]//Proceedings of 2013 International Conference on Electrical，Control and Automation Engineering (ECAE 2013)，2013.

[10]　程哲欣. 基于 Hadoop 的公共建筑能耗信息分析与挖掘研究 [D]. 合肥：合肥工业大学，2017.

[11]　廖淑娇，冯晓霞，刘佳彬. 基于混沌粒子群优化小波支持向量机的汇率预测 [J]. 科学技术与工程，2012，11 (4)：2660-2664.

[12]　郭艳兵. 前向神经网络控制理论研究及其应用 [D]. 秦皇岛：燕山大学，2003.

[13]　赵铭扬. 基于神经网络的短期电力负荷预测研究 [D]. 银川：宁夏大学，2016.

[14]　关荣根. 神经网络分数阶 PID 在网络控制系统中的研究与应用 [D]. 合肥：合肥工业大学，2015.

[15]　刘坤. 建筑空调负荷预测及水蓄冷空调系统控制技术研究 [D]. 北京：北京建筑大学，2018.

[16]　胡泽宽. 集中空调冷冻水系统整体水利特性及纠偏控制研究 [D]. 北京：北京建筑大学，2018.

[17]　朱准. 建筑空调负荷预测算法 [D]. 北京：北京建筑大学，2018.

[18]　刘宇婷. 中央空调系统的全局节能优化研究 [D]. 沈阳：沈阳工业大学，2018.

[19]　郭晨露. 西安某商城冰蓄冷空调负荷预测与多目标优化运行研究 [D]. 西安：西安建筑科技大学，2018.

[20]　王胤钧. 西安某大型商场冰蓄冷空调系统优化设计与经济运行研究 [D]. 西安：西安建筑科技大学，2017.

[21]　清华大学建筑节能研究中心. 中国建筑节能年度发展研究报告 2014 [M]. 北京：中国建筑工业出版社，2014.

[22]　张辉，魏庆芃，等. 大型公共建筑用电分项计量系统研究与进展（1）：系统构架 [J]. 暖通空调，2010，40 (8)：10-13.

[23]　Bosseboeuf D，Chateau B，Lapillonne B. Cross-country comparison on energy efficiency indicators：The on-going European effort towards a common methodolgy [J]. Energy Policy，1997，25 (9)：673-682.

[24]　龙惟定. 物业设施管理与暖通空调 [J]. 暖通空调. 1998，(4)：78-80.

[25]　戴彬彬，段雪松. 水力平衡调试在空调水系统中的应用 [J]. 建筑技术，2013，12 (3)：67-68.

[26]　田雷. 暖通空调水力平衡调试技术 [J]. 山西建筑，2014，11 (6)：28-29.

[27]　徐伟，邹瑜. 公共建筑节能改造技术指南 [M]. 北京：中国建筑工业出版社，2010.

[28]　孟彬彬，朱颖心，林波荣. 部分负荷下一次泵水系统变流量性能研究 [J]. 暖通空调，2002，32 (2)：108-110.

[29]　孙一坚. 空调水系统变流量节能控制 [J]. 暖通空调，2001，31 (6)：5-7.

[30]　屈国伦，谭海阳. 集中空调水系统变流量高效运行控制策略研究 [J]. 暖通空调，2016，46 (7)：81-86.

[31]　晋欢欢，张振国. 冷水机组的优化控制策略 [J]. 制冷与空调（四川），2011，25：168-171.

[32]　韩峰. 中央空调智能控制系统设计与实现 [D]. 上海：上海交通大学，2015.

[33]　韩峰. 中央空调智能控制系统设计与实现 [J]. 暖通与空调，2011，39 (10)：11-15.

[34]　屈国伦，谭海阳. 集中空调水系统变流量高效运行控制策略研究 [J]. 暖通空调，2016，46 (7)：81-86.

[35]　杨世忠，邢丽娟. 集中式空调系统冷却水系统节能优化 [J]. 建筑科学，2015，31 (2)：103-108.

[36]　赵荣义，范存养，薛殿华. 空气调节 [M]. 5 版. 北京：中国建筑工业出版社，2009.

第6章 既有公共建筑暖通空调系统
能效提升关键技术

6.1 既有分散/独立型供能系统复合高效调控技术

目前，我国既有公共建筑（如医院、学校等）中的能源系统呈现多元分散等特点，各楼能源系统分散独立且缺乏综合协调优化，均未能做到扬长避短，充分发挥其自身优势。鉴于该现状，本书提出从源头入手，将传统的"多元系统"升级为"复合系统"，各种系统在数量和输入方式上相互关联，使两种或多种系统相互叠加耦合在一起达到"$1+1+\cdots+1 \geq n$"的效果，进而提升系统能效。

典型的复合能源系统基本上分为三种形式：常规能源复合系统、可再生能源复合系统、可再生与常规能源复合系统。

6.1.1 建筑复合供能系统热力学模型构建及热力学分析

1. 建筑复合供能系统热力学模型构建

根据不同形式供能系统子系统之间的换热关系，在对我国既有公共建筑的实际供能结构、形式及特征充分调查的基础上，分析了建筑供能系统（涵盖 HVAC 系统、生活热水系统）的通用结构模式。在此基础上，结合能量流结构理论与传递理论，构建了一套适用于我国建筑供能系统的热力学模型，如图 6.1-1 所示。

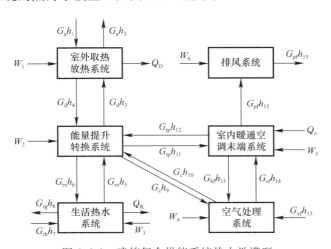

图 6.1-1 建筑复合供能系统热力学模型

从图 6.1-1 中可以看出，该热力学模型选取室外取放热系统、能量提升转换系统、生活热水系统、空气处理系统、室内暖通空调末端系统、排风系统六个子系统的组成形式作为研究对象。室外取放热系统主要由室外换热器与室外侧循环泵或风机等设备组成；能量提升转换系统主要由制冷、制热机组、设备等组成；生活热水系统由生活热水储水系统与生活热水循环泵等组成；空气处理系统主要由空气处理机组（含新风机组）与空气输配系统及设备组成；室内暖通空调末端系统则由末端装置与末端水输送系统及设备组成；排风系统主要由排风机组及能量回收装置等组成。图中各符号意义如下：

功率：W_1 为室外取、放热系统（室外侧循环泵或风机）总体耗功率，kW；W_2 为能量提升转换系统（制冷、制热机组或设备）耗功率，kW；W_3 为生活热水一次循环侧水泵耗功率，kW；W_4 为空气处理系统（空气处理机与空气输配设备等）总体耗功率，kW；W_5 为室内空调末端系统耗功率，kW；W_6 为排风机组耗功率，kW。

比焓：h_1、h_2 分别为与环境进行热交换设备的进出口空气比焓，kJ/kg；h_3、h_4 分别为取热、排热侧供回水比焓，kJ/kg；h_5、h_6 分别为生活热水循环侧进出水比焓，kJ/kg；h_7、h_8 分别为生活热水使用侧供回水比焓，kJ/kg；h_9、h_{10} 分别为供能系统送风侧供回水的比焓，kJ/kg；h_{11}、h_{12} 分别为供能系统末端装置供回水比焓，kJ/kg；h_{13} 为新风比焓（可视为环境比焓），kJ/kg；h_{14} 为送风比焓，kJ/kg；h_{15} 为排风系统排风与回风比焓（可视为室内比焓），kJ/kg。

流量：G_a 为与环境进行热交换设备的空气质量流量，kg/s；G_d 为取热、排热测循环水质量流量，kg/s；G_{rx} 为生活热水循环侧循环水质量流量，kg/s；G_{rg}、G_{rh} 分别为生活热水使用侧循环水质量流量，kg/s；G_c 为供能系统送风侧循环水质量流量，kg/s；G_{tp} 为供能系统末端设备循环水质量流量，kg/s；G_{xf} 为新风质量流量，kg/s；G_{pf} 为排风系统排风质量流量，kg/s；G_{sf} 为送风质量流量，kg/s；G_{hf} 为回风质量流量，kg/s。

换热量：Q_D 为室外取放热系统总体散/得热量，kW；Q_R 为生活热水罐供热量，kW；Q_o 为室内末端冷热负荷，其中夏季主要代表通过围护结构进行计算得出的室内逐时冷负荷，冬季则为包括墙体围护结构、冷风侵入、冷风渗透在内的供热总热负荷，kW。

2. 建筑复合供能系统热力学分析

（1）基于热力学第一定律下的能量分析

对能量利用和转换过程的传统分析方法是依据热力学第一定律的能量分析方法，可以看出该系统为传统的暖通空调系统的改良升级系统，即引入能量提升转换系统来代替传统的空调冷热源系统使得整个系统能够在低㶲下供能。利用能量分析法，供能系统的热力学第一定律效率指标可以表示为：

$$\eta_1 = \frac{Q_o + Q_f + Q_R + Q_L}{\sum_{i=1}^{6} W_i} \tag{6.1-1}$$

其中，$Q_f = G_{xf}(h_{15}-h_{13})$ 为新风负荷，夏季为正表示系统向环境排热，冬季为负表示环境向系统供能；$Q_s = G_{rg}h_8 - G_{rh}h_7$ 为热水负荷，冬夏均为正表示系统向用户供能；$Q_L = G_a(h_2-h_1)$ 为与室外换热负荷，夏季为正表示系统向环境排热，冬季为负表示环境向系统供热（既是系统向环境排冷）。

（2）第一定律与第二定律相结合的㶲分析

不同于一般的热力学状态函数在数值计算中的参考点，㶲函数的参考点是一个特定的、理想的外界，它由处于完全平衡状态下的大气圈、水圈和地壳岩石圈中选定的基准物组成，具有其确定的压力和温度，这一状态的㶲为零。根据㶲参数本质是反映工质的作功能力，而作功能力是工质状态和环境状态的差别造成的这一特性，针对建筑供能系统的具体特点，在分析中取环境基准设计工况——环境基准设计温度、基准压力作为㶲参数的环境参考点。凡是与环境基准设计工况相同的空气和水状态，与环境之间没有差别，也就没有做功的能力，其值为零。

针对能量利用系统的㶲分析，有两种㶲效率表示方法，普通㶲效率和目的㶲效率。本书采用目的㶲效率表示。依据㶲值的计算方法，对于图 6.1-1 所示的建筑供能系统热力学模型，其热力学第二定律㶲效率，可以表示为供能系统收益火用和消耗㶲的比值，即：

$$\eta_{\mathrm{II}} = \frac{E_{\mathrm{o}} + E_{\mathrm{f}} + E_{\mathrm{R}} + E_{\mathrm{L}}}{\sum_{i=1}^{6} W_i} \tag{6.1-2}$$

其中：

$E_0 = Q_0 \left| \dfrac{T_0}{T_n} - 1 \right|$ 为冷热负荷的㶲值；

$E_{\mathrm{f}} = G_{\mathrm{xf}} [(h_{15} - h_{13}) - T_0(S_{15} - S_{13})]$ 为新风负荷㶲值，夏季为正表示系统向环境排出㶲，冬季为负表示环境向系统供入㶲；

$E_{\mathrm{R}} = G_{\mathrm{rg}} [(h_8 - h_0) - T_0(S_8 - S_0)] - G_{\mathrm{rh}} [(h_7 - h_0) - T_0(S_7 - S_0)]$ 为热水负荷㶲值，冬夏均为正表示系统向用户供㶲；

$E_{\mathrm{L}} = G_{\mathrm{a}} [(h_2 - h_1) - T_0(S_2 - S_1)]$ 为与室外换热负荷㶲值，夏季为正表示系统向环境排出㶲，冬季为负表示环境向系统供入㶲。

（3）复合能源系统的节㶲分析

为了进一步深入分析造成供能系统㶲效率低的原因，需要对供能系统的子系统进行分析，本书研究内容主要对源头输入输出部分进行分析，末端等其他系统不作考虑。

1）室外取、放热系统

$$\eta_{\mathrm{II},1} = \frac{E_{\mathrm{d}} + E_{\mathrm{L}}}{W_1} \tag{6.1-3}$$

其中：

$E_{\mathrm{d}} = G_{\mathrm{d}} [(h_4 - h_3) - T_0(S_4 - S_3)]$ 为室外取放热系统与能量提升转换系统间的㶲值传递，夏季工况由室外取放热系统向能量提升转换系统传入冷㶲，冬季工况由室外取放热系统向能量提升转换系统传入热㶲。

$E_{\mathrm{L}} = G_{\mathrm{a}} [(h_2 - h_1) - T_0(S_2 - S_1)]$ 为与室外换热负荷㶲值，夏季为正表示系统向环境排出㶲，冬季为负表示环境向系统供入㶲。

2）能量提升转换系统：

$$\eta_{\mathrm{II},2} = \frac{E_{\mathrm{tp}} + E_{\mathrm{c}} + E_{\mathrm{rx}}}{W_2 + E_{\mathrm{R}}} \tag{6.1-4}$$

其中：

$E_{\mathrm{rx}} = G_{\mathrm{rx}} [(h_8 - h_7) - T_0(S_8 - S_7)]$ 为能量提升转换系统与生活热水系统间的㶲值传递。

$E_{\mathrm{c}} = G_{\mathrm{c}} [(h_{10} - h_9) - T_0(S_{10} - S_9)]$ 为能量提升转换系统与空气处理系统间的㶲值传递，夏季工况由能量提升转换系统向空气处理系统传入冷㶲，冬季工况由能量提升转换系统向空气处理系统传入热㶲。

$E_{\mathrm{tp}} = G_{\mathrm{tp}} [(h_{12} - h_{11}) - T_0(S_{12} - S_{11})]$ 为能量提升转换系统与室内暖通空调末端系统间

的㶲值传递，夏季由能量提升转换系统向室内暖通空调末端系统传入冷㶲，冬季由能量提升转换系统向室内暖通空调末端系统传入热㶲。

6.1.2　能量品位的定量表征体系研究

1. 能量品位匹配度的提出

对于同一房间来说，要保持一定的温度所需要的热量是一定的，但是对于不同的供暖系统来说，它们提供相同的热量所隐含的可用能却是不同的。从㶲的观点来看，一个最优的供暖装置向房间供给的热量中含有的㶲值应该与房间所需要的㶲值相同。而在稳态情况下，空调系统末端装置的供热量应近似等于房间散失的热量。故能量品位的利用仅与能量品质因数有关。

以能量品质因数为基础，针对单一末端用能系统的能量转换环节提出量化指标，该指标是根据建筑本身耗冷量或耗热量的能量品质因数与建筑末端用能系统提供给房间的能量品位作比较得出一个能量品位匹配度，研究能量传递过程中能量品位匹配的程度。

公式如下：

$$\varepsilon = \frac{\psi_Q}{\psi} \tag{6.1-5}$$

式中　ε——能源品位匹配度；

ψ_Q——建筑物耗热量或耗冷量的能量品质因数；

ψ——建筑末端用能系统对应的能量品质因数。

可以看出，能量品位匹配度 ε 越大，表明能量转换过程中品位利用越好。也就可以直观地比较出在能的品位利用程度方面做得最好的末端用能系统形式。

冬季供暖时，典型的建筑末端用能系统有电供暖、蒸汽供暖、一般热水供暖、空气处理系统、地板辐射供暖。由于这些方式的供回温度不同，其品位特征就有高低的差异。

在同一个地区用不同的方式对同一个建筑进行供热，从而计算得出不同的品位匹配度。结果如表 6.1-1 所示。

品位匹配度

表 6.1-1

供暖方式	电供暖	蒸汽供暖	一般热水供暖	空气处理系统	地板供暖
能量品质因数	1	0.3643	0.257	0.195	0.169
耗热量品质因数	0.099	0.099	0.099	0.099	0.099
品位匹配度	9.9%	27.2%	38.5%	50.8%	58.6%

制冷工况下，通常所采用的空气处理系统的制冷效果都是由冷水提供的，因此将冷水的能量品质因数作为制冷系统的品位特征。以北京为例，建筑物耗冷量的能量品质因数在室外环境温度 33.2℃ 时为 0.064，而冷水的能量品质因数为 0.084，所以制冷末端系统的品位匹配度为 76.2%。

为了提高末端系统的品位匹配度，要尽可能挑选与建筑耗冷量和建筑耗热量的能量品质因数相近的建筑末端用能系统，从而用品位较低的能量满足建筑所需的冷热量，即达到合理用能的目的。

但是必须强调能量品位匹配度仅仅是从㶲的角度进行合理用能的分析，它并不是选择建筑末端用能系统的唯一标准，同时还需要根据实际情况进行最优配置。例如对于大空间的建筑而言，由于空间太大的原因，地板辐射供暖根本就不能满足供暖要求，应该选用空气处理系统。因此在选择建筑末端用能系统时，需考虑其他因素进行综合分析。

2. 能量品位利用率的提出

为切实做到用能匹配，供能系统根据用户需求，使输入能的质量与输出能的质量尽可能一致，依据热力学第二定律的㶲分析法，从能量的数量和质量相结合的角度出发，分析供能系统与用户需求的能源利用程度，以能量品位利用率作为评价指标，该指标的计算公式如下。

（1）制热工况

$$\zeta_h = \frac{Q_i \times \Psi_h}{(Q_i \div \eta) \times \Psi_0} = \eta \times \frac{\Psi_h}{\Psi_0} \tag{6.1-6}$$

对于热泵系统而言，既消耗了电能又消耗了低品位能源，故公式又表示如下：

$$\zeta_h = \frac{Q_i \times \Psi_h}{\frac{Q_i}{COP} + \left(Q_i - \frac{Q_i}{COP}\right) \times \Psi_0} = \frac{COP \times \Psi_h}{1 + (COP - 1)\Psi_0} \tag{6.1-7}$$

式中　ζ_h——热源的能量品位利用率；

Ψ_0——建筑供能系统中消耗的能源的能量品质因数；

Ψ_h——建筑物耗热量的能量品质因数；

Q_i——建筑供能系统（热源）覆盖区域所需的热量，kJ；

η——供能系统的效率（热源的效率）；

COP——热泵的 COP 值。

比较（以土壤源热泵为例，COP 为 4.0）：

电和地热能的折合品质因数为：

$$\Psi' = \frac{\frac{Q_i}{COP} + \left(Q_i - \frac{Q_i}{COP}\right) \times \Psi_0}{Q_i} = \frac{1}{COP} + \left(1 - \frac{1}{COP}\right) \times \Psi_0 \tag{6.1-8}$$

其中电的能量品质因数为 1，制热工况下地热能的能量品质因数为 0.099。

则折合品质因数为 0.32425。

$$\zeta_h = \frac{Q_i \times \Psi_h}{Q_i \times \Psi'} = \frac{\Psi_h}{\Psi'} \tag{6.1-9}$$

$$\zeta_h = \frac{Q_i \times \Psi_h}{\frac{Q_i}{COP} + \left(Q_i - \frac{Q_i}{COP}\right) \times \Psi_0} = \frac{COP \times \Psi_h}{1 + (COP - 1)\Psi_0} \tag{6.1-10}$$

代入计算得利用率为 0.3053。

（2）制冷工况

$$\zeta_c = \frac{Q_i \times \Psi_c}{(Q_i \div COP) \times \Psi_0} = COP \times \frac{\Psi_c}{\Psi_0} \tag{6.1-11}$$

同理对于热泵系统而言，公式又可表示如下：

$$\zeta_c = \frac{Q_i \times \Psi_c}{\frac{Q_i}{COP} - \left(Q_i + \frac{Q_i}{COP}\right) \times \Psi_0} = \frac{COP \times \Psi_c}{1 - (COP + 1)\Psi_0} \tag{6.1-12}$$

式中　ζ_c——冷源的能量品位利用率；

$\quad\quad\Psi_0$——建筑供能系统中消耗的能源的能量品质因数；

$\quad\quad\Psi_c$——建筑物耗冷量的能量品质因数；

$\quad\quad Q_i$——建筑供能系统（冷源）覆盖区域所需的冷量，kJ；

$\quad COP$——冷源或热泵的 COP 值。

比较（以土壤源热泵为例，COP 为 4.5）：

电和地热能的折合品质因数为：

$$\Psi' = \frac{\dfrac{Q_i}{COP} - \left(Q_i + \dfrac{Q_i}{COP}\right) \times \Psi_0}{Q_i} = \frac{1}{COP} - \left(1 + \frac{1}{COP}\right) \times \Psi_0 \quad (6.1\text{-}13)$$

其中电的能量品质因数为 1，制冷工况下地热能的能量品质因数为 0.045。则折合品质因数为 0.1672。

$$\zeta_c = \frac{Q_i \times \Psi_c}{Q_i \times \Psi'} = \frac{\Psi_c}{\Psi'}$$

$$\zeta_c = \frac{Q_i \times \Psi_c}{\dfrac{Q_i}{COP} - \left(Q_i + \dfrac{Q_i}{COP}\right) \times \Psi_0} = \frac{COP \times \Psi_c}{1 - (COP + 1)\Psi_0} \quad (6.1\text{-}14)$$

代入计算得利用率为 0.5024。

从上式中可以看出，能量品位利用率不仅考虑了能源供、需双方的品位差异，还考虑了冷热源的转换效率，因此能够全面合理地进行评价。

传统的能量分析法只是从能量数量平衡的角度来进行用能分析；而能量品位利用率综合考虑了能量的量与质，将不同形式、不同量和质的能量统一到做功能力这个统一的尺度下面，所有各种形式的能量就有了统一的度量，就有了可比性。它除考虑量的利用程度之外，还考虑了质的匹配。所以㶲分析法更科学、更深入、更全面，它比较完善、合理地评价和分析了系统的用能情况。

1）常用热源的能量品位利用率如表 6.1-2 所示。

常用热源的能量品位利用率

表 6.1-2

热源形式	电供暖	天然气锅炉	直燃机	燃煤锅炉	风冷热泵	水源热泵	土壤源热泵
η 或 COP	1.0	0.9	0.9	0.75	2.5	3.0	4.0
Ψ_0	1	0.64	0.64	0.46	1	0.39	0.324
Ψ_h	0.099	0.099	0.099	0.099	0.099	0.099	0.099
ζ_h	9.9%	13.9%	13.9%	16.1%	24.8%	25.4%	30.5%

2）常用冷源的能量品位利用率如表 6.1-3 所示。

常用冷源的能量品位利用率

表 6.1-3

冷源形式	直燃机	离心式制冷机	蒸汽吸收机	热水吸收机	风冷热泵	水源热泵	土壤源热泵
η 或 COP	1.3	5.0	1.2	0.7	3.0	4.5	4.5
Ψ_0	0.604	1.0	0.263	0.145	1	0.149	0.167
Ψ_c	0.084	0.084	0.084	0.084	0.084	0.084	0.084
ζ_c	13.8%	32.0%	29.2%	30.9%	19.2%	56.4%	50.2%

其中电供暖方式的能量品位利用率为 9.9%，虽然从其传统的热效率来看为 100%，

属于很理想的状态，但是从其能量品质利用率来判断，此时的供能系统和建筑实际用能状况存在着极大的用能品位不匹配的问题，同时能量品位没有得到合理应用，典型的"高质能"干"低级活"。因此，从合理用能的角度来分析，电采暖这种方式是极为不理想的。

6.1.3 复合能源耦合供能升级改造技术

1. 多元能源系统复合形式

针对目前既有公共建筑典型的能源系统特征，将现有的相互独立的多元能源系统进行复合，或根据周边环境条件、政策条件等可在原有能源形式的基础上，增加可再生能源系统，构成复合能源系统。表 6.1-4 所示为典型的复合能源系统形式。

多元能源复合形式 表 6.1-4

	主要冷热源形式	典型复合形式
既有公共建筑	常规冷源：冷水机组 常规热源：市政热源、燃气锅炉 可再生能源：热泵、太阳能	燃气锅炉＋地源热泵复合系统； 冷水机组＋地源热泵复合系统； 市政热源＋燃气锅炉调峰； 地源热泵＋太阳能复合系统

2. 复合能源系统耦合应用技术

（1）燃气锅炉＋地源热泵复合系统

燃气锅炉＋地源热泵复合系统是指在冬季利用燃气锅炉提供调峰辅助供热的一种地源热泵复合系统，这种系统也可在过渡季将热量储存于地下，以保证地下温度场的平衡。这种系统的复合形式是针对热负荷大于冷负荷的既有公共建筑。燃气锅炉辅助是保证地源热泵冬夏季负荷平衡的一种重要手段，也是促进地源热泵发展扩大其应用地域范围的一种有效方式。

1）复合系统运行方式

既有公共建筑中，以燃气锅炉作为供暖、消毒、空调加湿等热源，占有比例相对较大，能耗水平相应较高。对于这类独立设置燃气锅炉的建筑，可采用与既有的地源热泵系统进行复合，亦可采用增设地源热泵系统，实现燃气锅炉＋地源热泵的耦合高效供能。本节以燃气锅炉＋地下水源热泵为例进行介绍。

① 燃气锅炉、地下水源热泵系统分别对应不同供暖末端

燃气锅炉＋地下水源热泵复合系统主要由水源热泵机组、燃气锅炉及供暖末端等组成。根据复合系统流程（见图 6.1-2），系统运行方式可按如下策略进行：

（a）供暖初期和末期，完全可采用水源热泵机组进行单独供能；此时阀门 1，2，5，6 开启，阀门 3，4 关闭。

（b）供暖中期，水源热泵机组无法同时满足供热量需求时，二者相互耦合供能；此时阀门全部开启。

② 燃气锅炉、地下水源热泵系统对应同一供暖末端

根据复合系统流程（见图 6.1-3），系统运行方式可按如下策略进行：

（a）供暖初期和末期，采用水源热泵机组单独供暖满足用户需求。此时阀门 1，2 开启，阀门 3，4 关闭。

（b）供暖中期，水源热泵机组无法满足供热量需求时，开启燃气锅炉辅助供能，二者同时运行，此时水源热泵满负荷运行，阀门全部开启。

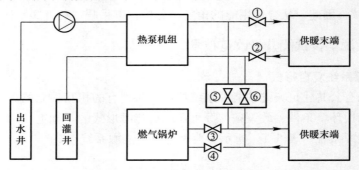

图 6.1-2　燃气锅炉＋水源热泵复合系统联合供热系统流程图一

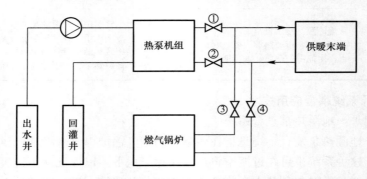

图 6.1-3　燃气锅炉＋水源热泵复合系统联合供热系统流程图二

该复合系统联合供热可最大限度地应用可再生能源，提升系统能效。实际改造过程中，可通过能耗计算和经济性分析详细确定二者承担的最佳负荷比例，得出最优配比方法，以使系统以最优状态运行，最大限度地达到减少投资、降低能耗以及节省运行费用的目的。

2）能耗分析

一般情况下，宜选取标准煤量小的可再生能源作为复合能源的主要能源，辅助能源可根据建筑所在各个地区的能源情况进行确定。

① 热泵折算耗煤量计算：

$$B_r = \frac{Q}{COP} G_d \tag{6.1-15}$$

式中　B_r——热泵全年折算耗煤量，$kg/(m^2 \cdot a)$；

　　　Q——单位面积全年供热量，$MJ/(m^2 \cdot a)$；

　　COP——热泵性能系数；

　　　G_d——热电厂供电标准煤耗。

② 水泵等附属设备折算耗煤量计算：

$$B_{rf} = K B_r \tag{6.1-16}$$

式中　B_{rf}——附属设备耗电折算标准煤量，$kg/(m^2 \cdot a)$；

　　　K——比例系数，可取 0.15。

③ 燃气锅炉折算耗煤量计算:

$$B_{bg} = \frac{Q}{35588\eta_1\eta_2} \times 1.214 \qquad (6.1\text{-}17)$$

式中 B_{bg}——燃气锅炉天然气耗量折合标准煤量,$kg/(m^2 \cdot a)$;

  35588——天然气的低位发热量,kJ/m^3;

  η_1——燃气锅炉运行效率;

  η_2——热网输送效率;

  1.214——燃气折标系数。

燃气锅炉除了本身的能源消耗外,还有各种设备的电力消耗。总电力消耗转化为标准煤计算:

$$B = K_b Q G_d \qquad (6.1\text{-}18)$$

式中 B——电力消耗折算标准煤量,$kg/(m^2 \cdot a)$;

  K_b——比例系数,燃气锅炉取 0.04;

  G_d——热电厂供电标准煤耗。

3) 经济性分析

经济性分析可采用费用年值法计算,即以费用年值为目标函数的数学模型来研究供热系统的经济性。根据资金的时间价值理论,采用资本回收公式把供热系统的初投资折算到每一年并与运行费用相加即得到费用年值:

$$A_c = C_i\left[\frac{i(1+i)^n}{(1+i)^n-1}\right] + C_k \qquad (6.1\text{-}19)$$

式中 A_c——费用年值,元;

  C_i——初投资,元;

  i——回收系数,取 10%;

  n——寿命期;

  C_k——年运行费用,元。

水源热泵+燃气锅炉复合系统供热时单一热源承担的负荷定义如下:

$$Q' = Q_1 + Q_2 \qquad (6.1\text{-}20)$$

式中 Q'——系统设计热负荷;

  Q_1——水源热泵承担热负荷;

  Q_2——燃气锅炉承担热负荷。

$$\eta = \frac{Q_2}{Q'} \qquad (6.1\text{-}21)$$

式中 η——辅助系数,介于 0 和 1 之间。

随着辅助系数 η 的改变,水源热泵与燃气锅炉各自承担的负荷也相应改变。如果 η 值太小,则辅助热源就失去了意义。所以 η 值不应太小。

以某既有建筑改造计算为例,建筑寿命周期取值 20 年,则不同辅助系数下对应的费用年值曲线如图 6.1-4 所示。

由图 6.1-4 可知,辅助系数取值在 0~0.6 范围内。当 η 值小于 0.3 时,费用年值较大,并随着 η 值的增加,基本成等比例下降;当 η 值在 0.3~0.5 之间时,费用年值虽然在降低,但变化趋于平稳;当 η 值为 0.45 时,费用年值最低,经济性最好;η 值大于 0.5

之后，曲线又继续大幅度上升，这是因为投资的节省已经不能弥补运行费用的大幅度增加。从经济角度考虑，应选择费用年值最低值，其对应的 η 值为 0.45，此时经济性最好。从能耗角度考虑，η 值不宜太小。综合考虑，η 值取 0.45 为最佳。但实际工程要根据具体情况、具体要求灵活确定，不一定按费用年值最低取值。

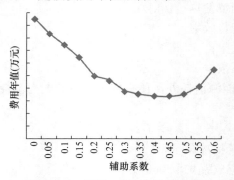

图 6.1-4　不同 η 值下的费用年值

（2）冷水机组＋地源热泵复合系统

1）冷水机组＋地源热泵复合系统运行方式

既有公共建筑中以冷水机组作为冷源，占有比例相对较大，能耗水平相比地源热泵略高。对于这类设置冷水机组的建筑，可采用与既有的地源热泵系统进行复合，亦可采用增设地源热泵系统，实现冷水机组＋地源热泵的耦合高效供能。本节以冷水机组＋土壤源热泵为例进行介绍。

冷水机组＋土壤源热泵复合系统的组成结构主要包括冷却塔、土壤源地埋管循环系统和热泵循环系统。土壤源热泵与冷却塔设备相结合，既可有效改善地源热泵系统的运行性能，减少地埋管数量，减少占地面积，平衡地埋管全年的放热量和吸热量，解决土壤的热积聚问题，又可使地源热泵系统的优越性能得到充分发挥，进而提升系统综合能效。

① 冷水机组与既有土壤源热泵系统复合形式

在既有公共建筑中，由于能源系统的多元化，不同功能区域常常采用单一的能源系统独立运行，若公共建筑中存在冷水机组与土壤源热泵系统或其他可再生能源系统时，可将两种系统复合耦合运行，如图 6.1-5 所示。

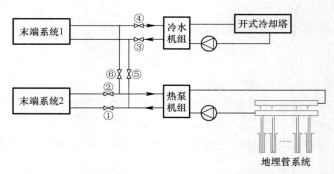

图 6.1-5　冷水机组＋土壤源热泵复合系统联合供冷系统流程图一

② 既有冷水机组增设土壤源热泵系统复合形式

冷水机组单独运行时，相比地源热泵系统，能耗偏高。此时可在原有单一系统的基础上，增设土壤源热泵系统，共同耦合运行，提升系统能效。实际改造过程中，可通过对能耗、经济性以及土壤换热平衡等关键因素进行详细分析，确定最佳运行策略，以使系统以最优状态运行，如图6.1-6所示。

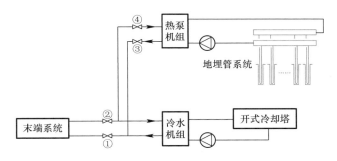

图6.1-6　冷水机组＋土壤源热泵复合系统联合供冷系统流程图二

2）土壤热平衡特性分析

对于地埋管地源热泵系统，通常所说的热失衡问题是指：冬夏地埋管换热器向土壤吸收和释放的热量不平衡，超过了土壤自身对热量的扩散能力，长期运行后多余的冷热量堆积在地埋管换热器周围，土壤温度出现上升或下降，不断偏离初始温度，长期运行下去，导致地埋管换热器换热效率下降。可以看到：热量的不平衡，最终体现在土壤温度变化上。现在，大多学者以土壤温度来判断土壤的热平衡，即地源热泵系统在运行一个循环周期后，土壤温度能够恢复到初始温度，则表示达到了热平衡。但影响土壤温度恢复的因素很多，包括土壤物性参数、气候条件、地埋管布置形式、系统运行方式以及建筑的负荷强度等。由于多种因素的存在，热平衡问题的研究显得较为复杂。

出现热不平衡主要有以下几个原因：

① 建筑夏季和冬季的冷热负荷差异大。在夏热冬冷地区，建筑夏季的峰值冷负荷大且供冷季长，冬季建筑的峰值热负荷较小且供暖季短。负荷强度和运行时间的差异决定了在夏热冬冷地区冷热负荷的差异。但同时，地源热泵系统土壤的热不平衡率不等于建筑冷热负荷的不平衡率。夏季热泵机组通过地埋管换热器向土壤释放的热量还包括机组的散热，而冬季热泵机组向土壤吸收的热量应为热负荷减去机组的散热。因而，这使得夏热冬冷地区土壤的热不平衡率大于建筑冷热负荷的不平衡率。

② 地埋管换热器的布置也会影响土壤热量的扩散。根据地埋管换热器向土壤散热的过程可以知道，系统运行时热量是通过地埋管换热器内循环水通过强制对流换热传递出去。而在地源热泵系统停止运行期间，土壤是通过自然传热过程将热量扩散出去。当地埋管换热器间距较小时，土壤热扩散半径小，使得热量堆积在埋管区域。当地埋换热器布置数量过少时，由于负荷强度大，从而热量很快堆积在埋管周围，周围土壤温度会急剧上升。

③ 对地源热泵系统的运行管理不善。如对于复合式地源热泵系统，在供冷时，当建筑负荷增大后，因操作复杂而不及时开启调峰设施。

同时，土壤的热不平衡问题与土壤的热扩散有关。土壤的散热包括地下水迁移带走的热量和土壤热传导所带走的热量，而散热的对象都是大地，由于大地本身具有足够大的容积，大地对土壤温度有一定的自调节能力，使土壤的温度逐渐逼近初始温度。因而要正确理解地源热泵系统热平衡的本质，大地的自调节能力是不能忽略的。若不能正确理解热平衡的意义，在工程实施中可能会采取一定的技术措施来保证大地的热平衡。为此，在采取不同的措施来降低热不平衡率的同时，还应该对大地的自调节能力进行分析，从而降低系统的初投资。

本书以南京市某既有医院建筑住院大楼为例，分析24h需连续供冷（热）的建筑的负荷特征。南京市某医院住院大楼建筑面积 18389.31m²，空调面积 14700m²。建筑共 12 层，均为病房、办公室和手术室。

建筑通过全年逐时负荷计算。供冷时间为 6 月 1 日到 9 月 30 日，供暖时间为 12 月 1 日到次年 2 月 28 日。全年累计的冷负荷 1.71×10^6 kWh，全年累计热负荷 0.9×10^6 kWh，建筑的冷热负荷不平衡率为 1.9∶1。为了分析建筑的负荷特征，将冷负荷分为负荷率为 12.5%、25%、37.5%、50%、62.5%、75%、87.5%、100%共 8 个区域段，对建筑不同负荷率的分布进行详细的分析。

根据表 6.1-5~表 6.1-7 的分析，6 月建筑负荷率多数在 50%以下，7 月和 8 月负荷率多数在 37.5%~75%，9 月负荷率多数在 0~37.5%。同时，6 月和 9 月负荷率超过 75%的时间极少。从季节上看，6 月和 9 月的冷负荷较低，而 7 月和 8 月的冷负荷较高。在室外湿球温度较低的情况下有利于冷却塔的运行，即在 6 月和 9 月冷负荷小，同时有利于冷却塔的运行。

建筑不同负荷率下累计小时分布值（单位：h）　　　　表 6.1-5

制冷时间	负荷率							
	12.50%	25.00%	37.50%	50.00%	62.50%	75.00%	87.50%	100%
6 月	152	178	163	134	68	36	9	—
7 月	12	61	171	142	170	79	67	38
8 月	30	122	141	192	138	52	41	32
9 月	208	305	130	58	21	9	5	—

建筑白天不同负荷率累计小时分布值（单位：h）　　　　表 6.1-6

制冷时间	负荷率							
	12.50%	25.00%	37.50%	50.00%	62.50%	75.00%	87.50%	100%
6 月	72	89	65	82	49	36	9	—
7 月	4	23	72	94	103	78	59	38
8 月	12	56	64	98	96	47	41	32
9 月	82	188	61	52	21	9	5	—

建筑夜间不同负荷率累计小时分布值（单位：h）　　　　表 6.1-7

制冷时间	负荷率							
	12.50%	25.00%	37.50%	50.00%	62.50%	75.00%	87.50%	100%
6 月	80	89	98	52	19	—	—	—
7 月	8	38	99	48	67	1	8	—
8 月	18	66	77	94	42	5	—	—
9 月	126	117	69	6	—	—	—	—

经过以上分析，可以得到以下几点：

① 对于医院类建筑，住院大楼夏季需要全天供冷，即负荷持续性强。因而若采用常

规地源热泵系统，即使夜间负荷率较低，地源热泵系统也无停机时间，即无间歇时间，最终将导致系统瘫痪而无法使用，此时采用复合式地源热泵系统较为合适。

② 在过渡季节，即 6 月和 9 月，建筑负荷率基本在 50% 以下，且此时室外空气温度较低，有利于冷却塔的运行，因此在过渡季节采用冷却塔单独运行是完全可以的，这正好为地埋管系统提供了土壤温度恢复的时间。

③ 根据夜间不同负荷率累计小时分布值可知，建筑的冷负荷比白天低，总体上建筑的夜间负荷率在 62.5% 以下。同时，夜间室外空气温度比白天低，系统控制策略可以与过渡季节一样，完全由冷却塔单独运行。

经过以上负荷特征的分析，对于负荷特征为 24h 需要供冷的医院类建筑，给出如下 3 种方案：方案 1 为只采用地源热泵系统单独运行；方案 2 为采用冷却塔＋地源热泵复合系统，但是冷却塔负荷值为总负荷与地源热泵承担的负荷差值；方案 3 同样为采用冷却塔＋地源热泵复合系统，但加大了冷却塔容量。具体方案形式见表 6.1-8。

三种方案分析 表 6.1-8

	具体系统形式	土壤全年热不平衡率分析
方案 1	采用地源热泵系统单独提供建筑冷量，则地埋管换热器钻孔长度及钻孔数应按照夏季负荷确定，则夏季地埋管承担的负荷为 1700kW	热不平衡率为 2.92
方案 2	采用冷却塔＋地源热泵复合系统耦合运行，则地埋管换热器钻孔长度及钻孔数应按照冬季负荷确定，此时，夏季地埋管承担的负荷为 1000kW，冷却塔所承担冷负荷为 700kW	热不平衡率为 1.49
方案 3	采用冷却塔＋地源热泵复合系统耦合运行，考虑在过渡季节和夜间为地埋管换热器周围土壤温度提供恢复时间，减小土壤全年热不平衡率，此时冷却塔独立运行，但同时必须满足该时段的负荷需求。根据负荷特征分析，在过渡季节和夜间，建筑的负荷率不超过 62.5%。则地埋管换热器钻孔长度及钻孔数应按照冬季负荷确定，而同时考虑冷却塔在过渡季节和夜间的负荷要求，为 1100kW	热不平衡率为 1.21

由表 6.1-8 可知，系统吸热、排热对土壤温度场造成的变化可通过土壤的蓄热、传热以及热衰减等加以恢复，可达到季节性热平衡。则对比以上三种方案，采用辅助冷却塔复合式地源热泵系统后，土壤的热不平衡率会大大降低，有利于系统的运行。

3）复合系统运行数学模型

竖直地埋管换热器的供冷、供热埋管长度可按下式计算：

供冷埋管长度 L_c：

$$L_c = \frac{1000 Q_c [R_f + R_{pe} + R_b + R_s + F_c + R_{sp} \times (1-F_c)]}{(t_{max} - t_\infty)} \left(\frac{EER + 1}{EER} \right) \quad (6.1\text{-}22)$$

供热埋管长度 L_h：

$$L_h = \frac{1000 Q_h [R_f + R_{pe} + R_b + R_s + F_h + R_{sp} \times (1-F_h)]}{(t_\infty - t_{min})} \left(\frac{COP - 1}{COP} \right) \quad (6.1\text{-}23)$$

式中　Q_c——热泵机组额定冷负荷，kW；

　　　R_f——传热介质与 U 形管内壁的对流换热热阻，m·K/W；

R_{pe}——U 形管的管壁热阻，m·K/W；

R_b——钻孔灌浆回填材料的热阻，m·K/W；

R_s——地层热阻，m·K/W；

R_{sp}——短期连续脉冲负荷引起的附加热阻，m·K/W；

F_c——制冷运行份额，全制冷季运行时取 1；

t_{max}——制冷工况下，地埋管换热器中传热介质的设计平均温度，通常取 37℃；

t_∞——埋管区域岩土体的初始温度，取平均地下温度，近似等于年平均空气温度；

EER——热泵机组制冷性能系数；

Q_h——热泵机组额定热负荷，kW；

F_h——供热运行份额，全供热季运行时取 1；

t_{min}——供热工况下，地埋管换热器中传热介质的设计平均温度；

COP——热泵机组供热性能系数。

最终埋管长度取二者之中的小值，即 $L = min(L_c, L_h)$。

对于冷水机组＋地源热泵系统，由于冷负荷大于热负荷，故系统埋管长度以满足供热要求来确定，即取 L_h。在实际运行过程中，为了平衡全年埋管从土壤中的取、放热量，必须综合考虑实际运行负荷、运行时间、机组性能及系统控制策略等因素以确定冷却塔的制冷容量。Kavanaugh 提出的计算式为：

$$Q_{cooler} = Q_{system} \frac{L_c - L_h}{L_c} \tag{6.1-24}$$

式中　Q_{cooler}——辅助散热装置的设计散热能力，W。

Q_{system}——整个系统夏季的排热量，W，此处取 Q_c。

对于本书所述系统，TRNSYS 模块库中均有与之对应的 TYPE，在 ⅡSiBat 界面上直接调用并依据具体选型输入相应设备参数即可。要建立一个系统数字仿真器，首先需要建立其各组成部分的数学模型，然后根据具体的仿真对象，确定模型中的所有参数，并按照实际系统的设备布置情况，利用一定的方式将所有的数学模型串接起来，形成闭式计算回路，然后进行仿真调试，当整个系统每个时刻计算收敛后，系统仿真器也就建立完成了。

以某地区项目为例，该项目热泵机组额定冷负荷为 164kW，热泵机组额定热负荷为 118.5kW。$t_{max}=37℃$，$t_\infty=17℃$，$EER=3.4$，$COP=3.7$。

则 $L_c=9996m$，$L_h=5411m$，$L=L_h=5411m$，冷却塔容量 $Q=75kW$。

用于冷水机组＋地源热泵系统控制策略研究的方案分为三种：热泵进口流体最高温度控制、温差控制和控制冷却塔开启时间。在温差控制下，考虑以下三种方案进行比较：

方案 a：当热泵进口流体温度与周围环境空气湿球温度差值大于 2℃时，启动冷却塔及其循环水泵，直到该差值小于 1.5℃时关闭；

方案 b：当热泵进口流体温度与周围环境空气湿球温度差值大于 8℃时，启动冷却塔及其循环水泵，直到该差值小于 1.5℃时关闭；

方案 c：当热泵出口流体温度与周围环境空气湿球温度差值大于 2℃时，启动冷却塔及其循环水泵，直到该差值小于 1.5℃时关闭。

4）冷水机组＋土壤源热泵复合系统运行策略

冷水机组＋土壤源热泵复合系统运行策略，应根据建筑物负荷特征、系统容量等情况综合分析，本书提出如下运行控制策略，但不同建筑应根据实际情况具体分析。

① 初夏，采用冷却塔作为单独冷源供机组运行。由于室外温度不是很高、冷负荷的需求不是很大，有利于冷却塔的高效率运行，并且减少了地埋管的运行时间，有利于地埋管周围土壤的温度场恢复。

② 供冷中期，采用冷水机组＋土壤源热泵复合系统共同作为系统冷源，耦合运行。

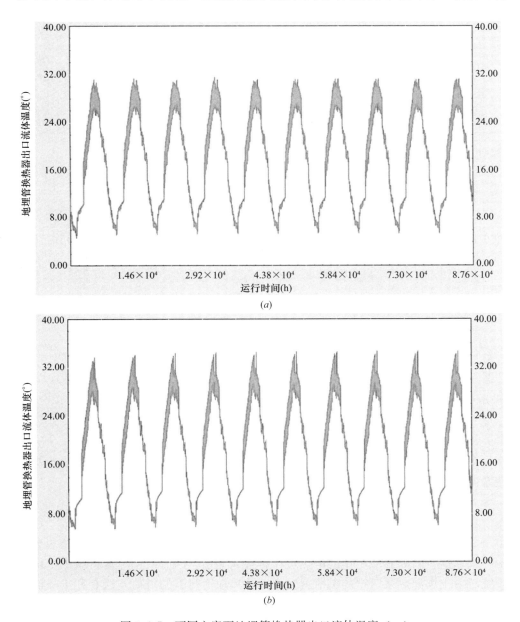

图 6.1-7 不同方案下地埋管换热器出口流体温度（一）

(a) 方案 a 条件下地埋管换热器出口流体温度；(b) 方案 b 条件下地埋管换热器出口流体温度

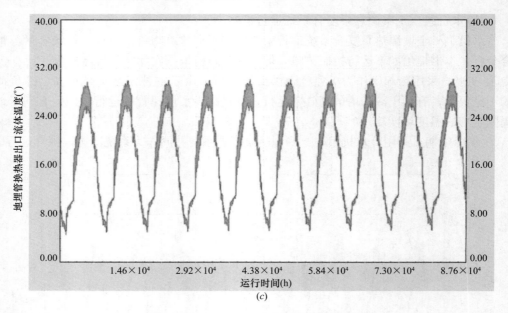

图 6.1-7　不同方案下地埋管换热器出口流体温度（二）

（c）方案 c 条件下地埋管换热器出口流体温度

③ 在夏末秋初，采用冷却塔作为单独冷源供机组运行。

冷水机组＋土壤源热泵复合系统的调节控制，可以按照以下策略控制不同运行工况：

（a）冷却塔作为单独冷源运行时，运行条件为：

$$T_s \leqslant T'_s$$
$$mc(T_c - T_j) \leqslant Q_l(T_s) \tag{6.1-25}$$

式中　T_s——室外湿球温度，℃；

T'_s——冷却塔出水温度，℃；

T_c——热泵机组冷凝侧冷却水出水温度，℃；

T_j——热泵机组冷凝侧冷却水进水温度，℃；

m——热泵机组冷凝侧实时水流量，kg/s；

Q_l——冷却塔实时放热量，kW。

（b）冷却塔和土壤源热泵同时作为冷源运行

在以上分析中可以知道，在运行过程，系统控制会从冷却塔单一冷源变为冷却塔和土壤源热泵同时运行，具体策略如下：

$$T_s \leqslant T'_s$$
$$mc(T_c - T_j) > Q_{ms} \tag{6.1-26}$$

由于冷却塔的散热效果不受时间累积影响，只受室外气象影响，而土壤源热泵在运行过程中，却和运行时间和所负担的散热负荷有很大关系，因此采用冷水机组＋土壤源热泵复合系统时，土壤源热泵负担的负荷就会少于其单独运行下的负荷，这有利于降低埋管的出水温度，恢复土壤的换热平衡。

（3）集中供热系统调峰热源复合系统

北方地区既有建筑中，以市政热源作为主要的供暖热源，占有比例相对较大，且大部分都采用分项热计量。而燃气锅炉通常作为供暖、消毒、空调加湿等热源，但供暖比例相对较小。对于这类冬季主要通过市政供暖并且设置燃气锅炉的公共建筑，可采用二级网调峰复合供热技术。实现市政热源＋燃气锅炉调峰的耦合高效供能。本节以二级网设置燃气锅炉调峰为例进行介绍。

1）二级网设置调峰锅炉连接方式

二级网设置调峰锅炉这种联合供热技术一部分是以市政热源提供的热量通过换热器送到用热末端，承担供暖的基础负荷；另一部分在二次侧以燃气锅炉通过换热器进行调峰。其运行方式如图 6.1-8 所示。

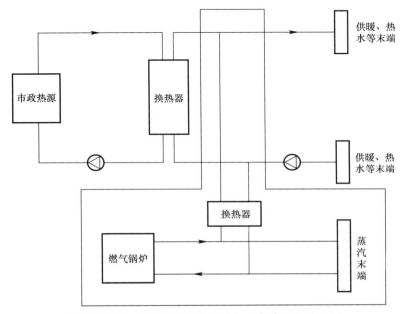

图 6.1-8　市政热源与燃气调峰锅炉复合运行流程图

二次网侧设置调峰热源的供热系统的特点：

① 市政热源在初期和末期承担总的热量，在中期能量不足时，也可承担 70％～80％ 的热量，燃气调峰锅炉承担 20％～30％ 的热量，整个供暖季节市政热源恒定供热，可以保证较高的供热效率。

② 二次网上的燃气调峰热源可随季节变化，根据热源需求变化灵活调节供热负荷。

③ 当市政供热网出现故障，不能正常供热时，燃气调峰锅炉至少可以提供一定的热量，避免供暖建筑的冻害，提供基本的供热量，提高了供暖系统的抗风险能力。

④ 可减少一级热网的调节量，减少水力失调损失，节约过剩热量。

2）经济性分析

热网＋燃气调峰锅炉房复合能源形式的经济费用包括：初投资和运行费用。其中初投资又包括燃气调峰锅炉房初投资、一次网初投资和热力站初投资。

① 初投资分析

（a）燃气调峰锅炉房初投资（f_{tf}）

燃气调峰锅炉房初投资由设备费、建造费和安装费三部分组成。调峰热源的初投资应根据具体方案、设备进行预算，本书参考了某燃气锅炉厂家的设备报价和建造、安装指标，可根据具体方案调整。

设备费如表6.1-9所示。

不同容量燃气锅炉费用表 表6.1-9

设备容量（MW）	4.2	7	10.5	14
设备费（万元）	42.8	65.5	89.6	119.5

根据表6.1-9的数据，将设备费看成是设备容量的函数，利用excel把两者拟合成二次多项式，为：$y=0.051x^2+6.795x+13.951$，式中x的取值由调峰锅炉的设计热负荷Q'_{tf}决定，因此也和设计调峰系数θ'有关，理论上只要采取最合理的调峰系数就能最大限度地达到节能目的。

建造费：1000元/m²。

安装费：130元/m²。

其中，燃气调峰锅炉房建筑面积指标如表6.1-10所示。

燃气调峰锅炉房建筑面积指标 表6.1-10

设备配置	4.2MW（3台）	7MW（2台）
建筑面积（m²）	880	1040

注：参考《锅炉房实用设计手册》。

（b）换热站初投资（f_{re}）

换热站初投资包括：建筑安装工程费和设备购置费。

本书采用的热水换热站造价估算指标见表6.1-11。

热水热力站（板式换热器）造价估算指标 表6.1-11

供热规模（万m²）	5	10	15	20	25	30
建筑安装工程费（万元）	35	41	46	50	55	62
设备购置费（万元）	40	55	66	82	91	112
合计（万元）	75	96	112	132	146	174

将供热规模视为自变量x，安装工程费和设备费合计视为y，拟合成二次多项式，则函数式为：$y=0.0193x^2+3.125x+60.5$，x的值由供热规模决定，也和主热源承担的热负荷Q'_{jb}有关。

（c）一次网初投资（f_{yi}）

一次网初投资包括：建筑安装工程费、设备购置费、工程建设其他费用和基本预备费。本书采用的一次网估算指标见表6.1-12。

直接敷设、间接连接热水网指标 表6.1-12

供热规模（万m²）	100	200	300	400
建筑安装工程费（万元）	4646.2	6696.6	8418.1	10961.7
设备购置费（万元）	547.1	923.1	1301.5	1821.1
其他费用（万元）	519.3	761.9	971.9	1278.2
基本预备费（万元）	457.1	670.5	855.3	1124.8
合计（万元）	6169.7	9052.1	11546.9	15185.8

将供热规模视为自变量x，安装工程费等费用合计视为y，拟合成二次多项式，则函

数式为：$y=0.0189x^2+20.087x+4048.5$，$x$ 的值由供热规模决定，和主热源承担的热负荷 Q'_{jb} 有关。

② 运行费用分析

（a）燃料费（f_1）

$$f_1=b_h \times Z_g \times Q_{a2}+b_h \times Q_{a1} \times Z_y \qquad (6.1\text{-}27)$$

式中　f_1——燃料费，元；

　　　b_h——热能生产燃料耗率，kg/GJ（m^3/GJ）；

　　　Q_{a2}——调峰热源年耗热量，GJ；

　　　Q_{a1}——主热源年耗热量，GJ；

　　　Z_y——燃煤价格，元/t；

　　　Z_g——天然气价格，元/m^3。

（b）水费（f_2）

$$f_2=G_{mu} \times Z_w \times Q_a \qquad (6.1\text{-}28)$$

式中　f_2——水费，元；

　　　G_{mu}——补给水量指标，按 $b_h=0.5\sim0.7$kg/GJ 计算；

　　　Q_a——热源年总供热量；

　　　Z_w——水价，元/kg。

（c）材料费（f_3）

$$f_3=1.15f'_2 \qquad (6.1\text{-}29)$$

式中　f_3——材料费，元；

　　　f'_2——水费，元/GJ；

（d）电费（f_4）

$$f_4=e_h \times Z_d \times Q_a \qquad (6.1\text{-}30)$$

式中　f_4——电费，元；

　　　e_h——热能生产耗电率，按 $7\sim8$kWh/GJ 计算；

　　　Q_a——热源年总供热量；

　　　Z_d——电价，元/kWh。

（e）工资福利费（f_5）

$$f_5=\text{人年均工资值}\cdot\text{人员定额}\cdot(1+\text{福利系数})\cdot(1+\text{劳保统筹系数})/$$
$$\text{设备月运行小时数}\cdot Q_a$$

人年均工资值的单位为元/（人·月），在计算可采用 1500 元/（人·月），人员定额的单位为人/GJ，在计算中可采用 1 人/GJ；福利系数可按 14% 计算，劳保统筹系数可按 17% 计算。所以，f_5 的表达式可以写成：

$$f_5=18000 \cdot 1.14Q_a \cdot 1.17/\tau_y \cdot Q_a \qquad (6.1\text{-}31)$$

式中　f_5——工资福利费，元；

　　　Q_a——热源年总供热量；

　　　τ_y——设备月运行小时数，h。

（f）大修费（f_6）

$$f_6=\text{固定资产原值}\cdot\text{大修率}/\text{设备年运行小时}\cdot Q_a$$

固定资产原值可按锅炉房建设投资来计算，单位是元/GJ，在计算中可采用 10 万～12 万元/GJ；大修率可按 2.5% 计算；锅炉设备的年运行小时数，在计算中采用实际锅炉年运行小时数。所以，f_6 的表达式可以写成：

$$f_6 = (10 \sim 12) \, Q_a \cdot 0.025/\tau_n \cdot Q_a \qquad (6.1\text{-}32)$$

式中　f_6——大修费，元；

　　　Q_a——热源年总供热量；

　　　τ_n——设备年运行小时数，h。

（4）太阳能＋地源热泵复合系统

在北方地区既有公共建筑中（如酒店、学校），采用地源热泵系统作为冷热源。对于这类公共建筑，夏季工况下，太阳能系统经常处于盈余状态，尤其对于学校类型的建筑放假期间太阳能更是处于空歇状态。此时可以考虑增加太阳能系统与地源热泵复合运行，冬季可减少地源热泵的取热量，为实现土壤的热平衡提供有利条件。实现太阳能＋地源热泵复合系统的耦合高效供能。

1）复合系统运行方式

① 冬季供暖工况下的联合运行模式

（a）先地埋管换热器后集热器的串联方式

这种方式为从蒸发器出来的流体先经过地埋管换热器吸热，再进入太阳能集热器吸热升温后进入热泵蒸发器，如图 6.1-9 所示。

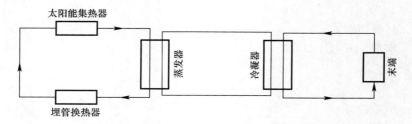

图 6.1-9　先地埋管后集热器的流程简图

（b）先集热器后地埋管换热器的串联方式

这种方式为从蒸发器出来的流体先经过太阳能集热器吸热，再进入地埋管换热器吸热升温后进入热泵蒸发器，如图 6.1-10 所示。

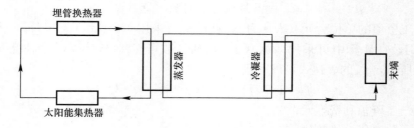

图 6.1-10　先集热器后地埋管的流程简图

（c）集热器和地埋管换热器的并联方式

这种方式为从蒸发器出来的流体同时进入太阳能集热器和地埋管换热器吸热后再进入

热泵蒸发器。这种方式的特点在于二者流量分配比例的不同会有多种情况，如图 6.1-11 所示。

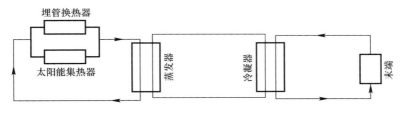

图 6.1-11　集热器与地埋管并联的流程简图

② 冬季供暖工况下的交替运行模式

冬季供暖工况下的交替运行模式是指系统供热以太阳能为主，地源热泵为辅。白天采用太阳能集热器给热泵系统提供热源，夜间或者阴天改用地源热泵供暖。在这种运行模式下，地源热泵系统的连续运行时间大幅度减少，土壤温度场在白天使用太阳能供暖时能够得到一定程度的恢复，从而保证了地源热泵系统的运行效率能够维持在一个较高的水平上。同时，地源热泵系统中的埋管换热器能实现土壤蓄热的功能，可以省去或减小储热水箱的容量。

③ 夏季制冷工况下的土壤蓄热运行模式

在夏季制冷运行工况下，由于太阳能集热器只能作为热源使用，无法实现制冷运行，因此系统的运行模式和冬季供暖工况完全不同。对于我国北方严寒地区，冬季供暖负荷远大于夏季制冷负荷，单独的地源热泵系统完全能够满足建筑的制冷负荷需求。此时，太阳能集热器的主要功能是将整个夏季富余的太阳能热量通过埋管换热器储存在地下土壤中，以供冬季使用。

2）优化运行方式分析

① 复合系统的组合流程构建

太阳能＋土壤源热泵复合系统可通过 Matlab 编制程序，在计算机上进行数值模拟。

（a）先地埋管后集热器的串联方式流程框图如图 6.1-12 所示。

（b）集热器与地埋管并联方式流程框图如图 6.1-13 所示。

选取严寒地区某城市供暖季的典型日，室外计算干湿球温度逐时变化数值如表 6.1-13 所示。

太阳能作为该系统的主要热源之一，其中的太阳辐射强度对系统的经济性及运行特性起着决定性的作用。在典型日太阳能辐射强度下，每平方米集热器吸收的辐照量如图 6.1-14 所示，典型日的瞬时负荷值如图 6.1-15 所示。

由图 6.1-15 可知，9：00～15：00 这段时间内，热负荷随辐射强度的增强而逐渐减小，之后辐射强度减弱，热负荷随之逐渐增大，在辐射强度最大时没有达到最小值，可知变化在时间上存在一定的延迟性。

（c）模拟初始参数（见表 6.1-14）

② 各组合系统优化分析

（a）先地埋管后集热器的串联方式

由图 6.1-16 可知，虽然曲线在时间段内呈现不规则的变化，但是就整体趋势来看为

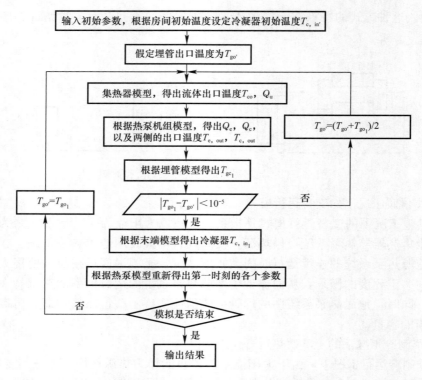

图 6.1-12　先地埋管后集热器的串联流程图

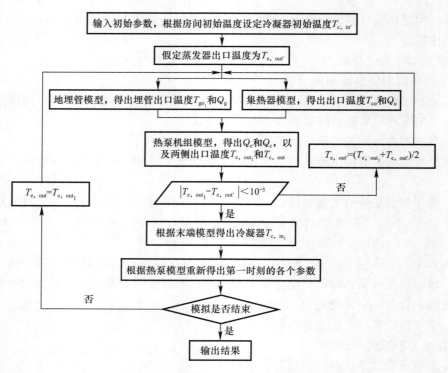

图 6.1-13　地埋管与集热器的并联流程图

典型日干湿球温度数值表 表 6.1-13

时间	干球温度 (℃)	湿球温度 (℃)	时间	干球温度 (℃)	湿球温度 (℃)	时间	干球温度 (℃)	湿球温度 (℃)	时间	干球温度 (℃)	湿球温度 (℃)
1	−13.7	−15.3	7	−14.8	−17	13	−8.7	−13.7	19	−8.1	−12.6
2	−14.2	−15.3	8	−14.8	−17	14	−7	−13.1	20	−9.8	−13.1
3	−14.2	−15.9	9	−14.2	−16.4	15	−5.9	−12.6	21	−10.3	−13.7
4	−14.8	−15.9	10	−12.6	−15.9	16	−5.3	−12	22	−11.4	−14.2
5	−14.8	−16.4	11	−11.4	−14.8	17	−5.3	−11.4	23	−12	−14.2
6	−14.8	−16.4	12	−9.8	−14.2	18	−6.4	−12	24	−12.6	−14.8

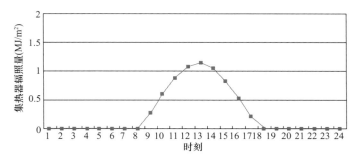

图 6.1-14 典型日集热器辐照量变化曲线

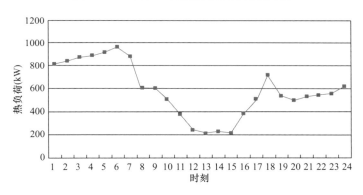

图 6.1-15 典型日瞬时负荷变化曲线

初始参数值 表 6.1-14

参数	数值	单位
全天辐射量	15438000	J/(m² · d)
全天散射辐射量	3860000	J/(m² · d)
集热器的面积	888	m²
土壤导热系数	1.1	W/(m · K)
钻孔深度	100	m
土壤初始温度	11	℃
U 形管内径	0.032	m
管内流体与管内壁间的对流换热系数	2236.6	W/(m² · ℃)
U 形管外径	0.040	m
管材导热系数	0.48	W/(m · ℃)
钻孔直径	0.150	m

参数	数值	单位
U 形管当量直径	0.050	m
回填材料的导热系数	2.6	W/(m·℃)
土壤比热容	815	J/(kg·℃)
热交换井的半径	0.075	m
水箱总水量	56000	kg
循环流体的比热容	4200	J/(kg·℃)
水箱散热面积	104	m²
水箱热损失系数	3	W/(m²·℃)

先下降后上升。在 9：00 之前，埋管换热器的吸热量受末端负荷影响比较大，由于这段时间负荷值比较大，所以埋管吸热量也比较大，即日照开始前吸热量最大；之后随着日照强度不断增大，且热负荷不断减小，埋管吸热量渐渐减小，在 14：00 达到最小；之后随着太阳辐射强度的不断减小，负荷的不断增大，埋管吸热量又呈现上升趋势，但上升趋势变缓。

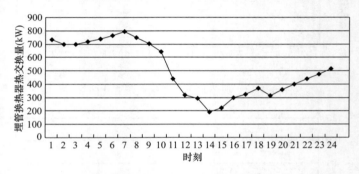

图 6.1-16　埋管换热器热交换量随时间的变化曲线

由图 6.1-17 可见，热泵机组的 COP 具有先减小后增大而后再减小的趋势。此趋势也分为三个时间段：在 9：00 之前，由于没有集热器提供热量，且建筑物热负荷也较大，随热泵开机运行时间的增加使地下吸热量逐渐减小，从而热泵机组的 COP 降低；在 9：00～16：00 这段主要日照时间内，由于太阳能集热器吸热量的增加，且此时建筑物热负荷较小，热泵蒸发器进口流体温度会增加，蒸发温度上升，所以热泵机组的 COP 呈现出上升趋势；在 16：00 之后，光照减弱，建筑物热负荷相应增大，从蒸发器出来的水温有所降低，虽然进入埋管的水温降低，温差增大，使地源侧吸热量虽有增加，但增加程度不大，此时耗功量相应增加，所以热泵机组的 COP 逐渐减小。

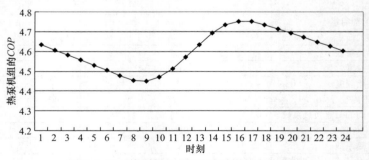

图 6.1-17　热泵机组 COP 随时间的变化曲线

由图 6.1-18 可知，系统 COP 都在 3.55 以上。与传统的空气源热泵和常规能源锅炉供暖系统相比，节能效率更高。并且该供暖系统的供暖 COP 比较恒定，在几乎没有太阳辐射强度时，关闭太阳能集热系统，单独用土壤源热泵供暖，系统 COP 也能保持在 3.8 左右。在 11：00～14：00 之间，太阳能辐射强度较大时，虽然蒸发器进口水温达到最大值，可此时房间热负荷达到全天的最小值，热泵机组虽然有较高的制热能力，但是房间消耗不了这么多热量，从而会反过来影响热泵机组的制热效率，但整体还是处于上升趋势。

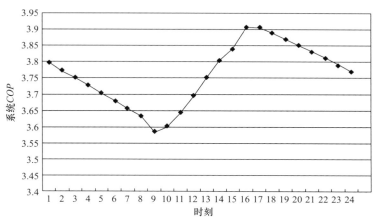

图 6.1-18　系统 COP 随时间的变化曲线

（b）地埋管和集热器的并联方式

在太阳能＋土壤源热泵复合系统的并联方式中，从蒸发器出来的载热流体通过分流分别进入地埋管换热器和太阳能集热器，二者再通过汇合进入蒸发器，这种方式称之为并联。在总流量一定的条件下，不同的分流比使得汇合时的流体温度也不同，即进入蒸发器的温度不同，从而影响热泵的运行效率。

为此，本书通过建立不同的分流比，对并联情况进行分析，不同的分流比按 $S=0.3$，0.4，0.5，0.6，0.7 来取，其中 S 表示进入地埋管换热器的流量与总流量的比值。不同并联模式下蒸发器出口温度、进口温度、热泵机组 COP 及系统 COP 随时间变化由线见图 6.1-19～图 6.1-22。

从图 6.1-19 可以看出，各个分流比的蒸发器出口温度随时间变化趋势一致，并且分流比越大，温度越高。在 9：00 出口温度达到最低，之后随着日照强度的不断加大，蒸发器出口温度变化明显，都呈上升趋势，但是不同的分流比导致地埋管换热器的进出口温差有很大差别，由地埋管换热器出口温度随时间变化曲线可知，随着分流比的不断增加，地埋管进口温度不断增加，而出口温度逐渐减少，即随着分流比的增加，地埋管进出口温差逐渐减小，较大的温差容易导致流体在流动过程中热损失增加，以及热短路现象明显，所以，进入地埋管的载热流体流量不宜过低，在图 6.1-19 可以看出，当流量在 $S=0.6$ 和 $S=0.7$ 之间时，变化幅度已经不是很大，所以取 $S\geqslant0.6$ 时作为地埋管理想的流量值。

从图 6.1-20 可以看出，各个分流比的蒸发器进口温度随时间变化趋势一致，并且分流比越大，温度越高。在 9：00 的进口温度达到最低，是因为还没有集热器集热的缘故。之后随着日照强度的不断加大，蒸发器进口温度变化明显，都呈上升趋势，其中流量越大，温度越高，是由于分流比越大，则进入集热器的流量越少，载热流体的温升效果越明显。但在 $S=0.5$ 之后，蒸发器进口温度的变化幅度逐渐开始变缓，虽然分流比越大对热泵效率越好，但是这种影响是逐渐减小的。

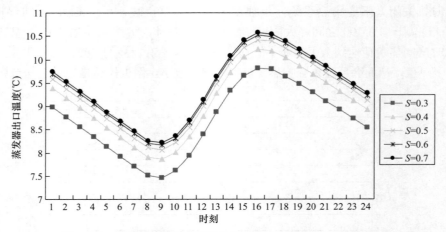

图 6.1-19　不同并联模式下蒸发器出口温度随时间的变化曲线

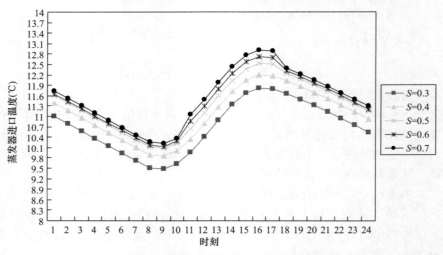

图 6.1-20　不同并联模式下蒸发器进口温度随时间的变化曲线

由图 6.1-21 可见，在各种分流比的并联方式下，热泵机组的 COP 值变化趋势一致，具有先减小后增大而后再减小的趋势。并且在 $S=0.7$ 的情况下 COP 最高。这是由于在 $S=0.7$ 时，蒸发器进口温度也最高。在 9：00 之前，由于没有集热器提供热量，且建筑物热负荷也较大，而随热泵开机运行时间的增加使地下吸热量逐渐减小，从而热泵机组的 COP 降低；在 9：00～16：00 这段主要日照时间内，由于太阳能集热器吸热量的增加，且此时建筑物热负荷较小，热泵蒸发器进口流体温度会增加，蒸发温度上升，所以热泵机组的 COP 呈现出上升趋势。且随太阳辐射强度的不同，上升幅度也会不一样，太阳辐射强度越大，集热效率越高，则改善效果越好。

由图 6.1-22 可知，系统 COP 都在 3.2 以上。并且在 $S=0.7$ 的情况下 COP 最高。所以综上所述，不同的分流比例对系统运行有着很大的影响，在不同分流比例的并联运行模式下，流经埋管换热器的循环水流量越大，埋管换热器和热泵机组的运行效率就越高，而太阳能集热器的运行效率则越低，但是流量增加到一定程度时，变化的幅度会降低。所以，综合考虑系统的整体运行情况，最好设置分流比例 $S \geqslant 0.6$（最好低于 0.8）。

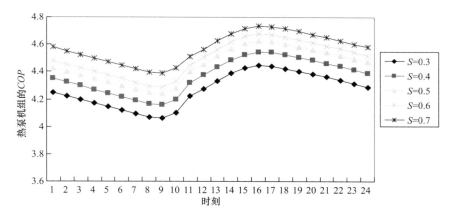

图 6.1-21　不同并联模式下热泵机组的 COP 随时间的变化曲线

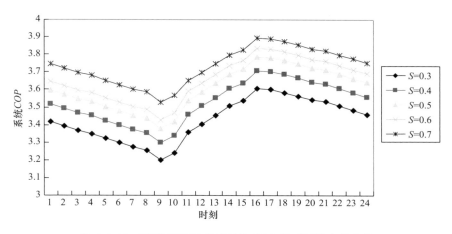

图 6.1-22　不同并联模式下系统 COP 随时间的变化曲线

（c）各种运行方式的比较

根据以上模拟结果分析可知，对于不同分流比的并联方式而言，通过上述比较得出，分流比越大，效果越明显，但是随着分流比的不断增加，系统效率增加幅度有所降低，所以以分流比 $S = 0.6$ 的并联方式与地埋管串联太阳能集热器的方式进行比较分析。从系统的节能性方面来分析得出最优模式，为系统设计分析提供一定的理论参考。

由图 6.1-23 和图 6.1-24 知，两种方式在整个时间段运行曲线趋势一致，在 9：00 之前，热泵机组 COP 是逐渐减小的，这是因为随热泵的运行地埋管吸热量减小从而影响了热泵机组 COP。在 9：00~16：00 这段时间内热泵机组 COP 有上升趋势，此时由于太阳能集热器热量的辅助补充，并且这段时间内末端热负荷是逐渐减小的，使热泵机组的耗功量减小而使得热泵机组 COP 有增大的趋势；16：00 之后建筑物热负荷趋于增大而且没有集热器热量的补充，同时由于热泵机组运行时间长的原因，故热泵机组 COP 开始下降。

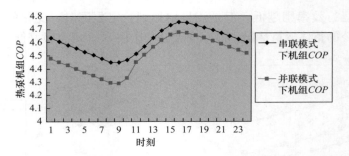

图 6.1-23　串并联模式下热泵机组 COP 随时间的变化曲线

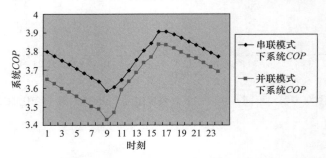

图 6.1-24　串并联模式下系统 COP 随时间的变化曲线

综上分析可以得出：从整个运行时间来看，先地埋管后集热器的串联方式与 $S=0.6$ 的分流比的并联方式所对应的 COP 随运行时间变化规律一致，且在量值上相差不大。但是从节能角度来讲，串联方式相对更好一些，也更稳定一些；对于并联运行模式，集热器侧的流量不宜过大，在满足集热器正常工作条件下，应适当增大埋地盘管侧的循环介质流量，以有利于增强地下侧的换热效果。所以就综合效果而言，先地埋管后集热器的串联方式因其节能性与运行效果好，且设计与控制简单而可作为最优方案。

6.2　大型公共建筑冷热源系统协同优化升级改造技术

6.2.1　余热、废热回收再利用升级改造技术

既有公共建筑中存在着丰富的余热资源，如制冷机组的冷凝热量、空调系统的排风热量、锅炉烟气余热等，因此充分利用既有公共建筑余热，是既有公共建筑能源系统优化设计与能效提升关键技术体系的主要内容之一。

余热资源是指在目前条件下有可能回收和重复利用而尚未回收利用的那部分能量。它不仅取决于能量本身的品位，还取决于生产发展情况和科学技术水平。也就是说，利用这些能量不仅在技术上应是可行的，在经济上也必须是合理的。

1. 制冷机组冷凝热回收技术

在常规公共建筑空调系统设计中，对生活热水的需求有一定的特殊性，即供应时间长、需求量大。常规的设计空调冷量和生活热水的供应分别来自两套独立的系统，即独立的空调系统和热水供应系统。虽然热水供应系统和空调系统相互独立、互不干扰、便于调节，但存在的问题同样不容忽视：

1）空调冷凝热即废热，直接排放造成很大的能源浪费。空调冷凝热一般为冷负荷的 1.25 倍左右，尤其对于大型空调系统，直接排入大气的冷凝热从数量上看相当庞大。

2）将空调冷凝热排放至大气还要消耗能量，一般的水冷式能耗约占总能耗的 10%。

3）冷凝热的直接排放造成周围环境温度升高。从大范围看，是引起当前环境问题——"热岛效应"的主要因素之一，从自身小范围看，恶化了空调机组的工作环境，降低了系统 COP，空调能耗增加。

4）在夏季冷凝热直接排放的同时，人们依然有热量的需求，不得不开着锅炉房烧热水，又要消耗其他的能量，使得用户能源费用大幅度增加。

5）在过渡季，同样存在着开着空调烧着锅炉，一边制冷一边制热的不合理情况。

（1）制冷机组冷凝热回收技术

中央空调的冷水机组在夏天制冷时，机组的排热一般是通过冷却塔将热量排出。在空调制冷季，利用制冷机组冷凝器热回收技术，可将该排出的低品位热量有效地利用起来，结合蓄能技术，为用户提供生活热水，达到节约能源的目的。

一台 1000rt 的冷水机组的最大排热量相当于一台 7t 的热水锅炉供热量，为了排出这些热量，冷却塔每天耗水约 88m³，耗电约 240kW。热回收技术可以利用这部分热量来加热、预热生活热水或生产工艺热水，不但可以实现废热利用，而且可以减少冷凝热对环境造成的热污染，同时减少冷却塔的运行费用和噪声。

热回收技术应用于低温热水的预热，使其热交换效率更高；应用于高温热水的加热，会增加冷水机组的功耗，但总功耗相对于用锅炉加热来讲还是节约很多的。所以无论是利用热回收技术预热还是加热热水，都可以节省大量的系统运行费用。

冷水机组冷凝热回收改造原理如图 6.2-1 所示，将冷水机组冷凝器需要散出的热量加热被加热介质，如生活热水、替代冷却塔功能，同时实现给冷凝器降温和被加热介质升温的目的。

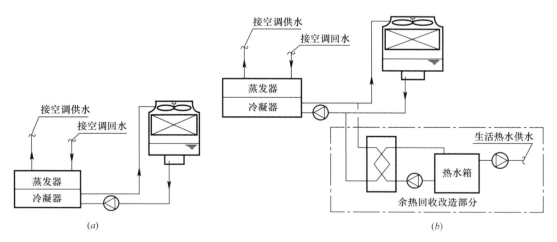

图 6.2-1　冷水机组冷凝热回收改造原理图
（a）原有空调系统；（b）改造后空调系统

目前，有热水需求的既有公共建筑（如医院、学校、酒店等）的热水负荷主要由热水锅炉或蒸汽锅炉系统承担，直接消耗一次能源。利用中央空调的余热回收装置全部或部分取代锅炉供应热水，将会使中央空调系统能源得到全面的综合利用，从而使用户的能耗大幅下降。通常，该热回收一般有部分热回收和全部热回收两种。

1）部分热回收

部分热回收将中央空调在冷凝（水冷或风冷）时排放到大气中的热量，采用一套高效的热交换装置对热量进行回收，制成热水，供需要使用热水的地方使用，如图6.2-2所示。由于回收的热量较大，它可以完全替代燃油、燃气锅炉生产热水，节省大量的燃油、燃气。同时，减轻了制冷主机（压缩机）的冷凝负荷，可使主机耗电降低10%~20%。此外冷却水泵的负荷大大地减轻，冷却水泵的节电效果将会大幅度提高，其节能率可提高到50%~70%。

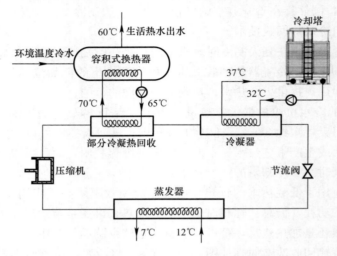

图6.2-2　部分冷凝热回收系统原理

2）全部热回收

全部热回收主要是将冷却水的排热全部利用，如图6.2-3所示。但一般冷水机组的冷却水设计温度为出水37℃、回水32℃，属低品位热源，采用一般的热交换不能充分回收

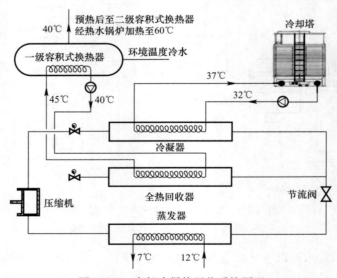

图6.2-3　全部冷凝热回收系统原理

这部分热能，所以在设计时要考虑提高冷凝压力，或将冷却水与高温源热泵或其他辅助热源结合，充分回收这部分热量，系统简单可靠。

全部冷凝热回收机组热水出水温度对机组制冷量及效率有较大影响，机组的性能曲线随冷凝温度的变化，如图 6.2-4 所示。

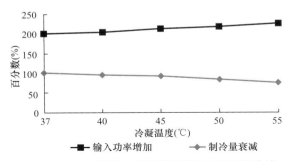

图 6.2-4　冷水机组全部冷凝热回收工况性能曲线

（2）制冷机组冷凝热回收流程

全部热回收型冷水机组在正常的空调工况运行下，主要有热回收模式和冷却塔模式，热回收模式优先，只有等到热水中间循环水箱中的温度均达到设定温度时，主机才能够切换至冷却塔模式下排热。两种模式间的运行切换通过热水循环泵和冷却水泵的启停来实现。

图 6.2-5 中冷却塔及冷却水泵是常规系统给冷水机组冷凝器降温的设备，图中虚线框内热水箱及热水泵为替代冷却塔系统的余热回收系统，两个系统是并联关系，分开运行，控制策略为：热水箱内采用温度控制，当温度下降到设定值时，热水泵启动，同时冷却水泵停止，开始余热回收加热热水箱模式；当温度达到设定温度时，热水泵停止，同时冷却水泵启动，开始冷却塔散热模式。

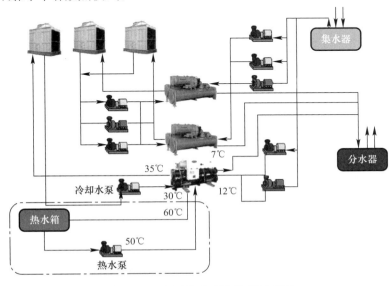

图 6.2-5　生活热水系统流程示意图
注：虚线框内为余热回收改造部分。

2. 空调系统排风热回收技术

既有公共建筑中，需要采用全新风及较大新风量空调系统的功能建筑，如医院、商场等。这类功能用房由于新风量大，新风负荷占空调负荷的比例也大。采用热回收装置可以把排风中的冷量（热量）回收，用来冷却（加热）新风，从而降低空调能耗，如图 6.2-6 所示。

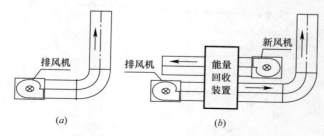

图 6.2-6　排风余热回收改造原理图
（a）原有空调排风系统；（b）改造后空调排风系统

目前工程中常用的热回收装置主要有：转轮式热回收器、板式热回收器、板翅式热回收器、溶液吸收式热回收装置、热管式热回收器、液体循环式热回收器等。

对不同的热回收方式进行性能比较，比较结果见表 6.2-1。

不同热回收方式性能比较　　　　表 6.2-1

热回收方式	效率	设备费	维护保养	辅助设备	占用空间	交叉污染	自身耗能	接管灵活	抗冻能力	使用寿命
热管式热回收器	较高	中	易	无	中	无	无	中	好	优
液体循环式显热回收装置	低	低	中	有	中	无	多	好	中	良

（1）液体循环式热回收技术

液体循环式热回收装置是由设置在排风管和新风管内的两组"气—液"换热器通过管道连接组成的装置。

1）技术介绍

在新风和排风侧，分别使用一个气—液换热器，排风侧的空气流过时，对系统中的冷媒进行冷却。而在新风侧被冷却的冷媒再将冷量转移到进入的新风上，冷媒在泵的作用下不断地在系统中循环。中间热媒换热器中新风与排风不会产生交叉污染，供热侧与得热侧之间通过管道连接，管道可以延长，布置灵活方便，但是须配备循环水泵，存在动力消耗，通过中间热媒输送，温差损失大，换热效率较低，在 30%～40% 之间。

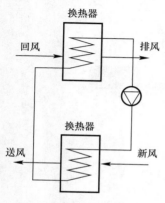

图 6.2-7　液体循环式显热回收装置工作原理

液体循环式热回收装置在排风侧将排风中的冷量（热量）通过换热器传递给乙烯乙二醇溶液，降低（提高）乙烯乙二醇溶液的温度，然后通过循环泵将被冷却（加热）的乙烯乙二醇溶液输送到新风侧的换热器中，降低（提高）新风温度，以减少系统的负荷和整个空调系统的运行成本。

液体循环式显热回收装置的工作原理如图 6.2-7 所示。

2）排风热回收系统流程

既有公共建筑配套设施的排风量非常大，排风热量也非常大，冬夏季节可回收热量非常可观，而在这些部位增设热回收盘管的投资却并不大，同时增设的热回收排风盘管的和新风盘管距离较远，但它们之间的乙二醇管路占用空间少，且安装方便。故在大型既有公共建筑全空气空调系统中采用多对多形式的液体循环式显热回收方式，系统灵活性和备用性更好。乙二醇溶液泵采用两用一备的形式，并在地下室设乙二醇溶液泵房，便于管理。

液体循环式显热回收系统的乙二醇水系统图如图6.2-8所示，当乙二醇循环泵采用变频泵时，图中的三通阀可取消。

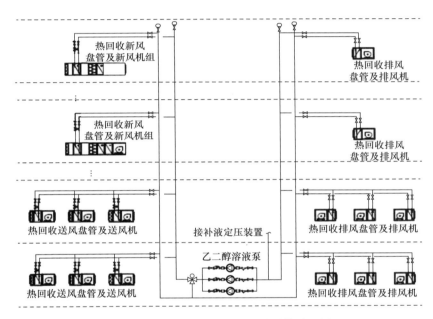

图 6.2-8　液体循环式显热回收系统流程图

（2）热管式热回收技术

热管式热回收技术是目前医院建筑空调系统余热回收系统应用较多的技术。

热管式空气—空气能量回收装置的能量回收原理是在热管内充注一定量的工质，送风和回风分别流经热管的两端，通过热管中工质的反复冷凝和蒸发来传递热量，达到能量回收的目的。热管式能量回收装置为显热交换，被动传热，新排风无交叉感染，使用寿命长，基本免维护。

1）技术介绍

热管式热回收器由多根热管集装在一起，为增大传热面积，管外加有翅片，如图6.2-9所示。热管式热回收器靠热管内工质的相变完成热量传递，传热速度是相同金属的数千倍至万倍，0.1℃的温差即有热响应。热管式热回收器的每一根热管都是一个独立的传热元件，是一个无动力的制冷循环系统，热管式热回收器中间用隔板将蒸发段与冷凝段分开，流经热管蒸发段的空气被冷却，流经热管冷凝侧的空气被加热。

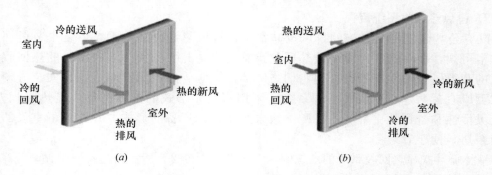

图 6.2-9　热管热回收装置

(*a*) 夏季工况；(*b*) 冬季工况

2）热回收过程计算

新风热回收处理流程及冬季显热回收过程的焓湿图如图 6.2-10 和图 6.2-11 所示。

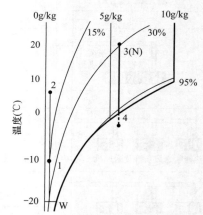

图 6.2-10　新风热回收
　　　处理流程

图 6.2-11　冬季显热回收过程焓湿图

W——室外状态点；N——室内状态点；

1——新风进热回收装置时状态点；2——新风出热回收装置时状态点；

3——回风进热回收装置时状态点，即室内状态点 N；

4——排风出热回收装置时状态点

计算公式如下：

$$\eta_t = \frac{G_s(t_1 - t_2)}{G_{min}(t_1 - t_3)} = \frac{G_p(t_4 - t_3)}{G_{min}(t_1 - t_3)} \tag{6.2-1}$$

式中　　η_t——显热换热效率，为简化计算，取 60%；

t_1——新风进排风热回收装置时的干球温度，℃；

t_2——新风出排风热回收装置时的干球温度，℃；

t_3——回风进排风热回收装置时的干球温度，℃；

t_4——排风出排风热回收装置时的干球温度，℃；

G_s，G_p，G_{min}——分别为新风质量流量、排风质量流量、新风及排风质量流量中较小值，kg/h。

显热回收量 Q_t 为：

$$Q_{\mathrm{t}} = G_{\mathrm{s}} c_{\mathrm{p}} (t_2 - t_1) \tag{6.2-2}$$

式中 c_{p}——空气比定压热容，取 $1.005 \mathrm{kJ/(kg \cdot K)}$。

3. 锅炉烟气余热回收技术

锅炉烟气余热回收装置的应用是建筑热源节能改造中一项重要的节能措施。

锅炉运行时，由于排烟温度远远高于环境温度，过高温度的烟气在排放过程中损失了大量热量，排烟热损失在锅炉的整个热损失中占有非常大的比重。通过设置烟气余热回收装置，可以充分利用烟气中的余热，在降低排烟温度的同时，加热锅炉的回水或补水，以提高锅炉运行效率，达到锅炉节能的目的，如图 6.2-12 所示。

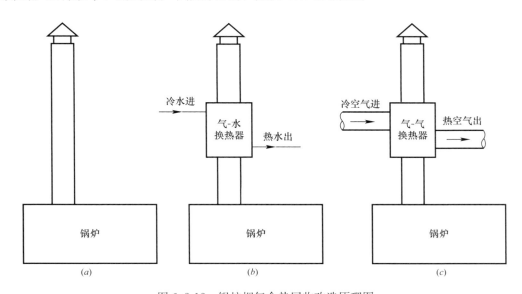

图 6.2-12 锅炉烟气余热回收改造原理图

（*a*）原有锅炉系统；（*b*）改造气—水换热系统；（*c*）改造气—气换热系统

锅炉烟气余热回收利用有多种用途，例如：加热供暖系统回水、加热生活热水、加热地板式低温热水供暖、作为热泵的低温热源、加热补给水、预热空气以及热风利用等。

1）加热生活热水。生活热水供水温度在 60℃ 左右。采用烟气余热回收设备回收烟气中的热量用以加热生活热水。通过加装冷凝式换热器，锅炉的效率得到了提高，节约了燃料。但同时增加了设备成本。

2）低温地板辐射供暖。地板辐射供暖系统因供回水温度较低，可以通过在烟气中设置换热器回收烟气的显热和潜热来加热系统的回水，以满足地板辐射供暖系统的供水要求。

3）加热供暖系统回水。既有公共建筑散热器供热系统设计供/回水温度一般为95℃/70℃。很显然，在设计状况下供热系统回水温度大于烟气中水蒸气露点温度。若采用锅炉烟气余热，只能利用烟气中显热部分。

4）加热补给水。为保证供热系统的稳定运行，必须定期对供热系统的循环水进行补充。在烟道增加冷凝器，冷凝器水管通入锅炉补水，用锅炉排烟余热加热补水，如图 6.2-13 所示。

在烟道增加烟气—空气换热器，换热器空气侧通入燃烧所用空气，用锅炉排烟余热预热燃烧空气，如图 6.2-13 所示。

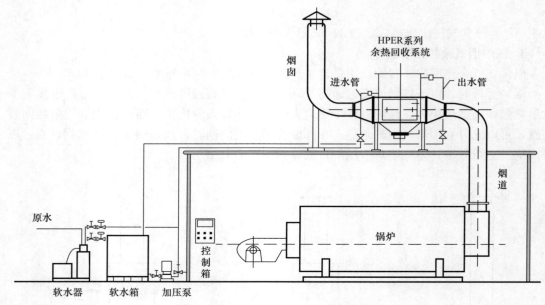

图 6.2-13　锅炉烟气加热软水原理图

5）作为热泵的低温热源。低温烟气换热得到的 10～30℃的低温热水，经过热泵的能量提升，可提供 50～60℃的生活热水或地板辐射供暖热水。

6）预热空气以及热风利用，如图 6.2-14 所示。

7）方案联用。除了以上介绍的集中余热利用方案，还有可能根据实际情况采用多种余热利用方案的联合使用。

（1）锅炉烟气余热回收技术

锅炉烟气余热回收技术为使用冷媒介质通过换热器获得烟气热能。冷媒介质有可能是冷水、冷风或热泵中的蒸发剂。锅炉排烟余热回收利用的基本方案如图 6.2-15 所示，图中烟气余热回收器为间壁式或接触式换热器。

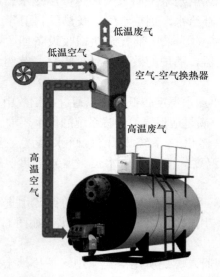

图 6.2-14　锅炉烟气预热空气原理图

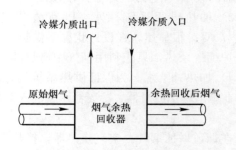

图 6.2-15　烟气余热回收方法示意图

1) 烟气余热回收方式

锅炉烟气余热回收系统在结构上可分为整体式和分离式两种。

① 整体式的余热回收锅炉

整体式的特点是在锅炉的结构设计上充分考虑烟气余热的回收，锅炉在结构上配备有预热空气及烟气余热回收的装置。通常整体式锅炉的燃烧器功率明显与一般锅炉不同，并要求炉体采用耐腐蚀的换热面材料，因此锅炉本体成本高于常规锅炉。整体式烟气余热回收系统锅炉即为一般所说的整体型冷凝锅炉。

② 分离式余热回收装置

与整体式冷凝锅炉对应的分离式余热回收装置，是在普通锅炉的烟道出口处接入余热回收装置，即烟气冷凝器，通过水—烟气换热将排烟热量回收。

分离式的特点是：常规锅炉＋烟气余热回收装置。

分离式烟气余热回收装置的特点，为设计者选择和设计烟气余热回收装置提供了较为灵活的空间。烟气余热回收装置一般可分为直接接触换热器和间接换热器。

直接接触换热器采用水喷淋的方式与烟气直接接触进行热质交换。此方式热能回收率高，同时吸收了烟气中的大量有害物质，但是，此方式回收的水质变性，使用受到限制。此种余热回收产生的热水在一般民用供暖锅炉房内难于利用，因此，供暖锅炉房一般不采用此种方式。

间接换热是因天然气锅炉的烟气中水蒸气含量多，烟气中的水蒸气在冷凝过程中放出大量汽化潜热，使得燃气锅炉所采用的冷凝式余热回收器效果比传统的燃煤锅炉所采用省煤器效率要高，因此间接换热器又称为烟气冷凝热能回收装置，如图 6.2-16 所示。

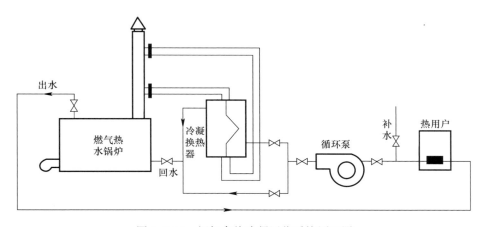

图 6.2-16　烟气余热冷凝回收系统原理图

2) 使用方式

① 蒸汽锅炉中的使用方式

在蒸汽锅炉设计中使用冷凝热能回收装器，有两种连接方式：

（a）冷凝热能回收装置与锅炉串联，换热器进水连接锅炉给水泵出口，换热器出水口连接锅炉进水口，用烟气余热锅炉给水。

（b）冷凝热能回收装置与软水水箱或凝水水箱连接，使用独立循环系统，用烟气余热加热软水水箱或凝水水箱中的水。

② 热水锅炉中的使用方式

在热水锅炉设计中使用冷凝热能回收装置，有三种连接方式：

（a）冷凝热能回收装置与锅炉串联，换热器进水口连接锅炉循环泵出口，换热器出水连接锅炉进水口。

（b）冷凝热能回收装置与软水水箱连接，使用独立循环系统。

（c）冷凝热能回收装置与锅炉串联，回收换热器进水口连接锅炉出水口，换热器出水口连接用热设备。

（2）锅炉烟气余热回收流程

为了降低供热热水锅炉的排烟温度，提高它的效率，必须降低锅炉回水温度，有两种方法可实现这一目的：

1）用温度较低的生活用水来冷却冷凝式锅炉的回水，见图 6.2-17；

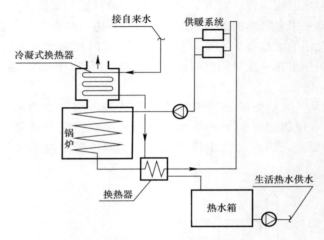

图 6.2-17　冷凝式热水锅炉热水系统方案（一）

2）选择较低的供水温度，见图 6.2-18。

一般来说，集中供暖时可采用图 6.2-17 所示方法。图 6.2-18 所示方法适用于单个建筑物的独立供暖。这两种系统中，对生活热水采用两级加热，其中一级换热器靠近热用户。锅炉供回水上均加设换热器来加热生活用水，这样为了达到预先的供暖效果必须提高锅炉的供水温度，在降低了锅炉的回水温度后，通过在烟道中设置换热器回收烟气的潜热和显热，加热了锅炉的回水，达到原来的回水温度，从而提高了锅炉的热效率。即采用较低的生活用水来冷却冷凝式锅炉的回水。

如图 6.2-19 所示，间壁式冷凝换热器与一个吸收式热泵（AHP）或一个机械式热泵（MHP）联合使用可以提高回收的热能的品位。烟气通过一个气体冷却器，在这个气体冷却器中，显热传给了来自供暖或供生活热水的回水。水被预热后在锅炉系统中被进一步加热。烟气冷却器可以使用集中结构材料。采用内钢外铸铁的复合管可以将成本降至最低。由于气体冷却设备可以承受一定程度的腐蚀，可以将烟气冷却至酸露点附近。较昂贵的替代材料是浸渍石墨或涂有特氟纶的铜管。

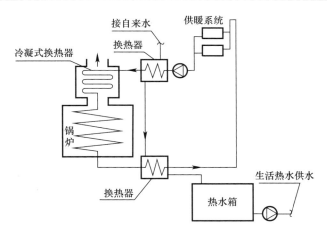

图 6.2-18 冷凝式热水锅炉热水系统方案（二）

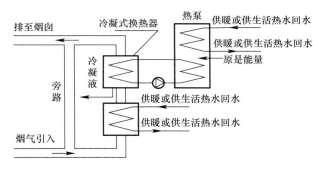

图 6.2-19 使用冷凝器换热器和热泵的热能量回收系统

该系统的优点为采用两级换热加热水温，由于烟气的温降很大，回水温度会有较大提高，二级换热采用热泵系统进一步提升了水温。

其缺点为烟气温降加大，烟气中的水蒸气和飞灰一起粘结在换热器表面，严重影响换热器的正常工作，不能达到预期的换热效果，换热器换热面由于水蒸气的凝结，会对换热器产生一定的腐蚀，需要采用价格较昂贵的浸渍石墨或涂有特氟纶的同材质换热元件，两级换热采用三种换热器，增大了设备的占地面积。

（3）提高锅炉热效率的理论分析

天然气的主要成分是甲烷，而甲烷是含氢量最高的烷烃。因此，天然气燃烧后的烟气中含有大量的水分，并以水蒸气的形式存在。以北京市的天然气为例，如果燃烧空气过量系数是 1.1，那么烟气中水蒸气的质量分数可以达到接近 11%。由于天然气在锅炉中的燃烧效率很高，因此影响燃气锅炉热效率的主要因素是排烟损失。在此基础上，天然气热效率的简化计算公式可如式（6.2-3）所示。

$$\eta = \frac{Q_r^d + H_g + \alpha H_a - H_f}{Q_r^d} \tag{6.2-3}$$

式中 Q_r^d——燃气的低位发热量，kJ/Nm^3；

H_g——单位体积燃气进入锅炉的焓值，kJ/Nm^3；

α——过量空气系数；

H_a——单位体积燃气刚好完全燃烧时，由空气带入锅炉的焓值，kJ/Nm³；

H_f——单位体积燃气产生的所有排烟焓值（包含水蒸气的潜热），kJ/Nm³。

从式（6.2-3）可推知，燃气锅炉热效率主要由过量空气系数以及排烟的温度决定。图 6.2-20 表示出了不同过量空气系数以及不同排烟温度对锅炉热效率的影响。

从图 6.2-20 可以看出，排烟温度越高，锅炉热效率越低。排烟温度从 200℃降低到 60℃时，烟气中的显热损失逐渐降低，因此锅炉热效应缓慢上升。但是当烟气温度低于烟气露点温度，即烟气中水蒸气达到饱和开始析出液态水的温度点，大约在 55℃，由于冷凝热的释放，锅炉的热效率有较大幅度的提升。此外，过量空气系数对锅炉效率也有较大的影响。采用一定的过量空气系数是为了保证燃气的充分燃烧，但是过量空气系数的增大会导致烟气量的增大，进而使得烟气露点温度的降低以及同样温度下排烟显热损失的加大，这对于锅炉热效率都有负面的作用。

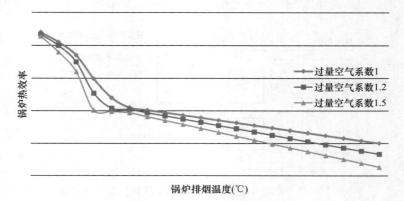

图 6.2-20　锅炉热效率曲线

总而言之，提高锅炉热效率的关键是降低排烟温度并使之低于烟气露点温度，同时，在保证锅炉充分燃烧的前提下尽可能控制过量空气系数也非常重要。锅炉烟气余热回收技术，正是有效提高锅炉热效率的有效途径，也是既有公共建筑锅炉房节能改造中应考虑的关键技术。

6.2.2　既有公共建筑蓄冰系统协同调控与升级改造技术

对于既有公共建筑蓄冰空调系统的设计中是否设置基载主机，目前的设计理念为：当建筑物所需要的供冷负荷中有昼夜 24h 的连续供冷负荷，且夜间负荷并不很小时，应设置基载主机来满足这部分冷负荷，并昼夜连续运行供冷；当建筑物所需要的供冷负荷中无昼夜 24h 的连续供冷负荷时，就不需设基载主机。

上述思路是目前较为常见的设计理念。但是通过对一些既有公共建筑项目调研发现，不设基载主机可能存在的较大问题是白天较多的载冷剂循环泵开启耗用电力，白天尖峰负荷时，融冰和制冷机是间接换热，降低了制冷机的 COP。而基载主机的增设则会使得系统运行时无需开启载冷剂循环泵和换热设备，大大减小了系统耗电量及冷（热）损失，系统的综合能效比可以大幅度提高，如果运行策略适当，运行费用也可大大降低。

故不管建筑物是否有昼夜 24h 连续供冷负荷，适当情况下都可以考虑设基载主机，只要优化合理，这样可以更有效地减少系统用电量，更突出蓄冷系统的削峰填谷作用，使其运行经济性达到最佳。

既有公共建筑负荷特性为昼夜 24h 的连续供冷,在冰蓄冷系统设计中,需要设置基载主机,但是在系统运行时,基载主机却没有和冰蓄冷系统耦合运行,大部分时间都为基载主机独自运行,使运行策略缺乏合理性。

针对既有公共建筑现有冷热源系统形式,应用冰蓄冷系统可从以下两个方面进行优化:

(1)改进现有既有公共建筑冰蓄冷系统与基载主机的运行策略,优化运行方式,使经济性达到最佳。

(2)在电价政策合理的条件下,可在既有公共建筑能源系统的基础上,增加双工况制冷机与蓄冷系统,改造为蓄冰与基载主机耦合供冷系统,使既有公共建筑能源系统更节能地运行。

1. 蓄冰系统与基载主机耦合供冷模型构建

(1)耦合供冷系统结构模型构建

结合既有公共建筑目前工程实际应用情况,构建蓄冰系统与基载主机耦合供冷系统结构模型(见图 6.2-21)。该系统模型采用应用较多的部分负荷蓄冰模式,双工况主机与蓄冰装置串联设置,主机位于蓄冰装置上游,并且设置了基载主机与其进行耦合供冷。双工况主机与载冷剂循环泵、冷却水泵,板式换热器与负载循环泵一对一匹配设置。

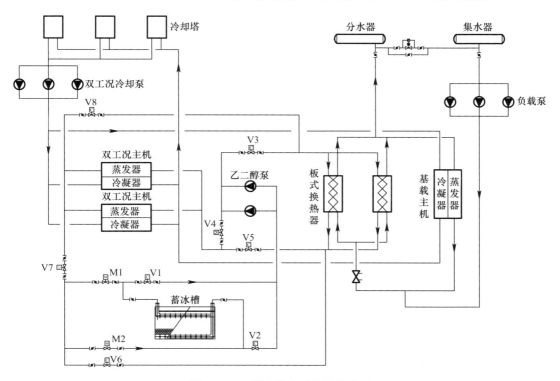

图 6.2-21 耦合供冷系统结构模型

这种系统可按如下两种模式工作:

主机制冰蓄冷模式:在电力低谷期,电价低廉,主机设定为制冰工况并满负荷运转,所制得的冷量全部以冰储存起来,以供白天冷负荷高峰期使用。此模式下若系统有夜间供冷需求，可由基载主机承担。

耦合供冷模式：制冷主机、融冰释冷系统以及基载主机共同负担冷负荷，依次使用基载主机、制冷主机满负荷优先供冷，当空调负荷超过其供冷能力时，启用蓄冰装置承担不足部分。蓄冰冷量在白天基本耗完，每天的蓄冰量和融冰量基本相等。

制冰主机与基载主机的数量可根据工程实际情况而定。下文中通过制冰主机与基载主机的容量配比，对耦合供冷系统的经济性影响效果进行分析与优化。

（2）系统设备容量计算与修正

1）现有计算方法及修正方法

按照规范要求，制冷机、蓄冷装置的容量应按以下原则确定：

① 制冷机、蓄冷装置的容量应保证在设计蓄冷时段内完成全部预定蓄冷量的储存；

② 蓄冰空调系统的制冷机应能适应制冷和制冰两种工况，其制冷量应根据生产厂商提供的性能资料，对不同工况分别计算。

对于目前设计中常用的部分负荷蓄冷模式而言，其总蓄冷量应根据工程的冷负荷曲线、电力峰谷时段划分、用电初装费、设备初投资费及其回收周期和设备占地面积等因素，通过经济技术分析确定。

制冷机名义制冷量：

$$Q_1 = \frac{\sum\limits_{i=1}^{24} q_i}{n_2 + n_1 c_f} \tag{6.2-4}$$

蓄冷装置名义容量：

$$Q_2 = n_1 c_f Q_1 \tag{6.2-5}$$

式中　Q_1——制冷机组在空调工况下的名义制冷量，kW；

　　　q_i——在设计日中建筑物逐时冷负荷，kW；

　　　n_1——夜间制冷主机在蓄冰工况下的运行小时数，h；

　　　n_2——白天制冷主机在空调工况下的运行小时数，h；

　　　Q_2——蓄冷装置名义容量，kWh；

　　　c_f——制冷机蓄冷时制冷能力的变化率，即冷水机组蓄冰工况制冷能力与空调工况制冷能力的比值，一般活塞式与离心式冷水机约为 0.65，螺杆式冷水机约为 0.70，它取决于工况的温度条件和机组型号。

以上计算方法的前提是制冷机组蓄冰和供冷都是满负荷运行的，如果某一小时建筑冷负荷小于制冷机容量，制冷机组非满负荷运行，则必然导致全天的制冷机制冷量难以满足全天负荷要求。制冷机组非满负荷运行则应对白天制冷机在空调工况下运行的小时数 n_2 进行实际修正变为 n_2'，容量也应随之进行修正。相关研究提出了目前所采用的也是目前业内可参见的唯一一个修正公式。

$$n_2' = n_2 - \tau + \frac{\sum\limits_{k=1}^{\tau} Q_k}{Q_1} \tag{6.2-6}$$

$$Q_1' = \frac{\sum\limits_{i=1}^{24} q_i}{n_2' + n_1 c_f} \tag{6.2-7}$$

式中　τ——逐时冷负荷小于制冷主机初始计算容量的小时数，h；

$\sum_{k=1}^{m} Q_k$——冷负荷小于制冷主机初始计算容量小时数内的冷负荷总量，kWh；

Q'_1——重新计算得到的制冷机组在空调工况下的名义制冷量，kW。

式（6.2-6）、式（6.2-7）从主机供冷时间入手对主机容量进行了修正，然而该修正方法对设计是不安全的。

2）新修正方法

对主机的容量进行修正以后应保证制冷机的全天制冷量等于建筑的全天冷负荷。由于按式（6.2-4）~式（6.2-7）计算的制冷机容量只要制冷机全天都满负荷运行就可以保证制冷量满足全天的负荷要求，因此将建筑负荷小于制冷机初始计算容量时间内的制冷机空闲出力分摊到全天的其他制冰和供冷时间上，即该部分削减掉的主机制冷量由其他时间制冷机出力来补上。根据上述原则得修正公式：

$$\tau \times Q_1 - \sum_{k=1}^{\tau} Q_k = \beta \times (n_2 - \tau + n_1 c_f)$$

$$\Rightarrow \beta = \frac{\tau \times Q_1 - \sum_{k=1}^{\tau} Q_k}{n_2 - \tau + n_1 c_f} \tag{6.2-8}$$

$$Q'_1 = Q_1 + \beta \tag{6.2-9}$$

$$Q'_2 = c_f \cdot n_1 \cdot Q'_1 \tag{6.2-10}$$

式中　β——制冷主机容量修正值，kW；

Q'_1——重新计算得到的制冷主机容量，kW；

Q'_2——重新计算得到的蓄冰装置容量，kWh。

将主机部分时间的空闲出力分摊到其他所有时间上，保持了制冷主机和蓄冰装置的同步增容，既可以保证主机全天的制冷量，又维持了主机优先设计策略的优势——计算设备容量最小化。

3）考虑蓄冰设备蓄冰、融冰速率时的设备容量校核及修正

蓄冰装置类型繁多，目前国内市场上使用较多的静态蓄冰装置主要有冰球和蓄冰盘管，其中根据盘管的材料又主要分为导热塑料盘管（如 HYCPC 系列）和钢盘管（如 TSU 系列）。但是不管何种蓄冰装置，其蓄冰速率和融冰速率都是有限制的，该限制将会对设备的选型产生重大影响。

同其他换热设备一样，对于特定蓄冰装置设备而言，其融冰速率主要受两个因素的影响：乙二醇入口温度和乙二醇流速，这两个因素也成为具体系统中调节蓄冰装置融冰供冷量的手段。但是在设备选型阶段，设计人员关注的是蓄冰装置在整个融冰期间的融冰性能。通常蓄冰装置随着剩余冰量的减少，融冰速率将有不同程度的下降，但是随着蓄冰装置新产品、新技术的不断研发成功，蓄冰装置的融冰性能正在朝着稳定的方向发展，即力争在整个融冰时段内保持相对稳定不变的最大融冰供冷量，如图 6.2-22所示。

① 考虑蓄冰速率

蓄冰速率是否满足要求主要体现在蓄冰时间上，根据当地的峰谷电价以及建筑供冷时

段的不同而不同。蓄冰时间是否满足要求一般在最初的设计方案中确定。蓄冰盘管的蓄冰时间是乙二醇进口温度的函数，进口温度越低，蓄冰时间越短。但是由于受制冷主机出口温度的限制，目前国内蓄冰装置的蓄冰时间主要分 8h 和 10h 两档。某冰盘管 8h 和 10h 蓄冰性能曲线如图 6.2-23 所示。因此，当蓄冰装置的蓄冰时间有保证时，则只要主机的出口温度和制冰工况供冷总量满足要求，蓄冰装置就可以蓄足标定的冷量，此时设备容量按上述公式计算即可；若在确定的主机出口温度下蓄冰时间不能得到保证，则不管主机的制冷总量有多大，蓄冰装置都无法蓄满，此时，若仍按式（6.2-10）计算蓄冰装置容量，则选用的蓄冰装置无法满负荷运行，既浪费投资，又无法满足冷负荷要求。此时须重新确定设计方案，解决方案有：（a）降低主机制冰工况出液温度，尽量使蓄冷装置满负荷运行；（b）由于相同的蓄冷时间内，标定蓄冷量大的蓄冰装置的蓄冷量绝对值大于标定冷量小的蓄冷装置，选用蓄冷量标定值大于计算蓄冷量的蓄冷装置，使得运行期间，蓄冷装置的实际蓄冷量达到设计要求。

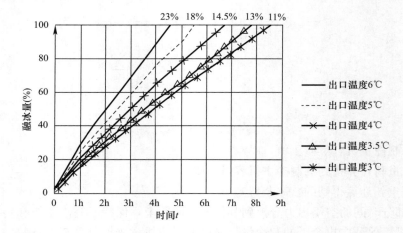

图 6.2-22　某冰盘管融冰性能曲线

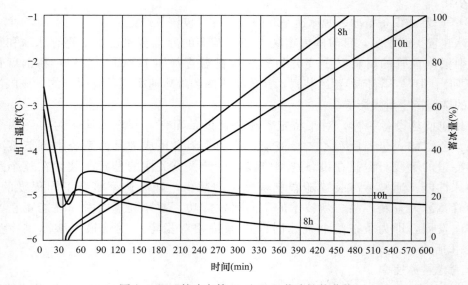

图 6.2-23　某冰盘管 8h 和 10h 蓄冰性能曲线

② 考虑融冰速率

考虑蓄冰设备融冰速率的设备容量校核即应保证全天供冷期间任意时刻融冰供冷量不超过蓄冰设备的实际最大供冷量，否则该时刻将无法满足空调负荷要求。按照主机优先的设计运行策略，设计日尖峰负荷对蓄冰装置的融冰速率要求最高，因此只要该时刻的融冰供冷量满足要求，则其他时刻也都满足要求。校核公式为：

$$q_j < Q_1' + Q_2' \times \frac{X_j}{H} \tag{6.2-11}$$

式中　X_j——蓄冰装置在尖峰时段内的最大融冰率，%，由于空调的尖峰负荷通常在供冷中期附近，在常规系统中对于融冰速率随剩余冰量的变化有明显变化的蓄冰装置，在不设基载主机的情况下，该值一般可取剩余冰量为 50% 时的最大融冰率，对于耦合基载主机的蓄冰系统，考虑到优化后的运行策略，蓄冰装置通常在尖峰电价时才开始融冰，故该值取全冰量时的最大融冰率；

　　　　H——时间量纲，h。

若式（6.2-11）不成立，则应对原先计算得到的设备容量进行重新修正，修正公式如下：

$$q_j - Q_1' - Q_2' \times \frac{X_j}{H} = (\Delta Q_1 \times c_f \times n_1) \times \frac{X_j}{H} + \Delta Q \tag{6.2-12}$$

$$\Delta Q_1 = \frac{q_j - Q_1' - Q_2' \times \dfrac{X_j}{H}}{c_f \times n_1 \times \dfrac{X_j}{H} + 1} \tag{6.2-13}$$

$$Q_1'' = Q_1' + \Delta Q_1 \tag{6.2-14}$$

$$Q_2'' = Q_1'' \times n_1 \times c_f \tag{6.2-15}$$

式中　Q_1''——校核融冰速率重新计算得到的制冷主机容量，kW；

　　　　Q_2''——校核融冰速率重新计算得到的蓄冰装置容量，kWh。

式（6.2-11）～式（6.2-15）引入了时间量纲 H，单位为 h，该量纲随 X_j 的出现而出现。由于蓄冰装置融冰性能曲线的横坐标为时间，该坐标的时间单位不同将导致尖峰负荷时段的融冰速率数值不同，因此引入该量纲，可以统一融冰速率的定义。

（3）耦合供冷系统经济性分析模型构建

一般情况下，系统经济性均以系统的运行费用作为目标函数进行综合评价。而运行费用则包括能耗费（即水费、电费、燃料费）、维护费、人工费等。在不同设备选择方案下，假设水费、维护费、人工费相差不大（该系统中不涉及燃料费），因而运行费中只考虑电费而不影响经济性模型分析结果。

其次，因不同运行策略工况下空调循环侧（含末端系统）的设计、运行均一致，故本模型中均未考虑空调循环侧辅机的电耗，只对蓄冷、释冷侧进行统计和比较。

1）系统耗电环节统计分析

① 部分负荷蓄冷模式下耦合系统制冰主机、蓄冰装置、基载主机容量选择

制冰主机容量：

$$Q_1 = (1+k)\left[\frac{\sum\limits_{i=1}^{24} q_i}{n_2 + n_1 c_f} + \frac{\tau \times \dfrac{\sum\limits_{i=1}^{24} q_i}{n_2 + n_1 c_f} - \sum\limits_{k=1}^{\tau} Q_k}{n_2 - \tau + n_1 c_f}\right] \qquad (6.2\text{-}16)$$

蓄冰装置容量：

$$Q_2 = n_1 c_f Q_1 \qquad (6.2\text{-}17)$$

式中　k——冷量修正系数，与热损失有关，k 取值为 0.05。

基载主机容量：

$$Q_3 = \frac{Q_1}{m} \qquad (6.2\text{-}18)$$

式中　Q_3——基载主机容量，kW；

　　　m——制冰主机与基载主机容量配比。$m=1$ 时，为制冰主机与基载主机各一台；$m=2$ 时，为两台制冰主机一台基载主机；$m=3$ 时，为三台制冰主机一台基载主机；$m=1.5$ 时，为三台制冰主机两台基载主机；以此类推。

在设计高峰负荷时，从蓄冷设备融冰供冷量为：

$$q_{imax} = q_{max} - Q_1(i) - Q_3(i) \qquad (6.2\text{-}19)$$

式中　q_{imax}——设计高峰时最大融冰供冷量，kW；

　　　q_{max}——建筑物高峰设计负荷，kW。

结合现有厂家机组样本参数，设定性能参数取值如下：

空调工况：$COP_d(i) = COP_d = 5.5$

制冰工况：$COP_n(i) = COP_n = 4.1$

② 循环泵、冷却塔耗电功率

当循环泵的输送流体为 25%～30%（质量比）的乙二醇水溶液时，乙二醇泵循环流量为：

$$W_Y = \frac{3600 \times Q_1}{\rho_Y \cdot c_{pY} \cdot \Delta t_Y} = \frac{Q_1}{1.013 \times \Delta t_Y} \qquad (6.2\text{-}20)$$

式中　W_Y——乙二醇泵的流量，m³/h；

　　　ρ_Y——溶液的密度，kg/L；

　　　c_{pY}——溶液的比热，kJ/(kg·℃)；

　　　Δt_Y——溶液供、回液温度差，℃。

冷却水泵循环流量为：

$$W_{LQ}(d) = \frac{(1 + COP_d(i)) \cdot Q_1}{COP_d(i) \cdot \Delta t_{LQ} \cdot \rho \cdot c_p} = \frac{1.016 Q_1}{\Delta t_{LQ}} \qquad (6.2\text{-}21)$$

$$W_{LQ}(n) = \frac{(1 + COP_n(i)) \cdot c_f \cdot Q_1}{COP_n(i) \cdot \Delta t_{LQ} \cdot \rho \cdot c_p} = \frac{1.070 c_f \cdot Q_1}{\Delta t_{LQ}} \qquad (6.2\text{-}22)$$

式中　$W_{LQ}(d)$——冷却循环泵空调工况下的循环流量，m³/h；

　　　$W_{LQ}(n)$——冷却循环泵制冰工况下的循环流量，m³/h。

水泵扬程：

H_Y，H_{LQ} 根据工程实际情况从样本中选择。

乙二醇循环泵耗电功率：

$$N_{Y} = \frac{W_{Y}/(3600 \times \rho_{Y} \times g \times H_{Y})}{\eta_{P} \cdot \eta_{m}} = \frac{\rho_{Y} \cdot g \cdot H_{Y} \cdot Q_{1}}{3648 \cdot \Delta t_{Y} \cdot \eta_{P} \cdot \eta_{m}} \qquad (6.2\text{-}23)$$

式中　N_{Y}——乙二醇泵功率，kW；

　　　ρ_{Y}——乙二醇溶液密度，取 1.015kg/L；

　　　H_{Y}——乙二醇泵扬程，m；

　　　η_{P}——循环泵的效率；

　　　η_{m}——循环泵的电动机效率。

冷却循环泵耗电功率：

$$N_{LQ}(d) = \frac{W_{LQ}(d)/(3600 \cdot \rho \cdot g \cdot H_{LQ})}{\eta_{P} \cdot \eta_{m}} = \frac{\rho \cdot g \cdot H_{LQ} \cdot Q_{1}}{3542 \Delta t_{LQ} \cdot \eta_{P} \cdot \eta_{m}} \qquad (6.2\text{-}24)$$

$$N_{LQ}(n) = \frac{W_{LQ}(n)/(3600 \cdot \rho \cdot g \cdot H_{LQ})}{\eta_{P} \cdot \eta_{m}} = \frac{\rho \cdot g \cdot H_{LQ} \cdot c_{f} \cdot Q_{1}}{3366 \Delta t_{LQ} \cdot \eta_{P} \cdot \eta_{m}} \qquad (6.2\text{-}25)$$

式中　N_{LQ}——冷却水泵功率，kW；

　　　H_{LQ}——冷却水泵扬程，mH_2O。

冷却塔耗电功率：

结合冷却塔样本数据，曲线回归得到冷却塔能耗与循环水量的相关性：

$$N_{T}(d) = N_{T}(n) = 0.027 \times W_{LQ}(d) = \frac{0.0274 \cdot Q_{1}}{\Delta t_{LQ}} \qquad (6.2\text{-}26)$$

式中　$N_{T}(d)$——冷却塔日间空调工况下的耗电功率，kW；

　　　$N_{T}(n)$——冷却塔夜间制冰工况下的耗电功率，kW。

这里冷却塔耗电功率均按照最大流量选型（日间流量）来考虑，不考虑风机流量而进行变化的工况。

2）经济分析通用模型

① 工况一：在容量不变的基础上单独增设或运行基载主机

根据上文中对制冷主机及蓄冰装置容量进行修正之后，本书首先考虑在制冷主机与蓄冰装置可以满足建筑逐时负荷的情况下单独加设基载主机的耦合模型。以单位日运行费用作为目标函数，部分负荷蓄冷模式下耦合供冷系统的经济性分析模型如下：

$$C_{\text{storage}} = \sum_{i=23}^{6} R_{\text{ch}}(i) \left[\frac{c_{f} \cdot n_{1} \cdot Q_{1}(i)}{a \cdot COP_{n}(i)} + \frac{Q_{3}(i)}{COP_{d}(i)} + N_{Y} \cdot T_{Y_{1}} + N_{LQ}(n) \cdot T_{LQ_{1}} + N_{T}(n) \cdot T_{T_{1}} \right]$$

$$= \frac{1.05 c_{f} \cdot n_{1}}{a \cdot COP_{n}} \left[\frac{\sum_{i=1}^{24} q_{i}}{n_{2} + n_{1} c_{f}} + \frac{\tau \cdot \dfrac{\sum_{i=1}^{24} q_{i}}{n_{2} + n_{1} c_{f}} - \sum_{k=1}^{\tau} Q_{k}}{n_{2} - \tau + n_{1} c_{f}} \right] \sum_{i=23}^{6} R_{\text{ch}}(i)$$

$$+ \frac{1.05}{COP_{d} \cdot m} \left[\frac{\sum_{i=1}^{24} q_{i}}{n_{2} + n_{1} c_{f}} + \frac{\tau \cdot \dfrac{\sum_{i=1}^{24} q_{i}}{n_{2} + n_{1} c_{f}} - \sum_{k=1}^{\tau} Q_{k}}{n_{2} - \tau + n_{1} c_{f}} \right] \sum_{i=23}^{6} R_{\text{ch}}(i)$$

$$+ \sum_{i=23}^{6} R_{ch}(i) \left[\frac{\rho_{Y} \cdot g \cdot H_{Y} \cdot Q_{1}}{3648 \cdot \Delta t_{Y} \cdot \eta_{P} \cdot \eta_{m}} \cdot T_{Y_{1}} + \frac{\rho \cdot g \cdot H_{LQ} \cdot c_{f} \cdot Q_{1}}{3366 \cdot \Delta t_{LQ} \cdot \eta_{P} \cdot \eta_{m}} \right.$$

$$\cdot T_{LQ_1} + \frac{0.0274 \cdot Q_1}{\Delta t_{LQ}} \cdot T_{T_1}\Big]$$

$$C_{chiller} = \sum_{i=7}^{22} R_{ch}(i)\Big[(1+\lambda)\frac{Q_1(i)}{COP_d(i)} + \frac{Q_3(i)}{COP_d(i)} + N_Y \cdot T_{Y_2} + N_{LQ}(d) \cdot T_{LQ_2} + N_T(d) \cdot T_{T_2}\Big]$$

$$= (1+\lambda)\frac{1.05}{COP_d}\left[\frac{\sum_{i=1}^{24} q_i}{n_2+n_1 c_f} + \frac{\tau \cdot \frac{\sum_{i=1}^{24} q_i}{n_2+n_1 c_f} - \sum_{k=1}^{\tau} Q_k}{n_2-\tau+n_1 c_f}\right]\sum_{i=7}^{22} R_{ch}(i)$$

$$+ \frac{1.05}{COP_d \cdot m}\left[\frac{\sum_{i=1}^{24} q_i}{n_2+n_1 c_f} + \frac{\tau \cdot \frac{\sum_{i=1}^{24} q_i}{n_2+n_1 c_f} - \sum_{k=1}^{\tau} Q_k}{n_2-\tau+n_1 c_f}\right]\cdot \sum_{i=7}^{22} R_{ch}(i)$$

$$+ \sum_{i=7}^{22} R_{ch}(i)\Big[\frac{\rho_Y \cdot g \cdot H_Y \cdot Q_1}{3648\Delta t_Y \cdot \eta_P \cdot \eta_m}\cdot T_{Y_2} + \frac{\rho \cdot g \cdot H_{LQ} \cdot Q_1}{3542\Delta t_{LQ} \cdot \eta_P \cdot \eta_m}$$

$$\cdot T_{LQ_2} + \frac{0.0274 \cdot Q_1}{\Delta t_{LQ}} \cdot T_{T_2}\Big]$$

$$C_{op} = C_{storage} + C_{chiller} \tag{6.2-27}$$

模型约束条件：$Q_1(i) + Q_2(i) + Q_3(i) = Q(i)$;

$$Q_1(i) \leqslant Q_1, \quad \sum_{i=1}^{n} Q_2(i) \leqslant \frac{Q_2}{H}, \quad Q_3(i) \leqslant Q_3; \quad 0 \leqslant Q_2(i) \leqslant Q_2 \cdot \frac{X(i)}{H}。$$

式中　C_{op}——单位日运行费用；

　　　$C_{storage}$——夜间蓄冰工况运行费用；

　　　$C_{chiller}$——日间融冰释冷工况运行费用；

　　　$R_{ch}(i)$——日 i 时刻电价，元/kWh；

　　　a——蓄冷装置的冷损失，通常与设置场所的大气条件及保温措施有关，冷损失通常约为其设备容量的 2%～5%，取 0.98；

　　　λ——考虑到主机换热损失的系数，取 0.03；

　　T_{Y1}, T_{Y2}——分别为乙二醇循环泵夜间与日间运行小时数，h；

T_{LQ_1}, T_{LQ_2}——分别为冷却循环泵夜间与日间运行小时数，h；

　T_{T_1}, T_{T_2}——分别为冷却塔夜间与日间运行小时数，h；

　　　$X(i)$——蓄冰装置 i 时刻最大融冰率，%；

　　　H——时间量纲，h。

② 工况二：增设或运行基载主机同时相应减少主机容量

基载主机除单独设置外，还可减小制冷主机的容量，以减小的部分作为基载主机的容量，这里就需要对模型进行重新修正。此时制冷主机、蓄冰装置的容量就变为：

$$Q_1' = Q_1 \cdot \frac{m-1}{m}, \quad Q_2' = \frac{m-1}{m} \cdot n_1 c_f Q_1,$$

基载主机容量保持不变，$Q_3 = \frac{Q_1}{m}$，同时满足 $Q_1' + Q_3 = Q_1$ 保持不变。

同样可得该工况下修正后的经济性分析模型如下：

$$C_{\text{storage}} = \sum_{i=23}^{6} R_{\text{ch}}(i) \left[\frac{c_f \cdot n_1 \cdot Q'_1(i)}{a \cdot COP_n(i)} + \frac{Q_3(i)}{COP_d(i)} + N_Y \cdot T_{Y_1} + N_{LQ}(n) \cdot T_{LQ_1} + N_T(n) \cdot T_{T_1} \right]$$

$$= \frac{1.05 c_f \cdot n_1}{a \cdot COP_n} \left\{ \frac{\sum\limits_{i=1}^{24} q_i}{n_2 + n_1 c_f} + \frac{\tau \cdot \dfrac{\sum\limits_{i=1}^{24} q_i}{n_2 + n_1 c_f} - \sum\limits_{k=1}^{\tau} Q_k}{n_2 - \tau + n_1 c_f} \right\} \frac{m-1}{m} \sum_{i=23}^{6} R_{\text{ch}}(i)$$

$$+ \frac{1.05}{COP_d \cdot m} \left\{ \frac{\sum\limits_{i=1}^{24} q_i}{n_2 + n_1 c_f} + \frac{\tau \cdot \dfrac{\sum\limits_{i=1}^{24} q_i}{n_2 + n_1 c_f} - \sum\limits_{k=1}^{\tau} Q_k}{n_2 - \tau + n_1 c_f} \right\} \cdot \sum_{i=23}^{6} R_{\text{ch}}(i)$$

$$+ \sum_{i=23}^{6} R_{\text{ch}}(i) \left[\frac{\rho_Y \cdot g \cdot H_Y \cdot Q_1 \cdot \dfrac{m-1}{m}}{3648 \cdot \Delta t_Y \cdot \eta_P \cdot \eta_m} \cdot T_{Y_1} + \frac{\rho \cdot g \cdot H_{LQ} \cdot c_f \cdot Q_1 \cdot \dfrac{m-1}{m}}{3366 \cdot \Delta t_{LQ} \cdot \eta_P \cdot \eta_m} \right.$$

$$\left. \cdot T_{LQ_1} + \frac{0.0274 \cdot Q_1 \cdot \dfrac{m-1}{m}}{\Delta t_{LQ} \cdot} \cdot T_{T_1} \right] C_{\text{chiller}}$$

$$= \sum_{i=7}^{22} R_{\text{ch}}(i) \left[(1+\lambda) \frac{Q'_1(i)}{COP_d(i)} + \frac{Q_3(i)}{COP_d(i)} \right.$$

$$\left. + N_Y \cdot T_{Y_2} + N_{LQ}(d) \cdot T_{LQ_2} + N_T(d) \cdot T_{T_2} \right]$$

$$= (1+\lambda) \frac{1.05}{COP_d} \left\{ \frac{\sum\limits_{i=1}^{24} q_i}{n_2 + n_1 c_f} + \frac{\tau \cdot \dfrac{\sum\limits_{i=1}^{24} q_i}{n_2 + n_1 c_f} - \sum\limits_{k=1}^{\tau} Q_k}{n_2 - \tau + n_1 c_f} \right\} \frac{m-1}{m} \sum_{i=7}^{22} R_{\text{ch}}(i)$$

$$+ \frac{1.05}{COP_d \cdot m} \left\{ \frac{\sum\limits_{i=1}^{24} q_i}{n_2 + n_1 c_f} + \frac{\tau \cdot \dfrac{\sum\limits_{i=1}^{24} q_i}{n_2 + n_1 c_f} - \sum\limits_{k=1}^{\tau} Q_k}{n_2 - \tau + n_1 c_f} \right\} \cdot \sum_{i=7}^{22} R_{\text{ch}}(i)$$

$$+ \sum_{i=7}^{22} R_{\text{ch}}(i) \left[\frac{\rho_Y \cdot g \cdot H_Y \cdot Q_1 \cdot \dfrac{m-1}{m}}{3648 \Delta t_Y \cdot \eta_P \cdot \eta_m} \cdot T_{Y_2} + \frac{\rho \cdot g \cdot H_{LQ} \cdot Q_1 \cdot \dfrac{m-1}{m}}{3542 \Delta t_{LQ} \cdot \eta_P \cdot \eta_m} \right.$$

$$\left. \cdot T_{LQ_2} + \frac{0.0274 \cdot Q_1 \cdot \dfrac{m-1}{m}}{\Delta t_{LQ}} \cdot T_{T_2} \right]$$

$$C_{\text{op}} = C_{\text{storage}} + C_{\text{chiller}} \tag{6.2-28}$$

模型约束条件：$Q'_1(i) + Q'_2(i) + Q_3(i) = Q(i)$；

$$Q'_1(i) \leqslant Q'_1, \quad \sum_{i=1}^{n} Q'_2(i) \leqslant \frac{Q'_2}{H}, \quad Q_3(i) \leqslant Q'_3; \quad 0 \leqslant Q'_2(i) \leqslant Q'_2 \cdot \frac{X(i)}{H};$$

式中　Q'_1——修正后的制冷主机容量，kW；

Q'_2——修正后的蓄冰装置容量，kW。

以工况一所构建的模型为基础，可以得到适用于宾馆、酒店建筑的经济型分析模型：

$$C_{op} = \sum_{i=23}^{6} R_{ch}(i) \left[\frac{c_f n_1 Q_1(i)}{a \cdot COP_n} + \frac{Q_3(i)}{COP_n} + N_Y \cdot T_{Y_1} + N_{LQ} \cdot T_{LQ_1} + N_T \cdot T_{T_1} \right]$$

$$+ \sum_{i=7}^{22} R_{ch}(i) \left[(1+\lambda) \frac{Q_1(i)}{COP_d} + \frac{Q_3(i)}{COP_d} + N_Y \cdot T_{Y_2} + N_{LQ} \cdot T_{LQ_2} + N_T \cdot T_{T_2} \right]$$

$$= \sum_{i=23}^{6} R_{ch}(i) \left[\frac{c_f n_1 Q_1(i)}{0.98 \times 4.1} + \frac{Q_3(i)}{4.1} + 11.49 \cdot T_{Y_1} + 9.8 \cdot T_{LQ_1} + 0.0009 \cdot T_{T_1} \right]$$

$$+ \sum_{i=7}^{22} R_{ch}(i) \left[1.03 \times \frac{Q_1(i)}{5.5} + \frac{Q_3(i)}{5.5} + 11.49 \cdot T_{Y_2} + 9.8 \cdot T_{LQ_2} + 0.0009 \cdot T_{T_2} \right]$$

2. 系统耦合供冷特性研究与优化设计

本书对系统耦合供冷特性的分析图表均以建筑单位峰值负荷量和单位峰时电价进行分析，分别取为 1kW 和 1.2 元/kWh，谷时电价按不同峰谷电价比求得。则日单位峰值负荷和单位峰时电价下的单位日（一个蓄冷—释冷周期）运行费用为 C_0，单位为"元/[kW 峰值负荷·元/(kWh·日)]"。

为了便于直观理解和比较，下文所有图表中的日运行费用均以单位日运行费用 C_0 表示，单位为"元/[kW 峰值负荷·元/(kWh·日)]"，故图中不再赘述。

通过对全国各个地区的电价政策的搜集整理，现按总体的大致规律对峰谷电价时间段进行统一规定，如表 6.2-2 所示。本书将不同功能负荷的夜间蓄冰时间 n_1 设为 8h。

表 6.2-2

不峰谷电价时段划分表

峰谷电价时段
尖峰时段：11：00～13：00，20：00～21：00
峰时段：10：00～11：00，13：00～15：00，18：00～20：00
平时段：7：00～10：00，15：00～18：00，21：00～23：00
谷时段：23：00～7：00

（1）冷量分配方式与运行控制策略优化

根据本书中构建的蓄冰系统与基载主机耦合供冷的系统经济性分析模型，利用 Lingo 优化软件可计算出单位日运行费用最小时的主机供冷、基载主机供冷及融冰供冷的负荷分配方式。

这里以负荷率 100%，容量配比选择 $m=3$（三台制冰主机与一台基载主机），融冰速率为 23%，峰谷电价比为 2 为例，列出了宾馆、酒店建筑设计日最优的冷量分配方式，如图 6.2-24 和图 6.2-25 所示：

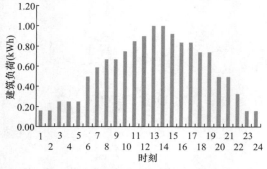

图 6.2-24　宾馆设计日负荷分布

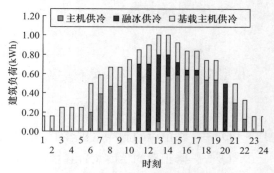

图 6.2-25　宾馆优化运行策略

由图中可看出：

1）当建筑负荷较小时，由于不考虑换热损失，系统整体运行策略为：优先开启基载主机满负荷供冷，当空调负荷超过基载主机容量时，依次开启制冰主机；如果基载主机与制冰主机供冷能力不足，接着启用蓄冰装置进行融冰释冷。

2）尖峰电价时尽量少开启制冰主机，而主要由融冰供冷承担主要负荷，基载主机辅助供冷，不足部分由制冰主机补充供给。这种运行方式最大限度上节约了运行费用，提高了系统的经济性。

（2）负荷特性对耦合供冷系统的经济性影响效果分析与优化

蓄冰系统与基载主机耦合供冷系统在设备选择上与常规空调系统一样，也是按照建筑负荷率100%条件下进行设备容量计算，但空调系统随全年季节变化在不断调整运行模式，分别选取负荷率为100%，80%，60%三种负荷情况研究不同负荷率对该系统运行费用的影响。计算 $m=2$（两台制冰主机和一台基载主机），融冰率分别为23%、20%时不同负荷率下系统经济性，如图6.2-26和图6.2-27所示。

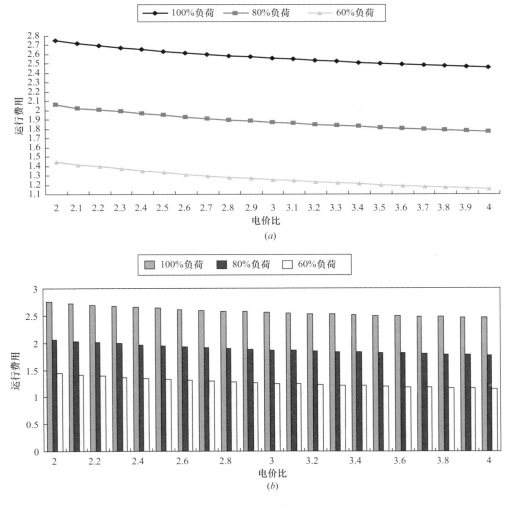

图6.2-26 融冰率 $X=23$% 的单位日运行费用

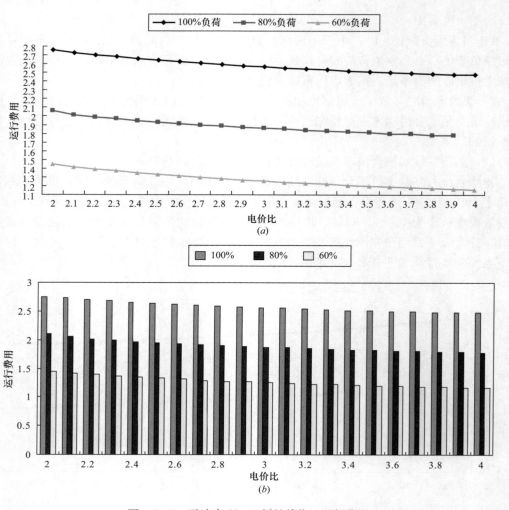

图 6.2-27　融冰率 $X=20\%$ 的单位日运行费用

由图可以看出：

1）相同的条件下耦合供冷系统的单位日运行费用随着负荷率和融冰率的降低而呈线性降低，而当融冰率达到一定值时，融冰率对于运行费用的影响已经很小。

2）单位日运行费用在各个峰谷电价比下的降低程度几乎相同，负荷率变为 80%，运行费用相比负荷率 100% 时降低 25% 左右，负荷率变为 60%，运行费用同比降低 48% 左右。这可能与模型构建过程中对于机组与水泵的线性匹配相关而致，实际工程中会因循环泵的实际运行工况（台数配置、是否变频、大流量小温差等）不同使得不同负荷率工况下的降幅不同。

（3）融冰特性对耦合供冷系统的经济性影响效果分析与优化

融冰速率 X 也是影响系统运行费用的主要因素之一。融冰速率反映了蓄冰装置的融冰取冷特性，表示该时刻融冰量占剩余冰量的比例，也可称为融冷率。一般来说，融冰率不是均匀的，蓄冰装置中保存的冰量越多，融冰速率越大，随着蓄冰装置中冰量的减少，融冰速率会有所降低。但随着蓄冰装置新产品、新技术的不断研发成功，蓄冰装置的融冰性能正在朝着稳定的方向发展，即力争在整个融冰时段内保持相对稳定不变的最大融冰供冷量。

为了方便计算，将蓄冰装置的融冰率简化为定值，即随供冷时间融冰速率保持不变。这里分别选取融冰速率为 20%、15%、10% 三种情况进行分析，将 $m=1$，2，3，负荷率为 80% 时不同融冰速率下系统运行费用随峰谷电价比的变化情况比较如图 6.2-28～图 6.2-30 所示。

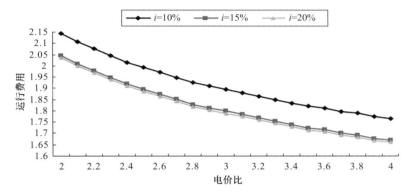

图 6.2-28　$m=1$，负荷率为 80% 时单位日运行费用

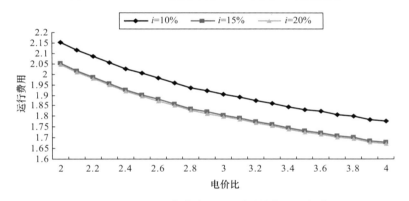

图 6.2-29　$m=2$，负荷率为 80% 时单位日运行费用

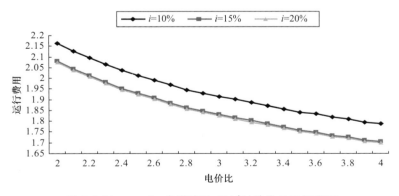

图 6.2-30　$m=3$，负荷率为 80% 时单位日运行费用

由于采用系数法估算负荷，计算出的运行费用差别较小，但可以从图中清晰地看出：

1) 随着融冰率的增大，系统运行费用逐渐降低，由此可见提高蓄冰装置融冰速率，稳定融冰性能对减少系统运行费用、提高运行效率具有十分重要的作用，这也是蓄冰装置新技术研发的主要方向之一。

2）单位融冰率增加导致的单位日运行费用减少量呈递减趋势，但随着负荷率的逐步降低，融冰率的变化对运行费用的影响是有限度的。尤其对于低负荷率工况，融冰速率对于运行费用的影响可忽略不计。

（4）制冰主机与基载主机容量配比对耦合供冷系统经济性影响效果分析与优化

本书研究的是冰蓄冷系统与基载主机耦合供冷的空调系统模式，因此如何选择合适的容量配比也成为设计所要考虑的一个重要问题。对于主机容量减小而相应增加基载主机的耦合供冷系统，不同的工程应根据实际情况进行优化分析，选择最优的制冰主机与基载主机的容量配比 m，这样会使耦合系统的经济性达到最优状态。

而对于保持制冰主机和蓄冰装置容量不变单独增设基载主机的耦合供冷系统而言，显然有基载主机容量越大，系统经济性越好的结论。下文分别计算融冰速率为 15％时负荷率为 100％、80％、60％的情况，就 $m=1$，$m=2$，$m=3$ 三种容量配比选择方式进行研究，得出不同基载主机容量配比选择方式的系统单位日运行费用，如图 6.2-31～图 6.2-33 所示。

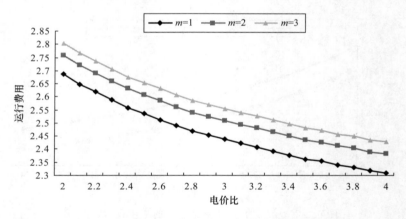

图 6.2-31　$X=15$％，负荷率为 100％时单位日运行费用

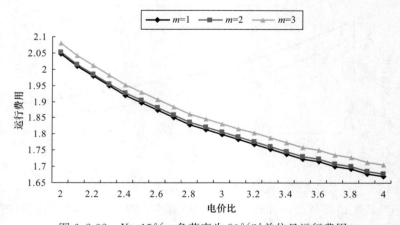

图 6.2-32　$X=15$％，负荷率为 80％时单位日运行费用

由以上各图可看出:

1) 不同制冰主机与基载主机容量配比选择方式下,该耦合系统单位日运行费用的总体趋势是相同的,都是随峰谷电价比的增大而显著降低。在原有蓄冰系统增设或运行基载主机的工况下,制冰主机与基载主机容量配比 m 越大,即基载主机承担的负荷越小,则耦合系统的单位日运行费用越高。

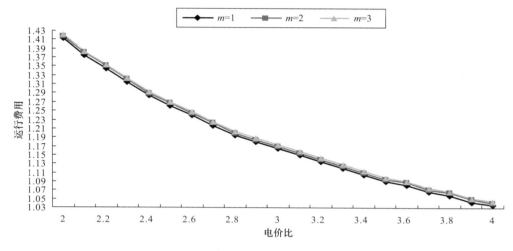

图 6.2-33　$X=15\%$,负荷率为 60% 时单位日运行费用

2) 随着负荷率的降低,不同容量配比的选择方式对运行费用的影响逐渐减小。这是由于负荷率降低时,仅蓄冰装置就可承担大部分供冷负荷,其余由制冷主机和基载主机承担的负荷量较小,因此对运行费用的影响就不甚明显。由此可见,系统负荷率较大时增设和运行基载主机会使系统经济性大大提高。

3) 单纯的运行费用降低并不能代表系统整体经济效益的提高,因为较大的基载主机会导致系统整体初投资费用的上升,所以在基载主机的选择上除了计算运行费用之外还需考虑增设量成本问题,通过计算回收期来综合得出经济性最好的设备选择方式。

3. 蓄冰系统与基载主机耦合供冷系统数据库建立

数据库是存储在一起的相关数据的集合,这些数据是结构化的,无有害的或不必要的冗余,并为多种应用服务;数据的存储独立于使用它的程序;对数据库插入新数据,修改和检索原有数据均能按一种公用的和可控制的方式进行。当某个系统中存在结构上完全分开的若干个数据库时,则该系统包含一个"数据库集合"。

为了便于对上文通过计算得出的不同负荷率、不同融冰速率、不同制冰主机与基载主机容量配比以及不同峰谷电价比情况下耦合系统的设计日运行策略和运行费用进行分析与查询,本书通过 Access 将以上计算结果建立成关于设计日运行费用及运行策略的数据库。

首先,将所有优化计算数据,包括负荷率、融冰速率、基载主机选型、峰谷电价比、设计日运行费用以及优化运行策略分别导入 Access 数据库中。

其次,用 VB 编写程序,完成查询功能。在查询界面中分别输入融冰速率、峰谷电价比等数据,就可以查到相应的设计日运行费用和优化运行策略,如图 6.2-34 所示。

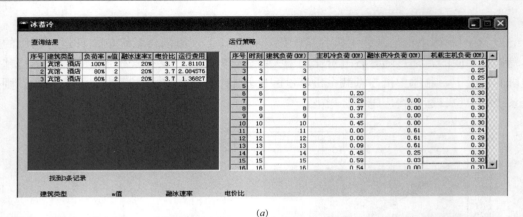

(a)

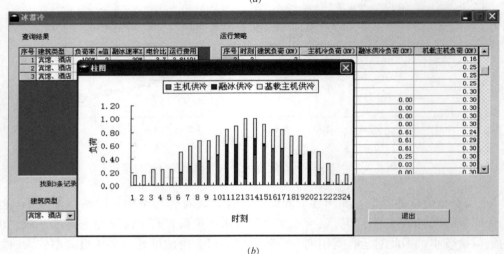

(b)

图 6.2-34　图表查询结果示例

6.3　既有空气处理过程优化与升级改造

6.3.1　既有空气处理过程优化

既有公共建筑空调系统运行方式的选择应考虑以下方面：

（1）室内温湿度的控制要求；

（2）室内空气品质的控制要求；

（3）系统运行的能耗特性及稳定性；

（4）系统运行控制的可行性。

目前，公共建筑空调系统应用较为广泛的主要有一次回风系统和二次回风系统，而对于新风独立除湿系统的应用较少。

所谓新风独立除湿系统，即由新风承担室内的全部湿负荷和部分冷负荷的系统，其优势在于系统的末端处于干工况的条件下运行，避免了冷凝水引起的细菌滋生问题，适用于卫生条件要求较高的场所。其缺点是：当系统新风量较小时，会使得单位新风所承担的湿负荷较大，造成系统的机器露点温度过低而使得常规冷水机组不能满足其安全运行要求。因此，因地制宜地将新风独立除湿系统应用于公共建筑空调系统是一项值得推广的技术。

新风独立除湿空气处理过程（夏季工况）如图 6.3-1 所示。

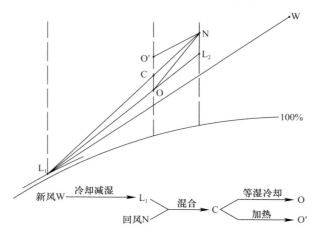

图 6.3-1　新风独立除湿空气处理过程

图 6.3-1 中，N 点为室内控制点，W 点为室外环境参数状态点，O 点由室内的热湿负荷以及送风温差确定，若新风比已知，则可以确定 L_1 点的含湿量，再结合新风处理机组的机器露点温度来确定 L_1 点。整个空气处理过程为：先将室外新风处理到 L_1 点，再和回风混合到达 C 点，若 C 的温度小于 O 点，则新风回风混合后需要加热到 O 点，若 C 点的温度高于 O 点，即送风状态点为 O' 时，则通过干表冷器降温至 O'，或者将回风先通过干表冷器降温至 L_2 再和新风混合，使其达到送风点 O'。

对于室内热负荷、湿负荷、新风比及送风量已知的系统，其计算过程如下：

（1）送风点焓值 h_O 和含湿量 d_O 的计算公式如下：

$$h_O = h_N - \frac{3600Q}{G} \tag{6.3-1}$$

$$d_O = d_N - \frac{3.6 \times 10^6 W}{G} \tag{6.3-2}$$

式中　h_N、d_N——室内控制点焓值和含湿量，单位分别为 kJ/kg 和 g/kg；

　　　Q、W——分别为室内冷负荷和湿负荷，单位分别为 kW 和 kg/s；

　　　G——送风量，m^3/h。

（2）L_1 点含湿量 d_{L1} 的计算公式如下：

$$d_{L1} = \frac{d_C - d_N \cdot (1 - m_{new})}{m_{new}} \tag{6.3-3}$$

式中　d_C——新风回风混合点 C 的含湿量，$d_C = d_O$，g/kg；

　　　m_{new}——新风比。

（3）室外状态点 W 降温除湿到 L_1 点所需冷量 Q_1 的计算公式如下：

$$Q_1 = \frac{G \cdot m_{new} \cdot (h_W - h_{L1})}{3600} \tag{6.3-4}$$

（4）室内状态点 N 等湿冷却至 L_2 状态点所需的冷量 Q_2 的计算公式如下：

$$Q_2 = \frac{G \cdot (1 - m_{new}) \cdot (h_N - h_{L2})}{3600}$$ (6.3-5)

（5）C 点到 O 点所需要的加热量 Q_3 的计算公式如下：

$$Q_3 = \frac{G \cdot (h_O - h_C)}{3600}$$ (6.3-6)

1）系统的能耗分析

相同的室内控制条件下，新风独立除湿系统的能耗明显要比一次回风系统小很多，如某建筑房间，其冷负荷 $Q=10.737kW$，湿负荷 $W=0.001026kg/s$，送风量 $G=10000m^3/h$，新风比 $m_{new}=0.2$，室内干球温度 $t_N=22℃$，室内相对湿度 $\varphi_N=55\%$，室外干球温度 $t_W=34℃$，室外相对湿度 $\varphi_W=80\%$ 的条件下，一次回风系统降温除湿过程能耗为 17.55kW，加热量为 23.30kW，其加热量约为除湿能耗的 1.33 倍，而新风独立除湿系统总能耗为 12.83kW，一次回风系统能耗约为新风独立除湿能耗的 3.18 倍。即使加热系统全部热量采用余热回收，其一次回风能耗也大于新风独立除湿系统，约为新风独立除湿系统的 1.37 倍。

2）系统的稳定性分析

在相同的室内控制条件下，一次回风系统的新风机器露点温度明显比新风独立除湿系统要高，如当 $t_N=22℃$、$\varphi_N=55\%$ 时，其他条件不变的情况下，一次回风系统的新风机器露点温度为 12.8℃，而新风独立除湿系统的新风机器露点温度为 10.5℃，一次回风系统机器露点温度比新风独立除湿系统要高 2.3℃，说明新风独立除湿系统所要求的冷水供水温度比一次回风系统要低。当室内控制点温湿度较低时，满足新风独立除湿系统运行的机器露点温度较低，使得常规冷水温度（5℃）不能满足其稳定运行，如 $t_N=20℃$、$\varphi_N=50\%$ 时，新风独立除湿系统机器露点温度为 6.5℃，而此条件下一次回风系统的机器露点温度为 9.4℃，5℃的冷水供水温度也能满足系统的稳定运行。

3）新风量对系统的影响

对于新风独立除湿系统来说，室内的湿负荷全部由新风来承担，因此，新风量的大小不仅影响到室内的空气品质，而且会影响到系统运行的稳定性。如新风比从 0.1 增加到 0.2 时，新风机器露点温度从 7.2℃ 上升到 10.5℃。对于一次回风系统来说，其新风机器露点温度不随新风比的变化而变化。因此，新风量的大小对新风独立除湿系统有着重要的影响。

综上所述，在能耗方面，相同的运行工况下，新风独立除湿系统的能耗远比一次回风系统要小。但是，在系统运行的稳定性上，新风独立除湿系统对于室内控制条件及新风量是有一定的要求的，即室内控制点温湿度过低或新风量过小都会影响到系统运行的稳定性，一次回风系统的稳定性远比新风独立除湿系统要好。

对于系统运行模式的选择，不能只考虑系统的能耗问题，更要考虑系统控制要求，以及对空气品质的要求。结合既有公共建筑空调系统的特点及其对室内的控制要求、对空气品质的控制要求等，新风独立除湿系统是一项值得推广应用的技术。

6.3.2　系统运行模式升级改造与控制

新风独立除湿系统的主要缺点是当新风量较小时，单位新风所承担的湿负荷较大，造成新风机器露点温度较低，因此所需要的冷水供水温度较低，这不仅会影响主机的能耗，也不利于系统的安全稳定运行。所以，若采用回风承担一定的室内湿负荷，就会使得新风所承担的湿负荷减小，使得新风处理机组机器露点温度不至于过低而不利于系统的运行。

1. 回风承担室内部分湿负荷的新风独立除湿系统

整个空气处理过程如图6.3-2所示，室外新风从W点先经过新风处理机组降温除湿至 L_1 点，室内回风经过回风处理机组降温除湿至 L_2 点，经过处理的新风回风混合至C点，再通过加热器加热至送风点O。

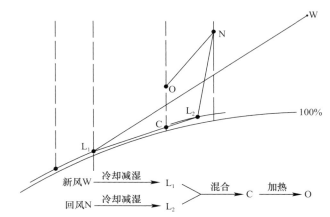

图6.3-2 回风承担一定的湿负荷的新风独立除湿系统空气处理过程

由于回风承担室内部分湿负荷，因此会有冷凝水的产生，此运行模式适合空气品质要求不是很高的既有公共功能房间，如普通办公等。

过程计算分析：

（1） L_1 点含湿量 d_{L1} 的计算公式如下：

$$d_{L1} = d_N - \frac{3.6 \times 10^6 W_{new}}{G \cdot m_{new}} \tag{6.3-7}$$

式中： $W_{new} = W_N \cdot W$ ， W_N 为新风承担室内湿负荷比。

（2） L_2 点含湿量 d_{L2} 的计算公式如下：

$$d_{L2} = \frac{d_C - d_{L1} \cdot m_{new}}{1 - m_{new}} \tag{6.3-8}$$

系统运行特性分析：

1）回风承担室内部分湿负荷对系统机器露点温度的影响

随着回风承担室内湿负荷的增加，新风所承担的室内湿负荷会减小，即新风承担室内湿负荷比 W_N 会减小，新风处理机组的机器露点温度会相应地上升，如室外干球温度 $t_W=$ 34℃，室外相对湿度 $\varphi_W=60\%$ ，新风、回风处理机组机器露点温度随着新风承担室内湿负荷比的变化而变化，如图6.3-3所示。由图可知，随着新风承担室内湿负荷比的降低，新风处理机组机器露点温度升高较为明显，如新风承担室内湿负荷比 W_N 从0.9降低到0.3时，机器露点温度上升1.7℃。而回风表冷器随新风承担室内湿负荷比的增加而增加的幅度较小。说明了回风承担室内部分湿负荷会明显地提高新风处理机组的机器露点温度而对回风处理机组的影响较小。

2）回风承担室内湿负荷比及室内控制点相对湿度对系统加热量的影响

系统的加热量基本不随新风承担室内湿负荷比的变化而变化，但是，随着室内控制点相对湿度的降低而急剧增加，且整体上，系统的加热量较大，不利于系统的运行，另外说明了回风承担一定的湿负荷后，使得系统的加热量急剧增加，使得系统的能耗急剧增加。如 $\varphi_N = 55\%$ 时，系统的加热量约为 24.5kW，远大于室内的冷负荷，如图 6.3-4 所示。

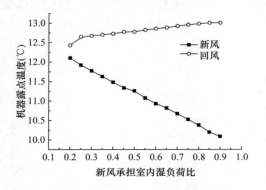

图 6.3-3　新风、回风处理机组机器露点　　　　图 6.3-4　系统加热器功率和室内
温度和湿负荷比的关系　　　　　　　　　　相对湿度的关系

　　总之，回风承担一定的湿负荷后，可以提高新风处理机组的机器露点温度，进而提高系统运行的稳定性，但是所付出的代价是要增加系统的加热量，使得系统的能耗增加，因此，回风承担室内湿负荷的新风独立除湿系统需要做进一步的改进。

2. 部分回风冷却除湿的新风独立除湿系统

　　当回风表冷器承担一定的湿负荷时，会使得系统的加热能耗急剧增加，因此，如何降低系统的加热能耗十分关键，需要对系统的运行控制方式做进一步的改造，使其节能稳定地运行。因此提出了部分回风冷却除湿的方法，能够极大地减少系统的加热能耗。

　　整个空气处理过程如图 6.3-5 所示，室外新风从 W 点先经过新风处理机组降温除湿至 L_1 点，室内部分回风经过回风处理机组降温除湿至 L_2 点，通过降温除湿的回风和旁通的回风混合到达状态点 C_2，再和经过降温除湿处理的新风混合至 C_1 点，再通过加热器加热至送风点 O。

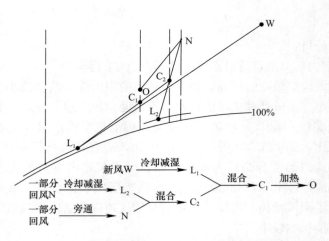

图 6.3-5　部分回风冷却除湿的新风独立除湿空气处理过程

过程计算分析：

（1）L_1 点含湿量 d_{L1} 的计算公式可由式（5.6-7）算得。

（2）C_2 点的含湿量 d_{C2} 的计算公式如下：

$$d_{C2} = \frac{d_O - d_{L1} \cdot m_{new}}{1 - m_{new}} \qquad (6.3\text{-}9)$$

（3）L_2 点含湿量 d_{L2} 的计算公式如下：

$$d_{L2} = \frac{d_{C2} - (1 - m_{back}) \cdot d_N}{m_{back}} \qquad (6.3\text{-}10)$$

式中　m_{back}——回风冷却风量占回风量比。

（4）C_1 点到 O 点所需要的加热量 Q_3 的计算公式如下：

$$Q_3 = \frac{G \cdot (h_O - h_{C1})}{3600} \qquad (6.3\text{-}11)$$

系统运行特性分析：

1）回风冷却风量比和 W_N 对回风处理机组机器露点温度的影响

回风冷却风量比对回风表冷器机器露点温度同样有着重要的影响，如图 6.3-6 所示。随着回风冷却风量比的降低，回风处理机组机器露点温度降低，且随着新风承担室内湿负荷比的降低而降低的趋势越明显，如 $W_N = 0.8$，回风冷却风量比从 0.85 降低到 0.3 时，回风表冷器机器露点温度从 12.9℃ 降低到 12.3℃，降低了 0.6℃；如 $W_N = 0.5$，回风冷却风量比从 0.85 降低到 0.3 时，回风表冷器机器露点温度从 12.7℃ 降低到 11.6℃，降低了 1.1℃。

2）回风冷却风量比和湿负荷比对系统加热量的影响

部分回风冷却除湿的新风独立除湿系统加热量和回风冷却风量比有着重要的关系，如图 6.3-7 所示。系统的加热量随回风冷却除湿风量比的减小而减小。如回风冷却除湿风量比从 0.8 减小到 0.5 时，其加热量从 19.88kW 减小到 12.51kW，约减小 37.1%，当回风冷却除湿风量比减小到 0.35 时，其加热量为 9.05kW，约减小 54.5%，可见采用部分回风冷却除湿的方法能够极大地降低系统的加热量。

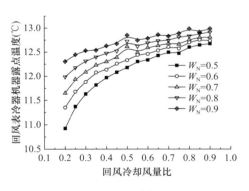

图 6.3-6　回风机器露点温度和回风
冷却风量比的关系

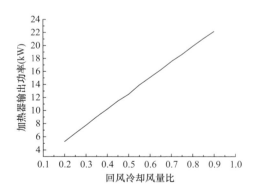

图 6.3-7　系统加热量和回风
冷却风量比的关系

综上，对于回风承担部分室内湿负荷的新风独立除湿系统来说，具有以下特点：

① 降低回风冷却风量比会明显降低系统的加热量，其节能效果明显。

② 采用回风承担一定的室内湿负荷，虽然会提高新风处理机组机器露点温度，使得系统能够稳定地运行，但是会急剧地增加系统的加热量。采用部分回风冷却除湿的方法能

够极大地降低系统的加热量，从而提高系统的 COP。

③ 若需要回风承担一定的室内湿负荷，则需要通过回风来抵消系统的加热量，否则会极大地增加系统的能耗。

3. 系统的控制技术

定露点控制虽然能够实现组合式空气处理机组稳定运行，但不利于节能运行，特别是空气处理设备的冷负荷和湿负荷都是实时变化的，实际送风点也实时变化，尤其是在过渡季节需要通过改变新风和回风比例来利用室外新风冷量时，能通过预设新回风比来实现节能运行。传统的空气处理机组全年运行调节的方法是基于已知负荷条件下，对各个运行工况进行预设，而实际运行过程应该是根据冷负荷和湿负荷的变化动态调整新风回风比例、再热量、表冷器露点温度、加湿量以及总送风量，共涵盖了 5 个需要实时调节的变量，难度较大。

（1）动态无露点控制分区

对于新风独立除湿系统来说，其动态无露点控制分区如图 6.3-8 所示。

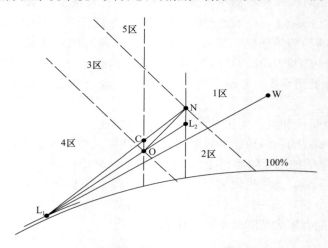

图 6.3-8　新风独立除湿系统动态无露点控制分区

1 区：室外新风焓值大于室内空气控制点焓值，且室外新风相对湿度大于室内空气控制目标值，即 $h_W > h_N$，$d_W > d_N$。

2 区：室内空气控制点等湿线 d_N、h_N 和饱和线所包围的区域。

3 区：室外新风焓值大于送风点焓值但小于室内控制点焓值，且室外新风含湿量小于室内含湿量，即 $h_W > h_O$，$h_W < h_N$，$d_W < d_N$。

4 区：h_O、d_N 和饱和线所包围区域。

5 区：室外新风焓值大于送风点焓值但小于室内控制点焓值，且室外新风含湿量小于室内含湿量，即 $h_W > h_N$，$d_W < d_N$。

（2）无露点控制前提条件

1）送风机频率可调：通过改变送风机频率调节总送风量，由送回风温差作为反馈控制信号进行反馈调节。

2）新风/回风阀门可调：通过调节新回风阀门来调节新回风比例。

3）表冷器露点温度可调：通过调节表冷器（或加热器）管内流体流量来进行调节，通常在进水管安装比例积分调节阀。

4) 加热器的加热量可调：通过调节加热器电流（或热水流量）进行调节。

5) 加湿器的加湿量可调：通过调节湿膜加湿器喷水流量（或喷蒸汽量）进行调节。

（3）不同分区的控制策略

不同分区的控制逻辑图如图 6.3-9 所示。

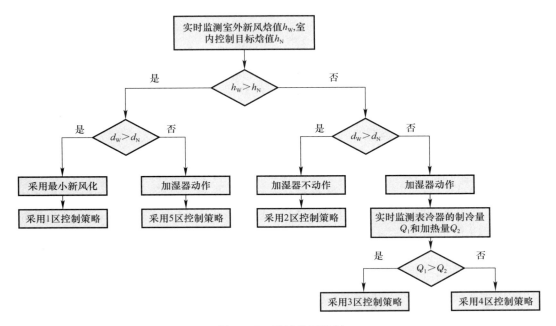

图 6.3-9 系统分区控制

1) 1 区的控制策略

① 实时监测室外新风焓值，对比室内空气控制目标焓值，当室外新风焓值大于室内控制目标焓值时，调节新回风阀至最小，即采用最小新风比；此时系统调整至 1 区的控制策略，即制冷模式。

② 实时监测室内空气温度，如果实际温度高于目标值，则加热器控制装置动作，加热量减少，反之亦然。

③ 如果室内实际相对湿度高于目标值，则加湿器控制装置停止动作，增加表冷器流量以降低其机械露点温度。

④ 当控制过程处于 1 区，且室内实际相对湿度大于控制目标值时，加湿器不动作，由加热器和表冷器对室内空气温湿度进行控制。

⑤ 根据送回风温差（送回风温差根据控制精度要求预设，通常不大于某一设定值），动态调节送风量。

2) 2 区的控制策略

① 实时监测室外新风焓值，当室外新风焓值低于室内控制目标值，且室内实际相对湿度大于控制目标值时，加湿器不动作，而是需要通过调节表冷器冷水流量控制室内相对湿度，此时可判断空气处理过程处于 2 区。

② 当控制过程处于 2 区时，调节新回风阀至全新风状态。

③ 由表冷器进行相对湿度控制，由加热器进行室内温度控制。

④ 根据送风温差，动态调整送送风量。

3）3区的控制策略

① 实时监测室外新风焓值，当室外新风焓值低于室内控制目标值，且室内实际相对湿度小于控制目标值时，加湿器需要动作，通过控制加湿器的加湿量来控制室内相对湿度；同时，监测表冷器的制冷量和加热器加热量，如果制冷量大于加热量，此时可判断空气处理过程处于3区。

② 当控制过程处于3区时，调节新回风阀至全新风状态。

③ 由加湿器进行相对湿度控制，由加热器进行室内温度控制。

④ 如果加热量大于零，且制冷量大于零，则减少表冷器冷水流量以降低制冷量，直至加热量接近于零，或直至制冷量接近于零。

⑤ 根据送风温差，动态调整送风量。

4）4区的控制策略

① 实时监测室外新风焓值，当室外新风焓值低于室内控制目标值，且室内实际相对湿度小于控制目标值时，加湿器需要动作，通过控制加湿器的加湿量来控制室内相对湿度；同时，监测表冷器的制冷量和加热器加热量，如果制冷量小于加热量，此时可判断空气处理过程处于4区。

② 当控制过程处于4区时，需要判断制冷量和加热量的大小，如果制冷量小于加热量，则运行至4区，调节新回风阀，增加回风量，尽可能推迟使用冷量。

③ 由加湿器进行相对湿度控制，由加热器进行室内温度控制。

④ 如果加热量大于零，且制冷量大于零，则减少表冷器冷水流量以降低制冷量，直至加热量接近于零，或直至制冷量接近于零。

⑤ 根据送风温差，动态调整送送风量。

5）5区的控制策略

① 实时监测室外新风焓值，当室外新风焓值大于室内控制目标值，且室内实际相对湿度小于控制目标值时，加湿器需要动作，通过控制加湿器的加湿量来控制室内相对湿度；同时，监测表冷器的制冷量和加热器加热量，如果制冷量大于加热量，此时可判断空气处理过程处于5区。

② 当控制过程处于5区时，采用最小新风比。

③ 由加湿器进行相对湿度控制，由加热器进行室内温度控制。

④ 如果加热量大于零，且制冷量大于零，则减少表冷器冷水流量以减少制冷量，直至加热量接近于零，或直至制冷量接近于零。

⑤ 根据送风温差，动态调整送送风量。

(4) 实现过程

1）采用上位机直接控制（或PLC进行控制，上位机与PLC进行数据通信）。

2）考虑到组合式恒温恒湿空气处理机组无露点控制，需要同时对总风量、新回风比、制冷量、加热量和加湿量5个变量进行实时动态控制，而空调系统的热惯性决定了控制系统不可能采用实时PID控制模式。

3）整个控制过程，采用离散化的PID控制模式，避免调节过于频繁，通过控制PID离散程度（时间常数），来实现多变量调节过程。

4）在1区和2区，主要依靠控制加热量和制冷量来实现室内温湿度控制过程，其离散程度（时间常数稍短），依靠温差控制总风量，其PID控制离散程度大（时间常数长）。

5）在3区、4区和5区，主要依靠控制加热量和加湿量来实现室内温湿度控制过程，其离散程度（时间常数稍短），依靠温差控制总风量，其PID控制离散程度大（时间常数长）；依靠制冷量和加热量比较结果来调节制冷量和新回风比，PID控制离散程度大（时间常数长）。

6.4　末端供能设备升级改造关键技术及配套产品研发

目前既有公共建筑，如酒店、商场、医院等，因其规模较大且人员密集，所需新风量大；或如无烟室、洁净室等对室内的通风和空气品质有很高要求的地方，甚至要求全新风。因此，空调系统中新风能耗十分巨大，成为整个系统能耗的主要部分。而排气所带走的能量占总负荷的30%～40%，这些能源如果不加以有效回收利用，必然造成能源的浪费，增大空调的能耗。由此可见，新风虽可改善室内空气品质，却会造成系统运行能耗的明显上升，使得系统运行费用增加。

目前常用的空调热回收装置主要分为：显热回收装置和全热回收装置。显热回收装置有盘管热环式换热器、板式显热换热器、传统热管式换热器和三维热管式换热器。全热回收装置有中间热媒式换热器、转轮式换热器、板翅式换热器和热泵式换热器。

盘管热环式换热器，需增加泵的配置和控制，对管道的密封要求极高；板式显热换热器，通过气流受到露点温度的限制，凝结水、结冰现象使其寿命下降；中间热媒式换热器热回收效率低，存在动力能耗；板翅式换热器体积较大，占用建筑空间较大，易堵易脏，压力损失大，且板翅式易滋生霉菌；转轮式换热器体积较大，无法完全避免交叉污染，本身也需消耗能量驱动；而传统热管热交换器存在设备结构复杂、维护量大、需要按一定角度布置进行季节转换，缺乏配管的灵活性。由此可知，目前空调热回收装置存在很多的问题，需要进一步改善热交换器的不足。

相对于以上空调热回收装置，三维热管式换热器是多排热管设计的一个突破，采用将多排具有特殊内部槽道结构的管路首尾相连，组成的"三维热回路"结构，如图6.4-1所示。热量可以从三维热管的一侧向另一侧传递，也可以在不同管排的前后、上下方向传递。其中工作液体的传送不仅是由两段气流之间的温差实现的，而且是由相同气流中的不同排管

图 6.4-1　三维热管式换热器

之间的温差实现的。这样的设计，使得在相同管径的情况下，三维热管比传统重力热管能够传送 2~3 倍的工作液体，且各排管路能够等效工作。其结果是三维热管的传热能力更大，而占用空间相对更小，空气阻力更低。

6.4.1　三维热管式换热器传热过程分析

三维热管传热过程同普通热管类似，标准热管等效传热热阻模型如图 6.4-2 所示。

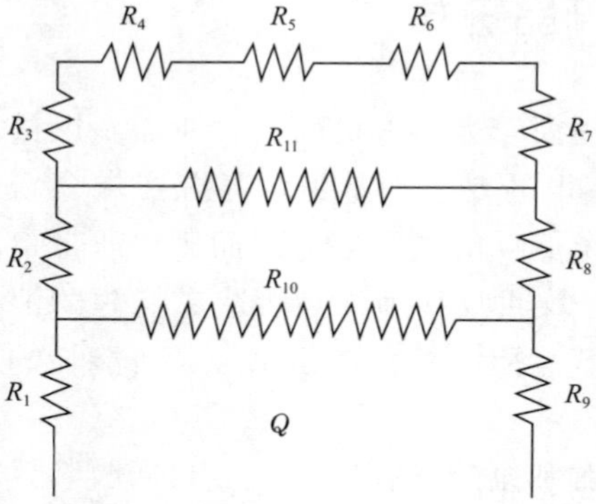

图 6.4-2　热管的等效传热热阻模型

热管的传热过程各环节及其热阻为：

（1）热源对热管蒸发段壁面间的换热热阻 R_1 为：

$$R_1 = \frac{1}{\pi d_0 L_e \alpha_1 \varepsilon'} \tag{6.4-1}$$

式中　d_0——热管蒸发段外径；

L_e——蒸发段长度；

α_1——热源对蒸发段的换热系数；

ε'——换热面的清洁度。

R_1 的数值一般在 $10 \sim 10^3 \mathrm{K/W}$。

（2）热管蒸发段管壁径向导热热阻 R_2，在一般情况下，因为热管壳体都是金属，而且比较薄，多为圆管状，所以这个导热环节的导热比较简单，R_2 可以按以下公式计算：

$$R_2 = \frac{\ln(d_0/d_i)}{2\pi \lambda_w L_e} \tag{6.4-2}$$

式中　d_i——热管蒸发段内径；

λ_w——管壁的导热系数。

R_2 的数值一般在 $10^{-4} \sim 10^{-2} \mathrm{K/W}$。

（3）热管蒸发段吸液芯的径向导热热阻 R_3 为：

$$R_3 = \frac{\ln(d_i/d_v)}{2\pi \lambda_e L_e} \tag{6.4-3}$$

式中　d_v——热管内蒸发空间直径；

λ_e——有效导热系数，与吸液芯和介质组合有关，介于串联导热模型和并联导热模型之间。串联导热时导热系数 λ' 为：

$$\lambda' = \frac{1}{\frac{1-\varepsilon}{\lambda_x} + \frac{\varepsilon}{\lambda_l}} \tag{6.4-4}$$

并联导热时导热系数为：

$$\lambda'' = (1-\varepsilon)\lambda_x + \varepsilon \lambda_l \tag{6.4-5}$$

式中　ε——吸液芯孔隙率（芯内含液容积与管芯中容积比）；

λ_x——芯材的导热系数，$\mathrm{W/(m \cdot K)}$；

λ_l——介质导热系数，$\mathrm{W/(m \cdot K)}$。

R_3 的数值在 $10^{-2} \sim 10^{-1} \mathrm{K/W}$。

（4）热管蒸发段气-液界面相变传热热阻 R_4 为：

$$R_4 = \frac{R_v T_v^2 \sqrt{2\pi R_v T_v}}{r^2 p_v \pi d_v L_1} \tag{6.4-6}$$

式中　R_v——气体常数；

　　　T_v——蒸汽温度；

　　　p_v——蒸汽压力；

　　　r——汽化潜热。

R_4 的数值一般为 10^{-5} K/W。

（5）蒸汽轴向流动传热热阻 R_5：在热管内部的蒸汽流动过程是借助于蒸汽分子的质量传输而实现热量传输的。由于流动压差很小，所以，两段间的温差很小，在大多数情况下，可以认为是等温的。热阻 R_5 的数值一般为 $10^{-8} \sim 10^{-6}$ K/W，所以往往可以忽略，它的值可由下列公式计算：

$$R_5 = \frac{128 L_e \mu_v T_v}{\pi d_v^4 \rho_v^2 L^2} \tag{6.4-7}$$

式中　L_e——热管的有效长度；

　　　L——热管的总长；

　　　d_v——蒸汽空间直径；

　　　ρ_v——蒸汽密度；

　　　μ_v——蒸汽动力黏度。

（6）热管冷凝段气液界面相变传热热阻 R_6：可按 R_4 类似处理。

（7）热管冷凝段吸液芯的径向导热热阻 R_7：可按 R_3 类似处理。

（8）热管冷凝段管壁径向导热热阻 R_8：可按 R_2 类似处理。

（9）热管冷凝段对热汇的换热热阻 R_9：可按 R_1 类似处理。

（10）管壁轴向导热热阻 R_{10}：它的数值一般为 10^3 K/W，可由以下公式计算：

$$R_{10} = \frac{4 L_e}{\pi \lambda_w (d_0^2 - d_i^2)} \tag{6.4-8}$$

式中　λ_w——管壁的导热系数。

（11）吸液芯轴向导热热阻 R_{11}：它的数值一般为 10^4 K/W，可由下列等式计算：

$$R_{11} = \frac{4 L_e}{\pi \lambda_e (d_i^2 - d_v^2)} \tag{6.4-9}$$

式中　λ_e——有效导热系数。

热管传热总热阻 R 为：

$$R = R_1 + \frac{\left[R_2 + R_{11} \sum_{n=3}^{7} R_n \Big/ \left(R_{11} + \sum_{n=3}^{7} R_n \right) + R_8 \right] \times R_{10}}{R_2 + R_{11} \sum_{n=3}^{7} R_n \Big/ \left(R_{11} + \sum_{n=3}^{7} R_n \right) + R_8 + R_{10}} + R_9 \tag{6.4-10}$$

考虑到管壁和吸液芯的轴向导热热阻 R_{10} 和 R_{11} 较大，通过热量较小，而热管主要是靠径向传热，故 R_{10} 和 R_{11} 可忽略不计，则：

$$R = \sum_{1}^{9} R_n = \frac{\sum_{1}^{9} \Delta t_n}{Q} \tag{6.4-11}$$

可见热管的总温差即可代表其总热阻的大小。

忽略蒸汽轴向流动的传热热阻 R_5 时，总热阻 R 为：

$$R = R_e + R_c \tag{6.4-12}$$

式中　R_e——热管蒸发段总热阻，$R_e = \sum\limits_{n=1}^{4} R_n$；

　　　R_c——热管蒸发段总热阻，$R_c = \sum\limits_{n=6}^{9} R_n$。

热管的平均工作温度 t_v 为：

$$t_v = \frac{R_c}{R} t_{m1} + \frac{R_e}{R} t_{m2} \tag{6.4-13}$$

式中　t_{m1}——热流体平均温度；

　　　t_{m2}——冷流体平均温度。

而在三维热管传热过程中，传热动力是依靠两端气流之间的温差以及相同气流中不同管排之间的温差实现的。所以无吸液芯或简单吸液芯时热阻 R_3 和 R_4 可以略去，即：

$$R = R_1 + R_2 + R_8 + R_9 \tag{6.4-14}$$

6.4.2　三维热管式热交换机组不同工况下应用于空调热回收的热工性能分析

1. 三维热管式热交换机组实验模块

三维热管式热交换机组主要由风机、箱体、过滤器、风口和热管换热器组成。本书课题组所用三维热管式热交换机组采用专业厂家加工制作的机组。该机组箱体内设有中间隔板，将箱体分为两部分：一部分为排风侧，另一部分为新风侧。排风侧设有过滤器、排风入口、排风机、排风出口；新风侧设有新风入口、过滤器、新风机、新风出口等。箱体中部设有穿过中间隔板的三维热管式换热器。三维热管式热交换机组底部设有冷凝水盘。本实验共有 3 台三维热管式换热机组，风量分别为 $100m^3/h$、$1000m^3/h$、$10000m^3/h$、结构图分别如图 6.4-3～图 6.4-5 所示：

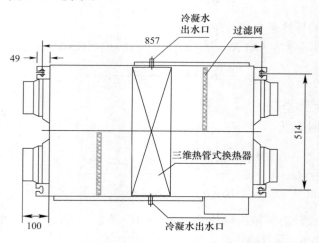

图 6.4-3　风量为 $100m^3/h$ 的三维热管式热交换机组

上述 3 种热回收新风机组选用的三维热管式换热器，包含一根蛇形热管，该热管具有多个 U 形管，U 形管具有相邻的开口，再用 U 形弯头连接相邻的开口端，并形成一个简单的蛇形热管，在这些管道内都充有适量的冷媒，并在 U 形管上设有翅片，构成一个蛇形热管式换热器。

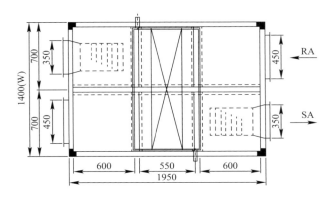

图 6.4-4 风量为 1000m³/h 的三维热管式换热器

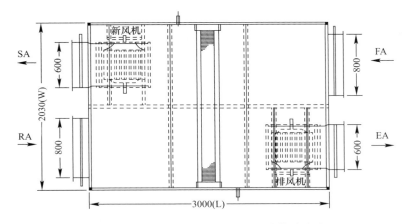

图 6.4-5 风量为 10000m³/h 的三维热管式换热器

该换热器包含一个连续的封闭回路管道,其中第一段作为蒸发段,第二段作为冷凝段,同时在中间做一个绝热段,将蒸发段和冷凝段隔开。该连续的封闭回路中的第一段和第二段,可以是连续封闭回路中蛇形管道的一部分,也可以是单独的蛇形管道部件本身,结构形式如图 6.4-6 所示。

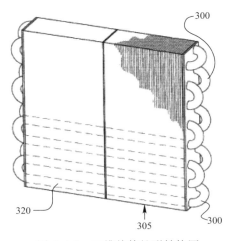

图 6.4-6 三维热管蛇形结构图

3 台三维热管式换热器机组基本参数如表 6.4-1～表 6.4-3 所示。

风量为 100m³/h 的三维热管式换热器　　　　表 6.4-1

设备型号	HPQS-100
电源	220V/50Hz
输入功率	58W×2
电流	0.18A
风量	100m³/h
机外静压	100Pa
噪声	29dB（A）
外形尺寸	800×580×265mm
进风口	直径 148
出风口	直径 148
重量	36kg

风量为 1000m³/h 的三维热管式换热器　　　　表 6.4-2

设备型号		HPQW-01
送风机	风量	1000m³/h
	风机静压	150Pa
	机外静压	100Pa
	电机功率	0.18kW
	风机转数	960r/min
	电源规格	380V/3PH/50Hz
排风机	风量	1000m³/h
	风机静压	150Pa
	机外静压	100Pa
	电机功率	0.18kw
	风机转数	960r/min
	电源规格	380V/3PH/50Hz
水盘	材料	不锈钢板
	管径	2-DN25
粗效过滤器		—
箱体、保温		壁板保温厚度 25mm
		壁板材料镀锌板/彩钢板
		铝合金框架

风量为 10000m³/h 的三维热管式换热器　　　　表 6.4-3

设备型号		HPQW-10
送风机	风量	10000m³/h
	风机静压	330Pa
	机外静压	100Pa
	电机功率	2.2kW
	风机转数	697r/min
	电源规格	380V/3PH/50Hz
排风机	风量	10000m³/h
	风机静压	330Pa
	机外静压	100Pa
	电机功率	2.2kW
	风机转数	697r/min
	电源规格	380V/3PH/50Hz

续表

设备型号		HPQW-10
水盘	材料	不锈钢板
	管径	2-DN32
粗效过滤器		
箱体、保温		壁板保温厚度 25mm
		壁板材料镀锌板/彩钢板
		铝合金框架

2. 三维热管式热回收机组实验平台搭建

课题组设计并建立了三维热管式热回收机组性能实验平台，对所设计的三维热管式热回收机组进行了不同工况下的性能实验，比较在风量、室内外温度、迎面风速等实验工况发生改变的情况下，三维热管式热回收机组的热回收效果，为三维热管式热回收装置在空调热回收方面的应用提供参考，对设计开发出综合性能优良的热管式热回收装置有积极的作用。

（1）实验平台环境参数

实验环境室如图 6.4-7 所示。环境室由热风环境室和冷风环境室组成，热风环境室室内温度为 30～40℃，冷风环境室室内温度 20～30℃。环境室内的实验装置由三维热管式热回收机组、冷却装置、加热装置、热电偶等组成。

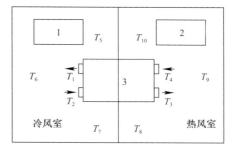

图 6.4-7　三维热管式热回收
机组性能测试环境室
1—冷源；2—热源；3—三维热管式热回收机组

（2）实验热源方式

加热蒸发段一般比较均匀，目前实验中研究者普遍采用的加热形式有如下几种：

1）单相流加热：用高温气体或液体流过热管的加热段。

2）蒸汽加热：用饱和蒸汽输入到热管的加热段。

3）电阻丝加热：将电阻丝均匀地绕在有绝缘层的热管壳壁上，或将电阻丝穿入电绝缘套管中后再绕在热管壳壁上。

4）大电流加热：靠热管壳体的电阻直接通电加热。

5）高频感应加热：将热管加热段插入通高频电的感应线圈中，壳体金属受高频电感应产生涡流发热。

比较上述五种方法，电阻丝加热容易造成对热管的加热不均，电阻丝易烧断，影响实验的顺利进行。高频感应加热是一种非接触性加热，但电磁感应漏损严重，更主要的弊病是高频电对测温热电偶和其他测量仪表造成严重干扰。而采用高温单相流体和饱蒸汽加热比较合理，它更接近于实际工作情况。

采用暖风机加热新风室内的空气，该暖风机功率分为三个档次，风速亦有三级可调，通过改变暖风机的送风温度和风速，可以有效地对室温进行调节。

（3）实验冷源方式

热管在空调系统应用中，尤其在余热回收方面，采用的是气—气热管换热器，由于一定

193

温度的冷空气需要一套单独的制冷系统，因此采用一台空调器对排风环境室进行温度调节。

（4）实验台组建及测点布置

三维热管式热回收机组环境室和三维热管式热回收机组组建实图，如图6.4-8～图6.4-10所示。

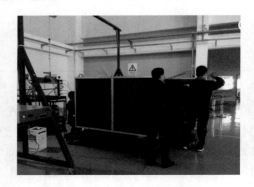

图6.4-8　三维热管式热回收机组　　　图6.4-9　三维热管式热回收机组组建

图6.4-10　三维热管式热回收机组环境室

主要针对三维热管热回收器的节能性进行测试，重点是热回收效率。根据热回收效率公式可知，其主要跟温度有关。温度是本实验台的重要测量参数，主要包括：冷风进口温度 T_2、冷风出口温度 T_1、热风进口温度 T_4、热风出口温度 T_3、冷风室温度测点（T_5、T_6、T_7）、热风室温度测点（T_8、T_9、T_{10}），共10个温度测量点。

实验中使用的电阻温度计，分辨率为0.1℃，测量精度为0.5℃，测量范围为0～200℃，温度计在这区间线形度很好，实验实际要测量的温度范围为20～80℃。在实验开始前，先用精度为0.1℃的温度计对所有温度计进行校核，可通过调节温度计的电位器来调节偏差值，最终使所有温度计的测量精度基本上保证在0.2℃以内，这样可从根本上保证实验的准确。

热电阻的安装：热电阻的安装采用铝箔胶带将热端粘贴在管壁上，以增大测量端与被测介质的接触面积，从而使感温元件能够比较真实地反映被测温度值。

3. 三维热管式热回收机组不同工况下应用于空调热回收的热工特性分析

（1）不同风量对三维热管式热回收机组热回收效率的特性分析

通过研究上述3个不同风量的机组，测试不同风量下对三维热管式热回收机组的热回收率影响。测试条件为冷风进口温度 $T_2=24$℃，热风进口温度 $T_4=34$℃，热、冷新风量都分别为100m³/h、1000m³/h、10000m³/h，获得热风的出口温度。根据温度热回收效率公式：

$$\eta = \frac{T_9 - T_{10}}{T_9 - T_4} \qquad (6.4\text{-}15)$$

可知三维热管式热回收机组热回收效率，记录数据见表6.4-4。

三维热管式热回收机组在三种风量下的热回收效率 表6.4-4

风量（m³/h）	100	1000	10000
热回收效率（%）	83	69	63

实验测得的数据显示，随着风量的不断增大，三维热管式热回收机组的热回收效率逐渐减小。在风量为100m³/h时，热回收率为0.83；风量为1000m³/h时，热回收效率为69%；在风量为10000m³/h时，热回收效率为63%。这是因为风量的增大意味着加热量的增大，热风的出口温度T_3逐渐增大，根据温度热回收效率公式可知，在其他温度不变的情况下，热回收效率随之减小。

（2）不同冷风进口温度对三维热管式热回收机组回收效率的特性分析

在热风进口温度T_4=34℃，风量为1000m³/h时，改变冷风的进口温度T_2来测试三维热管式热回收机组的热回收效率。测试当热风进口温度T_4=34℃，冷风进口温度分别为22℃、24℃、26℃和28℃时，记录热风的出口温度T_3，根据温度热回收效率公式，可知三维热管式热回收机组热回收效率，记录数据见表6.4-5。

三维热管式热回收机组在不同冷风进口温度下的热回收效率 表6.4-5

冷风进口温度（℃）	22	24	26	28
热回收效率（%）	57	67	73	80

从上述数据可以看出：室外温度稳定不变时，室内温度发生变化，热回收效率也随之变化。根据温度热回收效率公式可知，热回收效率取决于热风的进出口温差和室内外温差。热风的进口温度即为室外温度，室外温度越高，热管蒸发段的蒸发效果越明显。当室内温度升高时，室内外温差降低。此时，在热风进出口温差不变时，室内外温差降低，热回收效率会随之升高。因此，在热管设计温度范围内，室内温度取值合理的条件下，尽量增加室内温度，可以提高三维热管式热回收机组的热回收效率。

（3）不同热风进口温度对三维热管式热回收机组热回收效率的特性分析

在冷风进口温度T_2=24℃，风量为1000m³/h时，改变冷风的进口温度T_4来测试三维热管式热回收机组的热回收效率。测试当冷风进口温度T_2=24℃，热风进口温度分别为30℃、34℃、38℃和40℃时，记录热风的出口温度T_3，根据温度热回收效率公式，可知三维热管式热回收机组热回收效率，记录数据见表6.4-6。

三维热管式热回收机组在不同热风进口温度下的热回收效率 表6.4-6

热风进口温度（℃）	30	34	38	40
热回收效率（%）	54	68	75	77

由表6.4-6可以看出，随着空调新风温度的升高，三维热管式热回收机组热回收效率

不断增加。新风温度为 30℃时，热回收效率最低，为 54％；新风温度为 40℃时，热回收效率最高，达到 77％。这说明热回收机组新风温度越高，其换热效果越好，热回收效率也越大。

（4）不同迎面风速对三维热管式热回收机组热回收效率的特性分析

在冷风进口温度 $T_2=24℃$，热风进口温度 $T_4=34℃$，风量为 1000m³/h 时，管排数为 2、4、6、8 的条件下，改变不同迎面风速来测试三维热管式热回收机组的热回收效率。实验中，通过数字控制变频器调节风机频率来控制迎面风速，记录数据见表 6.4-7，数据处理后得到如图 6.4-11 所示关系。

不同排管在 1.0～3.0m/s 的迎面风速下的热回收效率　　　表 6.4-7

迎面风速（m/s）	热回收效率（％）			
	2 排管	4 排管	6 排管	8 排管
1.0	40	63	75	83
1.5	37	58	70	78
2.0	36	56	67	74
2.5	34	53	63	70
3.0	33	51	61	68

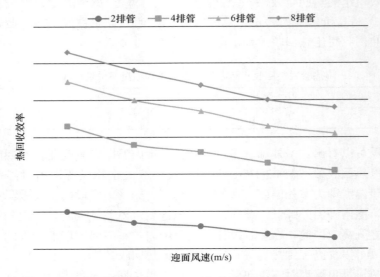

图 6.4-11　不同排管在 1.0～3.0m/s 的迎面风速下的热回收效率

由图 6.4-11 可以看出，三维热管热式热回收机组热回收效率随着迎面风速增加而降低，随管排数的增加而增大。以迎面风速 2.5m/s 为例，管排数从 2 排增加到 8 排时，热回收效率由 34％增加到 70％，这是因为，随着管排数的增加，空气与三维热管式换热器的接触面积增大，热交换量增加，热回收效率也越来越高。反之，管排数越少，新风与三维热管式换热器的接触面积越小，热交换量降低，热回收效率也降低；以 6 排管为例，迎面风速从 1.0m/s 升高到 3.0m/s，热回收效率由 75％降低到 61％；迎面风速大于 2.5m/s，温度效率变化趋于平缓，这是因为，随着迎面风速的增加，空气与三维热管式换热器的接触时间缩短，热交换越来越不充分，导致新风侧进、出口空气温差越来越小，热回收效率也越来越低，迎面风速继续增加，对换热器热交换的影响不大，热回收效率趋于平缓。反之，迎面风速越小，新风与三维热管式换热器的接触时间越长，热交换就越充分，新风侧进、出口空气的温差就越大，热回收效率也就越高。

在实际应用中，设备回收热量的多少也是需要考虑的重要因素之一。迎面风速越小，进、出口空气温差增大，热回收效率增高，但同时通过三维热管式换热器的风量减小；而迎面风速增加，进、出口空气温差减小，热回收效率降低，但通过三维热管式换热器的风量变大。相比之下，设备所能回收热量的多少并不相同。所以需要具体情况具体分析。

1）随着空调系统新风量的增大，三维热管式热回收机组的热回收效率下降。在冷风进口温度、热风进口温度一定的条件下，新风量为 $100m^3/h$ 时，热回收效率达到 83%；新风量为 $10000m^3/h$ 时，热回收效率为 63%。

2）随着空调系统冷风进口温度的升高，三维热管式热回收机组的热回收效率增大。在新风进口温度、风量一定的条件下，冷风进口温度为 22℃时，热回收效率为 57%；冷风进口温度为 28℃时，热回收效率达到 80%。

3）随着空调系统新风温度的升高，三维热管式热回收机组的热回收效率增大。在冷风进口温度、风量一定的条件下，新风温度为 30℃时，热回收效率为 54%；新风温度为 40℃时，热回收效率达到 77%。

4）随着管排数的增加，三维热管式热回收机组的热回收效率逐渐升高。在迎面风速、冷风进口温度、热风进口温度、风量一定的条件下，以迎面风速 2.5m/s 为例，管排数为 2 时，热回收效率为 34%；管排数为 8 时，热回收效率达到 70%。

5）随着迎面风速的增加，三维热管式热回收机组的热回收效率逐渐下降。在管排数、冷风进口温度、热风进口温度、风量一定的条件下，以管排数为 6 为例，迎面风速为 1m/s 时，热回收效率达到 75%；迎面风速为 3m/s 时，热回收效率为 61%。

6.4.3 三维热管式热交换机组运行优化分析

1. 三维热管式热交换机组热回收效率取值分析

规范上热回收设备的热回收效率是在表 6.4-8 中的标准工况下测试的，并且不低于表 6.4-9 的要求。

标准工况   表 6.4-8

项目	排风进风		新风进风	
	干球温度（℃）	湿球温度（℃）	干球温度（℃）	湿球温度（℃）
热回收效率（制冷工况）	27	19.5	35	28
热回收效率（制热工况）	21	13	5	2

热回收效率要求   表 6.4-9

类型	热回收效率（%）	
	制冷	制热
焓效率	>50	>55
温度效率	>60	>65

制热工况下，排风热回收装置中的室外送风空气入口参数主要是考虑需要集中供暖地区的冬季室外气象参数。从我国冬季供暖地区典型城市的室外计算干球温度和相对湿度分布（图 6.4-12）可以看出，冬季室外干球温度主要分布在 0～5℃，相对湿度主要分布在 50%～60%。排风热回收器的标准工况的选取符合我国实际气象条件的同时，还要参考现行节能设计标准。因此，在空气—空气能量回收装置的标准制热工况，设定送风干球温度取 5±0.3℃，相对湿度为 58%，湿球温度取 2±0.2℃。

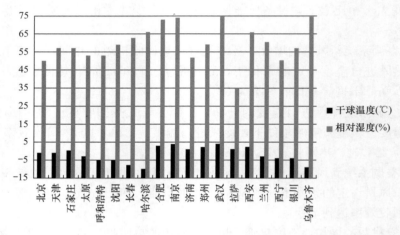

图 6.4-12　冬季供暖地区室外计算参数分布图

制冷工况下，排风热回收装置的室外送风空气入口参数主要选取夏季空调制冷为主的地区夏季室外气象条件。从我国夏季空调制冷地区典型城市室外计算干、湿球温度分布（图 6.4-13）可知，夏季室外干球温度主要分布在 32～38℃，湿球温度主要分布在 25～28℃。《房间空气调节器》GB 7725—2004 规定房间空气调节器制冷，其额定工况下的室外空气干、湿球温度分别为 35℃和 24℃；《组合式空调机组》GB/T 14294—2008 规定新风机组在标准工况供冷时，其室外空气干、湿球温度分别为 35℃和 28℃。因此空气—空气能量回收装置的标准制冷工况设定为送风干球温度取 35±0.3℃，湿球温度取 28±0.2℃。既符合我国实际气象条件，也符合现行节能设计标准。

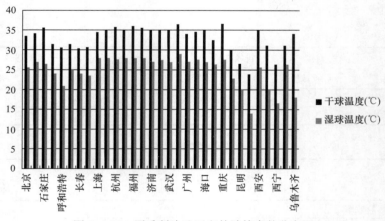

图 6.4-13　夏季制冷地区室外计算参数分布图

而实际厂家样本中热回收装置的热回收效率值是设备在标准工况下的运行效率。根据上节的影响因素分析可知，实际运行时，由于运行环境和运行条件的不同，同一设备的效率值是变化的。也就是说，标准工况下的效率值不能准确反映设备实际运行情况。

2. 三维热管式热回收机组的室内外温差（时间）—效率匹配曲线

（1）三维热管式热回收机组实验分析

热回收机组应用的节能效果与经济性的好坏，面临准确评价的问题。通常采用温度效率来评价热回收机组换热性能，但机组全年运行工况变化大，室外新风温度从$-5℃$到$38℃$变化，其热回收效率有一定波动，在10%的范围内。由上述可知，三维热管式热回收机组在冬夏季运行过程中，热回收效率通常受到室内外温度参数的影响，本节仍根据上节夏热冬冷地区某医院空调系统改造工程为例，研究三维热管式热回收机组在冬夏季不同工况运行时的高效工作区间，以及热回收效率与室内外温度参数或运行时间的关系。

为了研究上述不同工况下热回收效率与室内外参数的关系，对该工程中的三维热管式热回收机组进行了为期一年的监测运行，采集到了期间各个参数的监测数据。

监测温度布点置于新排风管的4个风口断面。每个风口布置如上节案例所示，分别布置5个测试点。温度测试采用T形热电偶，带有保护探头，均经过校准，测量范围为$-40\sim350℃$，精度为$0.1℃$。由温度巡检仪整年不间断采集运行温度数据。

机组运行环境是：新风量为$3000m^3/h$，夏季排风温度在$26℃$左右，新风最高温度为$38℃$，冬季排风温度在$18℃$左右，新风最低温度为$-5℃$。

三维热管式热回收机组设定的热回收系统运行时间与空调运行时间相同。当室外空气温度低于冬季室内设计温度时，设备开启冬季运行模式，当室外空气温度高于夏季室内设计温度时，设备开启夏季运行模式，其他时段则开启旁通模式。

（2）三维热管式热回收机组运行优化分析

由于在机组运行数据分析时关注点是热回收效率的变化，根据上文以热回收效率60%为基准，以实际热回收效率相对此基准值作为考察值来分析机组运行一年的数据并作图。机组应用在实际工程中，有人为的和工程环境本身的不可控因素，对实验数据带来了不可避免的随机误差，因此在数据处理中尽可能真实反映机组的运行性能。

1）冬季工况下室内外温差与热回收效率的关系

由于冬季空调系统的排风温度t_1在$10\sim24℃$的范围内波动，因此将室内排风温度分为4个区间，分别为：

工况1：$t_1=14\pm2℃$；

工况2：$t_1=16\pm2℃$；

工况3：$t_1=18\pm2℃$；

工况4：$t_1=20\pm2℃$。

图6.4-14给出了冬季不同工况下室内外温差对热回收效率的影响。可以看出，室内外温差从$3℃$增大到$9.5℃$时，热回收效率增大很快，后趋于平缓，且低温度工况（工况1，工况2）时的热回收效率高于高温度工况（工况3，工况4）；室内外温差从$11℃$增大到$14℃$时，低温度工况（工况1，工况2）的热回收效率降低，高温度工况（工况3，工况4）的热回收效率先增大转而平缓降低，且高温度工况的热回收效率较高。出现上述变化趋势的原因，笔者认为主要是由于低温度工况时，管内工质的液相传输系数大，三维热

管的传热性能好，但当室内外温差从 11℃继续增大时，虽然也受工质液相传输系数的影响，但机组换热温差的增大对传热性能的影响更强，导致高温度工况的热回收效率更高。

由图 6.4-14 给出的室内外温差值以及本书提出的四种运行工况，参考所列工程当地冬季气象数据逐时值，也可获得项目冬季运行的时间—效率曲线。从而可统计出在冬季运行期间，室外最佳运行温度时间段，进而可为实际项目的运行提供指导依据，本书在此不再对这方面进行数据分析。

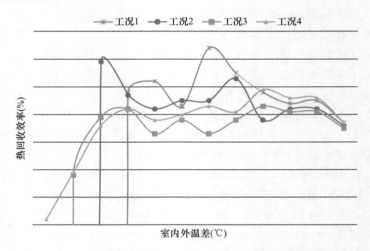

图 6.4-14　冬季不同工况下室内外温差对热回收效率的影响

2）夏季工况下室内外温差与热回收效率的关系

由于夏季空调系统的排风温度 t_1 在 20～30℃的范围内波动，因此将室内排风温度分为三个区间，分别为：

工况 1：$t_1 = 22 \pm 2$℃；

工况 2：$t_1 = 24 \pm 2$℃；

工况 3：$t_1 = 26 \pm 2$℃。

图 6.4-15 给出了夏季不同工况下室内外温差对热回收效率的影响。可以看出，在不同工况下，热回收效率都是随室内外温差的升高先略有降低，随后又增大，且高温度工况的热回收效率较高。对比冬、夏工况热回收效率的变化可以看出，夏季热回收效率随室外新风温度的波动范围要比冬季大，其主要原因是热管内工质在相变传热过程中，蒸发时的热阻比冷凝时的大，从而致使发生在蒸发端的温度波动引起的管内传热性能的变化要比冷凝端的大。

由图 6.4-15 给出的室内外温差值以及本书提出的三种运行工况，参考所列工程当地夏季气象数据逐时值，也可获得项目夏季运行的时间—效率曲线。从而可统计出在夏季运行期间，室外最佳运行温度时间段，进而可为实际项目的运行提供指导依据，本书在此不再对这方面进行数据分析。

3. 三维热管式热回收机组高效工作区间

（1）冬季工况

根据图 6.4-14 可知，在 4 种不同工况下，热回收效率随着室内外温差的增大，呈整体上升趋势。在室内外温差小于 6℃时，热回收效率变化较大；在室内外温差为 6～11℃时，不同工况下热回收效率呈现不规律变化情况；在室内外温差为 11℃之后，热回收效率趋于稳定。同时，4 种工况相比，运行工况 4 的热回收效率最高。所以，本书推荐冬季最佳运行工况为工况 4，且认为三维热管式热回收机组在室内外温差大于 11℃时为机组的高效工作区间。

（2）夏季工况

根据图 6.4-15 可知，在 3 种不同工况下，热回收效率随着室内外温差的增大，呈整体上升趋势。在室内外温差小于 5℃时，热回收效率呈缓慢下降；在室内外温差大于 5℃时，不同工况下热回收效率呈现整体上升。同时，3 种工况相比，运行工况 3 的热回收效率最高。所以，本书推荐夏季最佳运行工况为工况 3，且认为三维热管式热回收机组在室内外温差大于 5℃时为机组的高效工作区间。

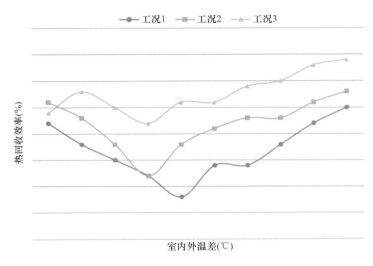

图 6.4-15　夏季不同工况下室内外温差对热回收效率的影响

综上，对于既有公共建筑中新风量较大及空气品质要求较高的空间和场所，如何针对其现有的末端空气输送设备综合性能进行充分评估，升级改造适宜的能量回收系统及装置，更有助于在保证室内空气品质的前提下，降低系统能耗，进而有效解决新风系统节能降耗与空气品质提升这一矛盾。

本章参考文献

［1］　建设部标准定额研究所编. 市政工程投资估算指标第八册集中供热热力网工程［M］. 北京：中国计划出版社，2007.

［2］　锅炉房实用设计手册编写组. 锅炉房实用设计手册［M］. 北京：机械工业出版社，2003.

［3］　卢钧，连之伟. 热回收装置在空调工程中的应用［J］. 制冷空调与电力机械，2007，16（28）：82.

［4］　赵丽. 液体循环式显热回收在严寒地区的使用［J］. 暖通空调，2014，44（6）：94.

［5］　狄彦强. 建筑高效供能系统集成技术及工程实践［M］. 北京：中国建筑工业出版社，2011.

［6］　夏建军. 新型烟气余热回收技术在燃气锅炉中的应用［J］. 区域供热，2013，3：46-47.

［7］　江亿，付林，李辉. 天然气冷热电联供技术及应用［M］. 北京：中国建筑工业出版社，2008.

［8］　狄彦强，黄涛等. 北京市蓄能用电工程热工性能测试与分析［J］. 暖通空调，2009，39（1）：62-65.

［9］　袁东立. 某冰蓄冷空调系统优化设计探讨［J］. 暖通空调，2007，37（5）：93-96.

［10］　P. Simmonds. A Comparision of Energy Consumption for Storage Priority and Chiller Priority for Ice-based Thermal Storage Systems［J］. ASHRAE Transaction，1994，100（1）：1746-1753.

［11］　中国建筑科学研究院. 蓄冷空调工程技术规程. JGJ 158—2008［S］. 北京：中国建筑工业出版社，2008.

［12］　严德隆，张维君. 空调蓄冷应用技术［M］. 北京：中国建筑工业出版社，1997.

［13］　Vincent Lemort. Anumerieal Comparison of control strategies applied to an existing ice storage system［J］. Energy Conbersion and Management，2006，47（20）：3619-3631.

［14］　柯莹. 空调系统的排风热回收［D］. 武汉：华中科技大学，2006.

［15］　陈洁. 考虑室外温度影响的空调用热管换热器的优化设计［D］. 上海：东华大学，2007.

第7章 既有公共建筑给水排水系统能效提升关键技术

既有公共建筑给水排水系统能效提升从节能和节水两个方面展开。其中,高效供能与供水效率提升技术,主要通过节能手段直接实现给水排水系统能效提升。高效节水与用水效率提升技术,则主要通过节水手段间接实现给水排水系统能效提升。

7.1 高效供能与供水效率提升

高效供能和供水效率提升技术主要有供水系统供水方式升级优化、供水系统分区超压缓解技术、热水系统能耗降低技术、供水系统节能设备更新等。

7.1.1 供水系统供水方式升级优化

供水方式是影响供水系统能效的重要因素,也是既有公共建筑机电系统中重要的改造部分。现有供水系统中有多重供水设置形式,其中最主流的供水形式包括:变频调速加压供水、高位水箱重力供水、管网叠压变频供水等。叠压供水相对于传统变频供水又可以充分利用市政的供水压力,进一步提高供水的能效。

1. 变频调速加压供水技术

近年来,管网叠压(无负压)变频调速供水方式已在不少城市使用。但是,该供水方式有一定的适用范围和局限性,因此变频调速供水方式仍是目前应用较广的供水方式。在应用中应合理选用水泵,加长水泵在高效区的工作时间,因地制宜,发挥其应有的节能效果。

变频调速供水方式适用于每日用水时间较长、用水量经常变化的生活和生产给水系统,凡需要增压的给水系统及热水系统均可选用。该供水设备的优点主要表现在设定水泵出水压力的情况下,水泵的出水量、用户的用水量可通过变频调速改变供电频率进而改变水泵转速来实现;供水压力一直被控制在设定的压力下,不会出现用水小时管网压力超过设定压力的现象。其缺点是当供水范围较小、用水变化幅度过大时,节能效果不明显,甚至不节能;对电源要求较高,必须可靠,保护功能要齐全。

变频调速给水设备是比较节能的设备。它是利用控制柜内的变频器和微机来控制水泵的运行,使水泵按照实际运行参数变化着的用户用水量和设定的水压进行变频调速供水,把水泵工频运行时特性曲线中的多余功通过变频器调频节约下来。变频调速泵的调速范围在100%～75%之间,这就使得当水泵在小流量或零流量工况工作时,水泵的运行会落到低效区。如果水泵长时间运行在低效区,则该给水设备不但不能节能,反而会浪费能量。因此,对于像生活给水设备存在夜间小流量和零流量时间较长的装置,除了变频调速主泵外,还会配置小泵和气压水罐,采用时间继电器或流量检测装置来控制小泵和气压水罐的运行,一旦到了夜里设定的时间或用户的用水量减少到确定的某一个数值时,给水设备将自动切换到小泵和气压水罐联合工作。这样做的目的是缩短变频调速主泵在小流量或零流量低效工作时间，使系统更节能。

在使用变频调速给水设备时，设备的环境应符合如下要求：

1）气温：5～40℃；

2）相对湿度：温度为20℃时，相对湿度＜90％；

3）海拔高度：不应超过 1000m；

4）设备不应安装在多粉尘、有腐蚀性气体的场合；室内安装时，环境应干燥，无结露、通风。不能安装在露天场合。

（1）变频调速系统组成

从供水方式上分，变频调速供水系统可分为恒压变流量和变压变流量两种方式。两种方式都是主要由水池、工作主泵、变频控制柜组成，对于用水量变化范围大、水流量或零流量时段较长的场所，从节能角度考虑，还配有辅助小泵和气压水罐。两种供水方式的变频调速供水系统示意图见图 7.1-1。

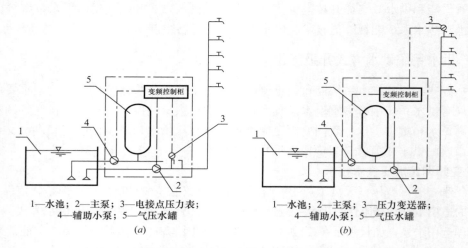

图 7.1-1 变频调速供水系统示意图

（a）恒压变流量供水方式变频调速供水系统示意；（b）变压变流量供水方式变频调速供水系统示意

两种供水方式的变频调速供水系统的不同之处在于使变频控制柜产生变频工作的压力信号发出的地点是不同的。恒压变流量供水方式的电接点压力表安装在紧挨主泵的出水管上，根据用户用水要求设定压力值，为了保持泵出口的此压力值，随着用水量变化，变频控制柜会发出变频指令控制主泵不断改变转速运行。

恒压指的是泵出口的压力保持恒定，变流量指的是系统流量不断改变。恒压变流量供水方式节省的能量是水泵 Q-H 特性曲线与恒压变流量水泵工作曲线之间所夹面积 Ⅰ。变压变流量供水方式比恒压变流量供水方式更节能，它将压力传感器安装在系统最不利用水点附近，压力表的设定压力依据保证最不利用户的水压要求而定。此压力值设定后，将压力信号远距离输入变频控制柜中，当系统的用水量改变时，为保持最不利点的设定压力，供水主泵的出水压力随着用水量的变化在不断改变，二次主泵出水压力的变化靠变频器改变水泵的转速来实现。"变压"指的是主泵的出口水压是不固定的，"变流量"同样指的是系统的流量随时在变化。在图 7.1-2，变压变流量供水方式除了节省 Ⅰ 的面积外，还节省了由恒压变流量水泵工作曲线与变压变流量水泵工作曲线之间所围成的面积 Ⅱ。显然，变压变流量供水方式比恒压变流量供水方式节能。但是，变压变流量供水方式也存在缺点：一是压力传感器位置较远，安装在最不利用户附近，运行不方便且增加事故的几率和投资；二是对于加压供水区域较大、距离较远时，由于水流输送时水头损失的存在，会产生距泵房较近处供水压力差稍大的现象。此种供水方式采用并不多。

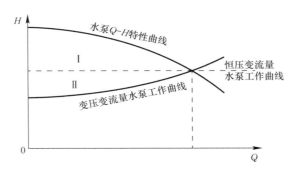

图 7.1-2　水泵特性曲线和工作曲线

对同一套恒压变流量方式运行的变频调速给水系统，设定的恒压值越高，所选用的水泵 Q-H 特性曲线越平缓，其节能率就越低。

辅助小泵和气压水罐是为夜间小流量或零流量时的运行而设置的。但是，如果设置不当，许多系统效果不理想，甚至形同虚设。在夜间小流量供水时，供水系统往往不能切换到辅助小泵及气压水罐工作，在零流量时辅助小泵不能停止工作。部分泵房既使有时切换成功，也会因为系统配置不当而导致很快又切换至主泵供水。因此，怎样来配置辅助小泵和气压水罐，怎样可靠地从主泵供水切换到辅助小泵气压水罐工作，就成为配置辅助小泵和气压水罐的变频调速供水设备应重视的一个问题。下面讨论辅助小泵和气压水罐的配置和切换的几种控制方式：

1）采用阈值频率控制供水主泵切换到辅助小泵和气压水罐运行的方式

该方法是基于使供水主系统在变频调速运行时都处在高效区这一原则，故切换阈值频率的确定不是机械地依据主泵工频流量的 1/3～1/4，而是由主泵 Q-H 特性曲线高效区的左端起点的流量决定。通过分析看出，采用阈值频率控制供水主泵切换到辅助小泵和气压水罐运行的方法用于 Q-H 曲线在小流量段有驼峰和很平缓的水泵。因为在 Q-H 曲线小流量段的水泵，水泵转速（频率）的变化对流量的变化很不敏感，这会影响到切换的可靠性。而 Q-H 曲线有驼峰的水泵，在小流量区段，对于同一个恒压设定值，工况点有时不是唯一的，这点影响了切换点的唯一性。

2）流量控制方式

用流量控制来切换供水主泵向辅助小泵和气压水罐运行过渡的方法比用控制变频频率的方法更直接。方法是在水泵的主出水管上加装一个电磁流量计，电磁流量计上可读出瞬时流量及累加流量，也可通过转换器，当管道内流量减小到流量 Q_A 时，输出信号至变频控制柜，从而准确地控制供水主泵和辅助小泵之间的切换。此方法可靠，因加装了电磁流量计，故需加大投资。

3）时间控制方式

根据变频调速供水系统供水小区的规模、入住率、用水习惯，依据经验及教训，如果

205

可以确定在夜间某个时段属于小流量供水，便可使用时间控制方式。变频控制柜内设时间继电器，每天夜间都确定一个固定时段为小流量供水，每天一到此时段，系统自动将主泵切换为辅助小泵和气压水罐工作。

目前，以上三种供水主泵切换为辅助小泵和气压水罐工作的方式都有许多实例，运行状况都较稳定，升级改造中，可选择使用。

（2）变频调速系统计算

《建筑给水排水设计规范（2009年版）》GB 50015—2003第3.8.1条规定：选择生活给水系统加压水泵，应遵循以下规定：水泵的Q-H特性曲线，应是随流量的增大，扬程逐渐下降的曲线；应根据管网水力计算进行选泵，水泵应在其高效区内运行。

由于生活用水的随机性，管网中流量和压力变化幅度较大，变频调速泵大部分供水工作都不是设计流量和设计扬程，水泵的工况点会移出水泵的高效区以外，在低效区工作。针对这种情况，就要对水泵的工况点进行必要的改变和控制。常用的有调节阀门、切削叶轮、调节转速等手段，相比之下，变频调速方案较为合理。可通过下式表示：

$$Q_1/Q_2 = n_1/n_2 \tag{7.1-1}$$

$$H_1/H_2 = (n_1/n_2)^2 \tag{7.1-2}$$

$$N_1/N_2 = (n_1/n_2)^3 \tag{7.1-3}$$

$$H_1/Q_1^2 = H_2/Q_2^2 = K \tag{7.1-4}$$

$$H = KQ^2 \tag{7.1-5}$$

可以看出，凡是符合比例关系的工况点，均分布在一条以坐标原点为顶点的$H=KQ^2$二项抛物线上，此抛物线为等效曲线，如图7.1-3所示。

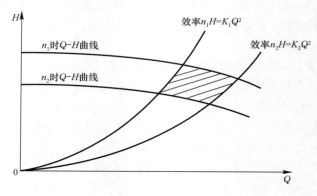

图7.1-3　变频调速泵工况曲线

《建筑给水排水设计规范》GB 50015—2013第3.8.4条规定：生活给水系统采用调速泵组供水时，应按设计秒流量选泵，调速泵在规定转速时的工作点应位于水泵高效区的末端。图7.1-3中阴影部分是水泵高效运行工况点的范围。采用变频调速的方法，大大地扩展了离心泵高效率的工作范围。

变频调速泵组能实现节能，除了控制水泵一直在高效段，还需要采用有效的变频调速泵的运行方式。如生活给水系统加压水泵采用一用一备，则有一台工作泵采用变频调速的运行方式；如采用多用一备，则有一台工作泵采用变频调速，其他采用工频，或多台工作泵采用变频调速等多种运行方式。

以两用一备泵组采用一台变频一台工频运行方式为例，供水流量为 Q，每台泵为 $Q/2$，当泵站供水系统要求略大于 $Q/2$ 时，一台泵 A 工频定速运行，而另一台泵 B 变频调速运行，如图 7.1-4 所示。

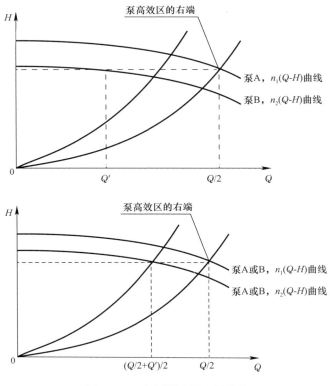

图 7.1-4　变频调速泵工况曲线

此时泵 B 的工况点会远离泵的高效区，其效率很低，达不到节能的效果；而且实际运行中偏离设计秒流量的供水工况会很多，随着供水工况的变化，变频泵 B 不断地启停，超过了规范允许的次数，影响了泵的运行寿命；同时停泵水锤不断发生，影响供水安全。

若采用双变频运行方式，在这种供水工况下，两台泵同时变频调速供水，缩小了单台泵的调速范围，保证变频调速泵在高效区运行，达到节能的目的。

（3）变频调速系统优化设计

1）主泵选择

主泵应选择 Q-H 特性曲线无驼峰、比转速适中（约为 $100 \sim 200$）、效率高、电动机配用功率相对较小的小泵。

主泵工频时的工作点应在水泵高效区范围内，不得在 Q-H 特性曲线的延长线上。

水泵出口恒压设定后，其对应的水泵工频运行的工况宜在 Q-H 特性曲线高效区段的右端附近。

水泵组宜由 $2 \sim 4$ 台组成，并应设一台供水能力不小于最大一台主泵的备用泵。

恒压变流量供水时宜采用同一型号主泵，变压变流量供水时可采用不同型号的主泵。

多台泵组可采用单台变频、其余工频的运行方式，也可采用两台或多台变频运行的方式。

水泵调速范围宜在 0.75～1.0 范围内。水泵调速范围的选择不应出现水流堵塞和低频端出现气蚀现象。

2）辅助小泵和气压水罐选用

当系统高峰用水量大、低谷用水量小，且时间持续较长时，应配备适合低谷用水量的辅助小泵和气压水罐，使电耗进一步降低。

应按辅助小泵的流量和启、停泵压力计算水罐的容积。在气压水罐最高工作压力时系统不得超压。

3）无论是供水主泵还是辅助小泵，都宜在自灌状态下启动。

2. 高位水箱重力供水技术

高位水箱重力供水在供水水量、水压要求高的场所经常使用，常采用工频水泵将市政自来水加压至高位水箱后，再通过高位水箱的重力作用向下方供水。这种系统的效率高，因为供水泵直接给储水的高位水箱供水，运行过程中始终处在高效段，同时水泵间歇运行，不用时刻保持系统压力，大大降低了系统的无效能耗。

（1）水箱给水方式优化

建筑内部给水系统基本的给水方式可结合工程实际，选择采用直接给水方式、水泵和水箱联合给水方式、水泵给水方式和分区供水的给水方式。

1）直接给水方式

适用于废水管网的水量、水压在一天的任何时间内都能够满足建筑物内部需要的场合。

2）水泵和水箱联合给水方式

适用于室外给水管网中压力低于或周期性低于建筑物内部给水管网所需压力，且建筑物内部用水又很不均匀的场合。

3）水泵给水方式

适用于室外给水管网中压力在一天中大部分时间满足不了室内需要，且建筑物内部用水量又大又很不均匀的场合。

4）分区供水的给水方式

适用于层数较多的建筑物，为了充分有效地利用室外管网的水压，将建筑物分成上下两个供水区，下区直接在城市管网压力下工作，上区则由水泵水箱联合供水。

（2）水箱有效容积优化设计

对于生活和生产专用高位水箱，水箱有效容积理论上应根据用水和流入水流量变化线确定，实际上这种曲线很难获得，所以常按经验确定。常用经验数据和计算公式如下：

1）水泵自动运行时按式（7.1-6）计算：

$$V_t \geqslant 1.25 Q_b / 4 n_{max} \qquad (7.1\text{-}6)$$

式中 V_t——高位水箱的有效（调节）容积，m^3；

Q_b——水泵的出水量，m^3/h；

n_{max}——水泵 1h 内最大启动次数。

n_{max} 根据水泵电机容量及其启动方式，供电系统大小和负荷性质等确定。当水泵可以直接启动，且对供电系统无不利影响时，可选用较大值，一般宜采用 6～8 次/h。水箱有效容积也可按式（7.1-7）估算：

$$V_t = (Q - Q_h) T + Q_b T_b \qquad (7.1\text{-}7)$$

式中 Q——设计流量，m^3/h；

  Q_b——水泵的出水量，m^3/h；

  T——设计秒流量的持续时间，h，在无资料时可按 0.5h 计算；

  T_b——水泵最短运行时间，h，在无资料时可按 0.25h 计算。

对于生活用水水箱容积，当水泵采用自动控制时宜按水箱供水区域内的最大小时用水量的 50% 计算。

按以上方法确定的水箱有效容积，往往相差很大，尤其是按式（7.1-7）计算的结果要小得多，只有在确保自动控制装置安全可靠时才能使用。

2）水泵人工操作时，按式（7.1-8）计算：

$$V_t = Q_d/n - T_b Q_m \qquad (7.1\text{-}8)$$

式中 Q_d——最高日用水量，m^3/d；

  n——水泵每天启动次数，由设计确定，次/d；

  T_b——水泵启动一次的运行时间，h，由设计确定；

  Q_m——水泵运行时段内平均小时用水量，m^3/h。

对于生活用水水箱容积，也可按不小于最高日用水量的 12% 计算。仅在夜间进水的水箱，生活用水贮量应按用水人数和用水量标准确定。

3）单设水箱时，按式（7.1-9）计算：

$$V_t = Q_m T \qquad (7.1\text{-}9)$$

式中 Q_m——由于管网压力不足，需要由水箱供水的最大连续平均小时用水量，m^3/h；

  T——需要由水箱供水的最大连续时间，h。

由于外部管网的供水能力相差很大，水箱有效容积应根据具体情况确定。在按式（7.1-9）计算确实有困难时，有时可按最大高峰用水量确定，有时可按全天用水量的 1/2 确定，有时可按夜间进水白天全部由水箱供水确定。

3. 管网叠压变频供水技术

在给水排水设计阶段，由于缺乏深入细致的资料，往往难以确定市政管网可直供的层数，为保证供水安全，设计人员往往会取值偏低；而对于已经建成的建筑，在条件许可的情况下，可以对室内外给水管网的水压和水量变化进行实测，并根据测量结果进行系统改造，将市政供水管网可能达到的底部楼层全部改为由市政直供，可以有效降低能耗。

管网叠压供水也称为无负压供水，利用变频泵从市政管网抽水，充分利用市政管网余压，同时在不同时段的用水量利用变频泵供水的二次供水方式，采用真空补偿技术，以防止直接串联市政管网取水而产生负压。变频泵可自动调节转速，使水泵一直处于高效运行状态，达到节能效果，同时保证二次加压过程中水质不受到二次污染。

（1）叠压供水改造适用性

1）市政管网必须有足够的可利用水量。城市管网的供应能力必须大于用水单位的设计流量，即管网叠压供水设备的供水量。如果市政供水管网的供应水量小于水泵出水流量，由于稳流罐容积较小将导致稳流罐内的水位不断下降，到低液位时液位探测器给出水泵停机信号以保护水泵，此时将无法确保正常供水。在市政管网可利用水量长期低于用户用水量时，若为了调节流量而增加水箱或增大稳流罐容积，虽然设备可以使用储水供给用户，但此时是从水箱或已打开负压消除器的稳流罐中吸水，市政管网的压力就得不到利用，那么管网叠压供水就失去了优势。因此，市政可用水量大于用水单位所需水量时才适合管网叠压供水。

2）市政管网必须有足够的余压。城市供水管网的供水压力是不均衡的，在不同季节、不同时段都发生变化，所以要对市政管网的供水压力变化情况（最高与最低压力）有充分了解，准确判定市政管网的最低供水压力值，以便确定水泵扬程。市政最低供水压力受多种因素影响，如管网形式（环状管网还是枝状管网）及日负荷变化规律等。显然，当市政供水压力变化较大时，较难保证水泵在高效区工作，节能效果降低，不宜采用管网叠压供水。

3）获得供水主管部门许可。管网叠压供水水泵是直接从城市供水管网中抽取所用水量，可造成城市管网压力降低，影响周围用户用水，使城市供水安全性受到影响。因此需要得到城市供水主管部门许可才可使用。另外，管网叠压供水方式的特点是绝大部分用户没有供水的储水设施，即便有容积也很小，一旦因市政供水管网维修、故障抢修停水，或市政供水管网压力降低造成设备停机，都会造成停止供水。如果用户要求不间断供水，又没有采取其他的保证措施或电力供应不足，均不能采用管网叠压供水方式。

（2）叠压供水设备组成

无负压给水设备主要由稳流补偿器、真空抑制器、水泵、控制柜、控制仪表、管道及其配件等构成，并可根据需要预留消毒设备的接口（见图 7.1-5）。

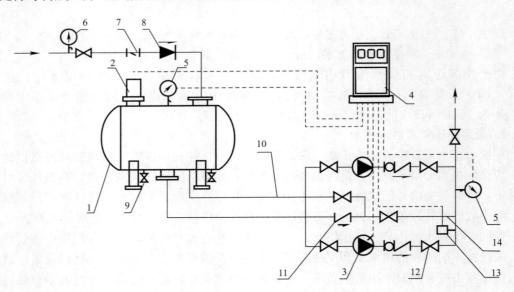

图 7.1-5　无负压设备的组成
1—稳流补偿器；2—真空抑制器；3—水泵；4—控制器；5—压力传感器；
6—负压表；7—过滤器；8—倒流防止器（可选）；9—清洗排污阀；
10—小流量保压管；11—止回阀；12—阀门；13—超压保护装置；14—旁通管

无负压给水设备是利用真空抑制技术、稳流补偿技术、变频调速给水技术，采用密闭和自平衡设计理念，实现与市政给水管网或其他有压管网直接串接加压而在运行中不产生负压，不影响其他用户用水的给水装置。设备在进口处和出口处分别装设压力传感器，运行时对该两处的水压进行监测并对其差额进行补压，当进水压力大于或等于出口设定压力时，设备自动停机，水流通过旁通管由市政给水管网或其他有压管网直接供水。在用水高峰期，当市政管网供水压力下降至低于市政管网正常供水压力下限值以下时，稳流补偿器中的贮备水及时补充到用户中，同时抑制负压的产生，直至稳流补偿器内存水降至最低水位，水泵最终停止运行。当市政给水管网恢复正常供水，稳流补偿器内水位升高，当充满时水泵恢复正常供水。系统运行过程中，内部水不与外界空气连通，全密闭运行。

（3）叠压供水改造设计

在使用无负压给水设备时，水泵引（吸）水管的过水能力必须与给水系统的用水量相同，若水泵引（吸）水管的过水能力经常性地小于给水系统的用水量，由于无负压给水设备本身贮备水量很小，为了不对周围用户产生影响，就会出现停泵而造成用户停水。因此，水泵引（吸）水管过水能力的校核很重要，尤其对于由传统给水加压设备改造成无负压给水设备时更是如此。

1）引（吸）水管的控制流量 Q_{icom}

引（吸）水管的控制流量取源于《建筑给水排水设计规范》关于增压泵房水泵吸水管流速的条款。引（吸）水管内流速范围宜在 $0.8\sim1.2m/s$。流速过大会引起水泵互相间的吸水干扰，流速过低易使吸水管过粗而不合理。据此，得出引（吸）水管的控制流量 Q_{com} 可参考下表取值。

水泵引（吸）水管的合理流量范围　　　　　　　　表 7.1-1

管径 DN（mm）	50	75	100	125	150	200
流量范围（m³/h）	6.1～9.2	12.4～18.4	22.3～33.3	34.6～52.2	50.4～75.6	90～134.1

注：表中 DN50 为热镀锌钢管，其余为给水铸铁管数值。

在选择或已知引（吸）水管管径后，一般说来，当给水系统的设计流量在表 7.1-1 范围内时，是安全的，也不必再作其他核算。

2）引（吸）水管的最大过水流量 Q_{imax}

引（吸）水管最大过水流量的产生要从分析无负压给水设备运行功能开始。在设备的进口处装有压力传感器，根据市政给水管网的允许最低压力，并考虑引（吸）水管的管径和长度、水泵安装高度等因素，设定设备正常连续工作所需要的一个最低压力值 P_{edp}。当市政给水主管网压力正常，而设备进水口压力降至 P_{edp} 时，水管内的流量即为最大过水流量 Q_{imax}。

3）引（吸）水管的极限流量 Q_{ilim}

依据无负压给水设备的功能，在运行中，若因某种原因，进水口压力下降至 P_{edp} 值后，若进一步下降，稳流补偿器上的真空抑制器就会动作，同时稳流补偿器内的水通过水泵加压补充供应到用户。此时，引（吸）水管内的流量为极限流量。当 P_m 取市政给水的极限工作压力 P_{mmin} 时，所得结果是设备引（吸）水管的极限流量 Q_{ilim}。

7.1.2 供水系统分区超压缓解技术

1. 最低卫生器具配水点静水压力

用水器具给水额定流量是指为满足使用要求，用水器具给水配件出口在单位时间内流出的规定出水量。流出水头是保证给水配件流出额定流量，在阀前所需的最低水压。给水配件阀前压力大于流出水头，给水配件在单位时间内的出水量超过额定流量的现象，称超压出流，该流量与额定流量的差值，为超压出流量。给水配件超压出流，不但会破坏给水系统中水量的正常分配，对用水工况产生不良的影响，同时因超压出流量未产生使用效益，为无效用水量，即浪费的水量。因它在使用过程中流失，不易被人们察觉和认识，属于隐形水量浪费，应引起足够的重视，这是既有公共建筑中最常见的问题。改造设计的过程中，解决这一问题也是重中之重。

2. 冷热水压力分区合理

给水系统设计时应进行合理的压力分区，采取适当的减压措施控制超压出流现象，减少浪费。当选用了恒定出流的用水器具时，该部分管线的工作压力满足相关设计规范的要求即可。当建筑因功能需要，选用特殊水压要求的用水器具时，如大流量淋浴喷头，可根据产品要求采用适当的工作压力，但应选用用水效率高的产品，并在说明中作相应描述。

为保证热水系统的稳定出流，避免出现在使用热水过程中忽冷忽热等问题，应在设计过程中使冷热水的分区一致，系统内冷、热水的压力平衡，达到节水、节能、用水舒适的目的。

7.1.3　热水系统能耗降低技术

既有公共建筑中，生活热水系统无论是哪种热水供水方式，多数存在着严重的水量浪费和能效降低的现象，集中开启热水配水装置后，热水出水时间长而需要放掉很多冷水才能使用，这部分都为无效热水，这个过程中系统出现的能耗均为无效能耗。降低这种能耗也是热水系统改造的重要环节。而在热水的换热过程中，可再生能源的利用也是热水系统能效提升的最重要方式之一。

1. 无效能耗降低技术

（1）分散加热供应系统改造

采用各种小型加热器在用水场所就地加热，供局部范围内的一个或几个用水点使用的热水系统。例如，采用小型燃气加热器、蒸汽加热器、电加热器、炉灶、太阳能加热器等，供给单个厨房、浴室、生活间等用水。对于大型建筑，同样也可以采用很多局部热水供应系统分别对各个用水场所供应热水。

分散加热供应系统具有设备、系统简单，造价低；维护管理容易、灵活；热损失较小；改建、增设较容易等优势。而一般加热设备的热效率较低，热水成本较高；使用不够方便舒适；每个用水场所需设置加热装置，占用建筑总面积较大；因卫生器具同时使用率较高，设备总容量较大。

局部热水供应系统适用于热水用水量较小且较分散的建筑，如一般单元式居住建筑，小型饮食店、理发馆、医院、诊疗所等公共建筑。

分散加热的热水供应系统，可以有效节省大循环系统的热水循环而造成的无效能耗，同时系统设置灵活，即用即开，相对于定时加压或全天加压的循环加压热水供应系统有天然的能效优势。但是对于热水使用要求较高的场所，分散加热的热水供应系统使用较少，其舒适度不如集中热水供应系统。

（2）集中热水供应系统改造

集中热水供应系统就是在锅炉房、热交换站或加热间将水集中加热，通过热水管网输送至整栋或几栋建筑的热水供应系统。

集中热水供应系统的优势为：加热和其他设备集中设置，便于集中维护管理，设备热效率一般较高，热水成本较低；卫生器具的同时使用率较低，设备总容量较小，各热水使用场所不必设置加热装置，占用总建筑面积较少；使用较为方便、舒适。但是，它也具有设备、系统较复杂，投资较大；需要有专门的维护管理人员；管网较长，热损失较大；一旦建成后，改建、扩建较困难等缺点。

集中热水供应系统适用于热水用量较大、用水点比较集中的建筑改造，如旅馆、公共浴室、医院、疗养院、体育馆、游泳池、大型饭店等公共建筑以及布置较集中的工业企业建筑等。

集中热水供应分为开式系统和闭式系统。闭式热水供应系统与开式相比较，可以大大降低热水系统的能源消耗，如闭式系统的循环水泵只考虑循环流量和管道的水头损失，而开式系统的循环水泵还要增加用水流量和高差水头。热水供应系统中设备和管道的有效保温也是减少无效能耗的途径。

2. 热水系统热源制备能耗降低技术

（1）可再生能源利用种类

既有公共建筑生活热水系统的热源宜优先利用工业余热、废热、地热和太阳能等资源。

在夏热冬暖地区，宜优先采用空气源热泵热水系统；在地下水源充沛、水温地质条件适宜，并能保证回灌的地区，宜优先采用地下水源热泵热水系统。

在沿江、沿河、沿湖、地表水充足、水文地质条件适宜及有条件利用城市污水、再生水的地区，宜采用地表水源热泵热水系统。

（2）可再生能源利用

在给水排水系统中，生活热水供应系统能源消耗较大，合理选择可再生能源制备生活热水，对于给水排水系统能耗减量有着至关重要的意义。

为了避免仅为形式上象征性地采用少量可再生能源而背离了降低能源消耗的初衷。条件允许时，生活热水系统升级改造宜100%采用可再生能源。

常用热水供应系统热源可再生能源利用种类有如表7.1-2所示。

常用热水供应系统热源可再生能源利用种类　　　　表7.1-2

热源	条件
余热、废热	有条件的区域优先采用
地热	有条件的区域优先采用
太阳能	日照时数大于1400h/a且年太阳辐射量大于4200MJ/m² 及年极端最低气温不低于−45℃的地区，优先采用
空气源热泵	夏热冬暖和夏热冬冷地区
水源热泵	在地下水源充沛、水文地质条件适宜，并能保证回灌的地区，采用地下水源热泵；在沿江、沿海、沿湖、地表水源充足，水文地质条件适宜，及有条件利用城市污水、再生水的地区，采用地表水源热泵

7.1.4　供水系统节能设备更新

既有公共建筑中，给水排水系统的用能大户就是供水系统设备，因此具有先进节能技术、满足新的能效评价标准是设备选择的前提。

1. 供水水泵设备节能更新

二次加压供水设备采用直接供水系统时，应采用变频控制技术供水，供水泵组应大小水泵搭配。当采用水泵—高位水箱联合供水系统时，应采用水箱水位自动控制水泵启停。并应符合现行行业标准《矢量变频供水设备》CJ/T 468 及《二次供水工程技术规程》CJJ 140 的有关规定；给水泵应根据供水管网水力计算结果选型，应确保水泵在设计工况下水泵效率处在高效区，并应符合现行国家标准《清水离心泵能效限定值及节能评价》GB 19762 的有关规定。

变频泵给水方式在多层建筑物中的应用，主要是利用变频泵解决多层建筑改造工程。对于已建多层建筑，市政管网不能满足其供水压力需求时，设置变频泵给水系统简单方便。

在选择变频设备时应注意两点：首先，变频设备主泵流量不宜过大。比如系统最大用水量为 $120m^3/h$ 时，选用 3 台 $40m^3/h$ 的主泵的节能效果优于选择两台 $60m^3/h$ 的主泵。其次，根据水泵的工况曲线，调速泵在额定转速时的工况点应位于水泵高效区的末端，以保证水泵在调速区处于高效区内工作。

变频调速恒压供水系统仍存在着小流量供水时水泵扬程过高、水泵工作效率低和水泵的工况点偏离高效区等缺点。首先，小流量情况的出现是非常常见的，小流量一般是指系统用水量特别小，处于变频泵的高效运行段之外。解决了小流量问题，变频供水系统的节能、节水效果才能得到认可。在既有公共建筑给水系统中解决此类问题的方式基本上有以下两种：（1）变频主泵搭配气压罐方式，在一些用户较少、用水量不大的场所，可以选择这种供水方式。（2）工频辅泵（小泵）搭配气压罐方式，在一些用水量较大的场所，如大型医院，大型酒店等选择这种供水方式，不仅供水安全可靠，而且节水、节能效果更佳。

2. 其他节能改造设备选择

其他节能改造技术措施：电热水器能效等级、洗衣机能效等级、电开水炉能效等级、锅炉能效等级。电热水器、洗衣机、电开水炉等产品应按照现行国家认定名录《中华人民共和国实行能源效率标识的产品目录》中的相应标准规定进行识别认定，相关产品目录及能效标准见表 7.1-3。

我国实行能源效率标识的产品目录（部分）　　　　　　　　　　表 7.1-3

序号	产品名称	适用范围	依据的能效标准
CEL 001—2016	家用电冰箱	适用于电机驱动压缩式、家用的电冰箱（含 500L 及以上）、葡萄酒储藏柜、嵌入式制冷器具。不适用于其他专用于透明门展示用或其他特殊用途的冰箱产品	《家用电冰箱耗电量限定值及能效等级》GB 12021.2
CEL 003—2016	电动洗衣机	适用于额定洗涤容量为 13.0kg 及以下的家用电动洗衣机。不适用于额定洗涤容量为 1.0kg 及以下的洗衣机和没有脱水功能的单桶洗衣机，也不适用于搅拌式洗衣机。洗衣干衣机只考核其洗涤功能	《电动洗衣机能效水效限定值及等级》GB 12021.4

序号	产品名称	适用范围	依据的能效标准
CEL 009—2016	家用燃气快速热水器和燃气采暖热水炉	适用于仅以燃气作为能源的热负荷不大于70kW的家用燃气快速热水器（含冷凝式家用燃气快速热水器）和燃气供暖热水炉（含冷凝式燃气暖浴两用炉）。不适用于燃气容积式热水器。本规则所指燃气应符合《城镇燃气分类和基本特性》GB/T 13611 的规定	《家用燃气快速热水器和燃气采暖热水炉能效限定值及能效等级》GB 20665
CEL 012—2016	储水式电热水器	适用于储水式电热水器。不适用于带电辅助加热的新能源热水器、热泵热水器（机）	《储水式电热水器能效限定值及能效等级》GB 21519
CEL 026—2016	家用太阳能热水系统	适用于贮热水箱容积在 0.6m³ 以下的家用太阳能热水系统	《家用太阳能热水系统能效限定值及能效等级》GB 26969
CEL 029—2016	热泵热水机（器）	适用于以电动机驱动，采用蒸气压缩制冷循环，以空气为热源，提供热水为目的的热泵热水机（器），不适用水源式热泵热水机（器）	《热泵热水机（器）能效限定值及能效等级》GB 29541

锅炉能效等级可以按照现行国家标准《工业锅炉能效限定值及能效等级》GB 24500 进行选择替代。

7.2 高效节水与用水效率提升

高效节水与用水效率提升技术主要有卫生器具及管材配件节水技术、节水灌溉改善技术、节水冷却改善技术、热水无效出流改造技术和其他节水改造技术。

7.2.1 卫生器具及管材配件节水技术

1. 节水器具

既有建筑改造中更换节水器具是实现建筑节水的重要手段和途径。既有公共建筑具有人口集中和流动量大等特点，其公共卫生设施难于管理和维护，同时还存在一定的公共卫生隐患，因此采用更新节水器具的改造方式，同时结合其卫生、维护管理和使用寿命进行节水器具的选择，能够有效节约水资源，投资回收期较短，通过节水手段间接实现给水排水系统节能效果。

我国既有公共建筑中推广使用的节水器具有陶瓷阀芯水龙头、延时自闭式水龙头、感应式冲洗阀落地小便器和感应式或脚踏式冲洗阀蹲便器。陶瓷阀芯水龙头节水率为20%～30%，与其他类型节水龙头相比，价格较便宜。因此，在既有公共建筑改造中应该大力推广使用这种节水龙头。延时自闭式水龙头在出水一定时间后自动关闭，避免长流水现象，比一般的手动水龙头，每月节水30%，而且它的使用寿命高于一般的节水龙头。采用脚踏式卫生器具可以根据用户用水情况自行控制用水量，一定时间后自动关闭，既人性又节约。由于办公人员工作繁忙或节水意识不强，容易造成用后忘记冲厕的现象，采用感应式小便器或蹲便器既节省办公建筑中工作人员的时间又可以节约水资源，在办公建筑中有着不可替代的地位。

目前市场上达到国家节水标准的节水器具与一般卫生器具的差价为100~150元，折合到一般生活使用频率（使用寿命≥5年），每年多投资20~30元。虽然节水器具价格仍比普通卫生器具要高，但从长远发展上来看，还是具有明显的节水效益和经济效益，尤其是当今城市公共建筑用水实行阶梯式水价已经逐渐成为一种必然趋势，节水器具改造的投资回收期将会大大缩短。

卫生洁具应采用节水型卫生洁具，并应符合《节水型卫生洁具》GB/T 31436的有关规定；生活用水器具应采用节水型生活用水器具，并应符合《节水型生活用水器具》CJ/T 164、《节水型产品通用技术条件》GB/T 18870及《电动洗衣机能效水效限定值及等级》GB 12021.4的有关规定。

图7.2-1和图7.2-2分别为常见节水便器和其他类型节水器具。

(a)　　　　　　　　　　　　　　　　(b)

图7.2-1　节水便器

（a）两档式节水便器；（b）容积水封式直排节水便器

2. 节水管材

既有公共建筑现有的管材及器具部分在水中运作，可能出现脱皮、老化、漏水等现象，浪费水资源。通过进行节水管材和器具的更新和更换，可提高水资源利用率和用水效率，同时节约用水管材和器具的频繁更换成本。管材等器具的选择方面，应主要选择防水性较好、抗腐蚀性较强的材料。通过对现状材料的筛选，铝塑复合钢管在防水性上优于其他材料。除此之外，供水管道在新型材料的研发上也在不断改进，研发出了一些新型塑料管材等，在水龙头的选择上，瓷芯的水龙头或充气性的水龙头节水效果较好，如图7.2-3和图7.2-4所示。

给水常用管材有塑料管、金属管、复合管等。每种管材都有其适用的工况条件。塑料管主要是由合成树脂组成的，其中塑料管包括硬聚氯乙烯管（PVC-U）、高密度聚乙烯管（PE-HD）、交联聚乙烯管（PE-X）、无规共聚聚丙烯管（PP-R）、聚丁烯管（PB）、工程塑料丙烯腈-丁二烯-苯乙烯共聚物（ABS）等。建筑给水系统中使用的金属管包括镀锌钢管、铜管、铸铁管、不锈钢管等，其中镀锌钢管由于其价格和性能的优越性在给水工程应用较为普遍。由于新型化学材料的应用，目前市场上出现了越来越多的复合管材，复合管

(a)   (b)

图 7.2-2　其他节水器具

（a）节水型淋浴器；（b）节水型洗衣机

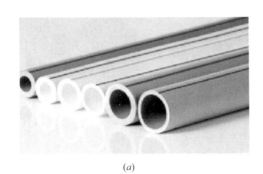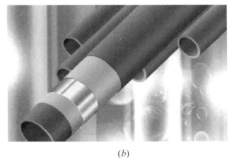

(a)   (b)

图 7.2-3　节水管材

（a）pp-r 管材；（b）铝塑复合钢管

(a)   (b)

图 7.2-4　节水水龙头

（a）陶瓷阀芯水龙头；（b）充气水龙头

的组成一般是以各种金属作外部支撑材料，里面衬以环氧树脂和水泥，复合管材有其独特的特点：虽然有金属材料，但是重量轻，而且内壁不粗糙，管道阻力较小，抗锈蚀。常见的复合管材有钢塑、铝塑复合管等。

3. 节水配件

既有公共建筑改造过程中，针对阀门、节水器具、水泵、水表等渗漏现象较易发生的点位，应对存在问题的附件设备进行更换和维护，此改造方式成本较低，且能够有效提高节水效率。用水点处的供水压力大于 0.2MPa 时应设减压设施。给水排水系统渗漏水一般发生在阀门、附件（水龙头、水泵、水表等）和管道承接处和地下管道。地下管道渗水不容易被发现，但时常是渗漏水最为严重的，故在给水排水系统改造时要注意检测。对存在问题的管道予以更换，现有公共建筑改造时多采用质量较好的塑料管材，与传统的镀锌钢管和普通排水铸铁管相比，价格低廉，化学稳定性好，不受环境因素和管道内介质组分的影响，耐腐蚀性好，可以减少渗漏水量，改造潜力很大。

超高层建筑的室内给水排水系统相对于一般建筑是处于高压状态，不稳定因素较多。为防止意外事故的发生以及检修的需要，系统应当有减压、稳压组件及相关技术措施（见图 7.2-5）。

(a)   (b)   (c)   (d)

图 7.2-5 节水配件
(a) 安全阀；(b) 泄压阀；(c) 减压阀；(d) 减压孔板

针对既有公共建筑超压出流的现象，提出的节水措施为在水压超标的地方安装减压阀、减压孔板或节流塞以调节管网压力，使之符合要求。节水器具出流量小于普通水龙头，因此对于控制管道配水点处压力也能起到很好的作用。

（1）减压阀

减压阀是将介质压力降低并达到所求值的自动调节阀，其阀后压力可在一定范围内进行调整。减压阀按其结构形式可分为薄膜式、活塞式、波纹管式三类。给水系统经常用减压阀进行分区。用来分区的减压阀有比例式和可调式的。可调式减压阀的压力调整范围一般不大于 0.7MPa。对生活给水系统而言，可调式减压阀的阀前与阀后压力差不宜大于 0.4MPa，要求环境安静的场所不应大于 0.3MPa。一个给水分区内有可能存在超压的管段，也可以通过可调式减压阀来减去过剩压力。管径大于 $DN50$ 的管段一般采用先导式可调减压阀，小于或等于 $DN50$ 的管段一般采用直接式可调减压阀。消防给水系统与生活给水系统一样，也常用减压阀进行分区。不同点在于消防给水系统减压阀要求成组设置，即设置备用（单个报警阀例外）。

蒸汽减压阀阀孔截面积，按式（7.2-1）计算：

$$f = \frac{167G}{q} \tag{7.2-1}$$

式中 f——所需阀孔截面面积，mm^2；

　　　G——蒸汽流量，kg/h；

　　　q——通过 $1mm^2$ 阀孔截面的理论流量，kg/h，可按减压阀理论流量曲线查得，见
　　　　　　图 7.2-6。

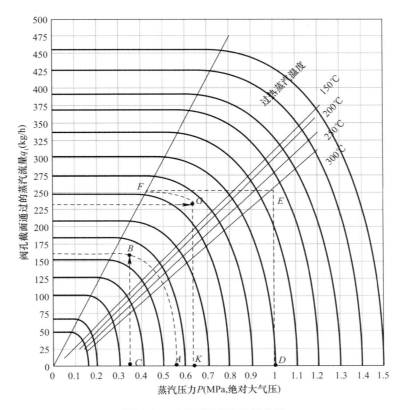

图 7.2-6　减压阀理论流量曲线

减压阀选择时应注意以下注意事项：

1）蒸汽减压阀的阀前与阀后绝对压力值比不应超过 $5\sim7$，超过时应串联安装两个。

2）当阀前与阀后的压差为 $0.1\sim0.2MPa$ 时，可串联安装两个截止阀进行减压。

3）减压阀产品样本中列出的阀孔面积 f 值，一般系指最大截面积，实际流通面积将
小于此值，故按计算（或查表）得出的阀孔面积选择减压阀时，应适当留有余地。

4）当阀门样本未给出阀孔面积参数时，可先按设计流速选取所需减压阀前后管道直
径，再按阀前管道直径选取公称直径相同的减压阀。

5）选用蒸汽、压缩空气减压阀时，除注明其型号、规格外，还应注明减压阀前后压
差值及安全阀的开启压力，以便厂家合理配备弹簧。

（2）安全阀

安全阀及泄压阀一般用于系统压力最大处，如水泵出口、减压阀组附近等，闭式热水
系统的压力容器也用到安全阀。超高层建筑的水泵接合器应安装安全阀。

（3）减压孔板及节流管

减压孔板及节流管可起到减压限流作用。一般用于管网末端减压，如水龙头。由于对流量有影响，配水管上较少采用。消火栓给水系统中，减压孔板及节流管一般设于消火栓口或水流指示器前。在自动喷水灭火系统中，减压孔板孔径不应小于管道直径的30%，且不小于20mm。

1）减压孔板孔径的计算

水流通过孔板时的水头损失，按式（7.2-2）计算。

$$H = \zeta \frac{v^2}{2g}$$ （7.2-2）

式中　H——水流通过孔板的水头损失值，10kPa；

ζ——孔板的局部阻力系数；

v——水流通过孔板后的流速，m/s；

g——重力加速度，m/s²。

ζ值可根据式（7.2-3）求得：

$$\zeta = \left[1.75 \frac{D^2(1.1 - d^2/D^2)}{d^2(1.175 - d^2/D^2)} - 1 \right]^2$$ （7.2-3）

式中　D——给水管直径，mm；

d——孔板孔径，mm。

2）减压孔板与消火栓组合的水头损失

减压孔板与消火栓组合的水头损失，可按式（7.2-4）计算：

$$H_k = 1.06 \left[\frac{1.75\beta^{-2}(1.1 - \beta^2)}{(1.175 - \beta^2)} - 1 \right]^2 \frac{v^2}{2g}$$ （7.2-4）

式中　H_k——消火栓与孔板组合水头损失（10kPa）；

β——相对孔径，$\beta = \dfrac{d}{D}$；

d——孔板孔径，mm；

D——消火栓管内径，mm（$DN50$ 管内径为53mm，$DN65$ 管内径为68mm）；

v——管内流速，m/s，$v = \dfrac{4q_x}{\pi D^2} \times 10^3$；

q_x——水流通过孔板后流量，L/s；

g——重力加速度，9.8m/s²

3）圆缺型减压孔板

圆缺型减压孔板，按式（7.2-5）计算：

$$X = \frac{G}{0.01D_0^2 \sqrt{\Delta P \gamma}}$$ （7.2-5）

式中　X——函数；

G——质量流量，kg/h；

D_0——管道内径，mm；

ΔP——差压，mm；

γ——操作状态下水密度，kg/m^3。

7.2.2 节水灌溉改善技术

1. 节水灌溉方式

目前，大部分景观采用传统灌溉方式，漫灌是最常见的，灌水时任其在地面漫流，借重力渗入土壤，一方面在很大程度上浪费了日益珍贵的水资源（浇地而不是浇植物）、电力和大量人工，更严重的在于灌水的不及时、不均匀等因素，影响草木的生长，从而导致不必要的换苗、换草、土壤板结。因此，对既有公共建筑采用节水型绿化灌溉方式，对水资源节约具有重要意义。

目前常用的节水灌溉方式大致可分为：草坪灌水方式：以地埋升降喷灌为主；特殊场合、地域采用滴灌；花卉灌水方式：滴灌、微喷相结合；乔灌木灌水方式：滴灌、微喷、涌泉灌相结合。

图 7.2-7　节水灌溉

（a）地埋升降喷灌；（b）涌泉灌；（c）微喷；（d）喷灌

（1）滴灌

滴灌是目前干旱缺水地区最有效的一种节水灌溉方式，其水的利用率可达 95％，见图 7.2-8 和图 7.2-9。不足之处是滴头易结垢和堵塞，因此应对水源进行严格的过滤处理。目前，国产设备已基本能够达到要求，有条件的地区应积极发展滴灌。按接管道的固定程度，滴灌可分固定（亩投资为 700～1400 元）、半固定（亩投资为 500～700 元）和移动（亩投资为 200～500 元）三种类型。固定式滴灌的优点是操作简便、省工、省时，灌水效果好。半固定式滴灌需要人工移动毛管。移动式滴灌，设备简单，较半固定式滴灌节省投资，但用工较多。

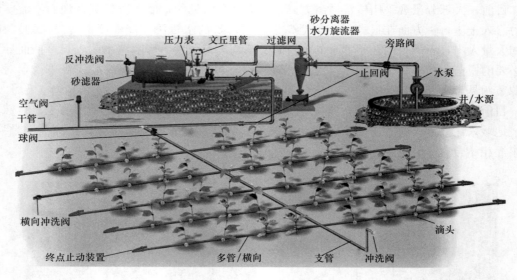

图 7.2-8　滴灌系统示意图

图 7.2-9　滴灌

（2）微喷

微喷又称雾滴喷灌，是近几年来在总结喷灌与滴灌的基础上，新近研制和发展起来的一种先进灌溉技术。微喷又分为吊挂微喷、地插微喷。微喷技术比喷灌更为省水，由于雾滴细小，其适应性比喷灌更大。微喷既可增加土壤水分，又可提高空气湿度，起到调节小气候的作用。更可以扩充成自动控制系统，同时结合施用化肥，提高肥效。国产设备亩投资一般在 500～800 元。

（3）喷灌

喷灌作为一种先进的机械化、半机械化灌水方式，在很多发达国家已广泛采用。常用的喷灌有固定式和平移式。其中移动式管道喷灌比一般喷灌省水、省工，且设备简单、操作简便、投资低、对绿地大小和形状适应性强，是目前较适合我国国情、可以大力推广的一种微型喷灌形式，亩投资为 200～250 元；固定管道式灌溉效率高，管理简便，但是投资较高，亩投资一般在 1000 元左右。

2. 种植无需永久灌溉植物

无需永久灌溉植物是指适应当地气候，仅依靠自然降雨即可维持良好生长状态的植物，或在干旱时体内水分丧失，全株呈风干状态而不死亡的植物。无需永久灌溉植物仅在生根时需进行人工灌溉，因而不需设置永久的灌溉系统，但临时灌溉系统应在安装后一年之内移走。

7.2.3 节水冷却改善技术

公共建筑集中空调系统的冷却水补水量很大，甚至可能占据建筑物用水量的 30%～50%。因此，减少既有公共建筑的冷却水系统的耗水量，对既有公共建筑水资源节约具有重大意义。以下从冷却水系统节水、停泵泄水情况改善和采用无蒸发耗水量的冷却技术三个角度，阐述既有公共建筑节水冷却改善技术。

1. 冷却水系统节水

开式循环冷却水系统或闭式冷却塔的喷淋水系统受气候、环境的影响，冷却水水质比闭式系统差，改善冷却水系统水质可以保护制冷机组和提高换热效率。应设置水处理装置和化学加药装置改善水质，减少排污耗水量。

开式冷却塔或闭式冷却塔的喷淋水系统设计不当时，高于集水盘的冷却水管道中部分水量在停泵时有可能溢流排掉。为减少上述水量损失，设计时可采取加大集水盘、设置平衡管或平衡水箱等方式，相对加大冷却塔集水盘浮球阀至溢流口段的容积，避免停泵时的泄水和启泵时的补水浪费。

开式冷却水系统或闭式冷却塔的喷淋水系统的实际补水量大于蒸发耗水量的部分，主要由冷却塔飘水、排污和溢水等因素造成，蒸发耗水量所占的比例越大，不必要的耗水量越小，系统也就越节水。

对于减少开式冷却塔和设有喷淋水系统的闭式冷却塔的不必要耗水，提出了定量要求，见式（7.2-6）：

$$\frac{Q_e}{Q_b} \geqslant 80\% \tag{7.2-6}$$

式中　Q_e——冷却塔年排出冷凝热所需的理论蒸发耗水量，kg；

Q_b——冷却塔实际年冷却水补水量（系统蒸发耗水量、系统排污量、飘水量等其他耗水量之和），kg。

排出冷凝热所需的理论蒸发耗水量可按式（7.2-7）计算：

$$Q_e = \frac{H}{r_0} \tag{7.2-7}$$

式中　Q_e——冷却塔年排出冷凝热所需的理论蒸发耗水量，kg；

H——冷却塔年冷凝排热量，kJ；

r_0——水的汽化潜热，kJ/kg。

集中空调制冷及其自控系统设备的设计和生产应提供条件，满足能够记录、统计空调系统冷凝排热量的要求，在设计与招标阶段，对空调系统/冷水机组应有安装冷凝热计量设备的设计与招标要求；运行评价可以通过楼宇控制系统实测，记录并统计空调系统/冷水机组全年的冷凝热，据此计算出排出冷凝热所需要的理论蒸发耗水量。

无蒸发耗水量的冷却技术包括采用分体空调、风冷式冷水机组、风冷式多联机、地源热泵、干式运行的闭式冷却塔等。风冷空调系统的冷凝排热以显热方式排到大气，并不直接耗费水资源，采用风冷方式替代水冷方式可以节省水资源消耗。但由于风冷方式制冷机组的 COP 通常较水冷方式的制冷机组低，所以需要综合评价工程所在地的水资源和电力资源情况，有条件时宜优先考虑风冷方式排出空调冷凝热。

由于冷却水循环系统中冷却塔的冷却原理主要是依靠传质传热，即依靠水的蒸发从液态变成气态时吸收大量的汽化潜热实现的，所以冷却水循环系统存在一定水量的蒸发消耗。同时，为避免冷却水循环系统由于水量蒸发而引起的水中盐分的过度浓缩，需进行一定水量的排污。因此，为保持系统水量的平衡，必须对系统进行水量补充。水的蒸发消耗量目前相对较难收回，因此，正常工况下如何减少补充水量是节水减排的关键。

由图 7.2-10 可见，循环水系统水的损失主要是风吹损失 D、蒸发损失 E、排污 B、系统渗漏 F、旁滤反洗排污 B1 等几部分损失构成了系统补水量 M。

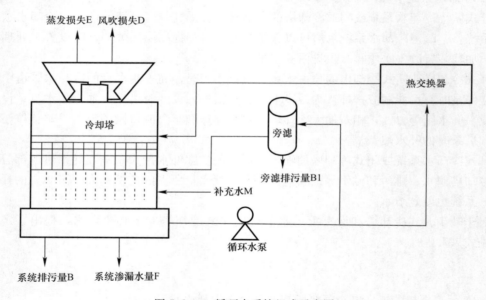

图 7.2-10　循环水系统组成示意图

2. 停泵泄水情况改善

开式冷却塔或闭式冷却塔的喷淋水系统设计不当时，高于集水盘的冷却水管道中部分水量在停泵时有可能溢流排掉。为减少上述水量损失，设计时可采取加大集水盘、设置平衡管或平衡水箱等方式，相对加大冷却塔集水盘浮球阀至溢流口段的容积，避免停泵时的泄水和启泵时的补水浪费。

3. 采用无蒸发耗水量的冷却技术

包括采用分体空调、风冷式冷水机组、风冷式多联机、地源热泵、干式运行的闭式冷却塔等。风冷空调系统的冷凝排热以显热方式排到大气，并不直接耗费水资源，采用风冷方式替代水冷方式可以节省水资源消耗。但由于风冷方式制冷机组的 COP 通常较水冷方式的制冷机组低，所以需要综合评价工程所在地的水资源和电力资源情况，有条件时宜优先考虑风冷方式排出空调冷凝热。

7.2.4　热水无效出流改造技术

集中热水供应系统考虑到节水和热水使用舒适的要求，应设热水回水管道，保证热水在管道中循环。所有循环系统均应保证立管和干管中热水的循环。对于热水使用要求高的饭店可采用保证支管中的热水循环，或有保证支管中热水温度的措施已达到舒适需求。热水的出水温度及出水时间是衡量热水用水舒适度的主要指标，同时控制热水出水时间也是节约用水的一个重要措施。实测用水器具在保证配水点出水水温达到用水器具相应的温度时（45℃），排放冷水时间以10s为标准。

在集中式生活热水系统中，热水通过供水管网送达各用水点。因建筑物的类型和用户习惯的不同，卫生热水的供应是不连续和变化的，再加上管网的延伸距离长，有的支路会长达几十米，这会导致管道中的水自然冷却。这种情况除了会造成用水的舒适性下降外，还会导致严重的卫生问题，例如造成军团菌的繁殖。

1. 热水回水系统改造设计

集中热水供应系统考虑到节水和热水使用舒适的要求，应设热水回水管道，保证热水在管道中循环（见图 7.2-11）。所有循环系统均应保证立管和干管中热水的循环。对于热水使用要求高的饭店可采用保证支管中的热水循环，或有保证支管中热水温度的措施已达到舒适需求。

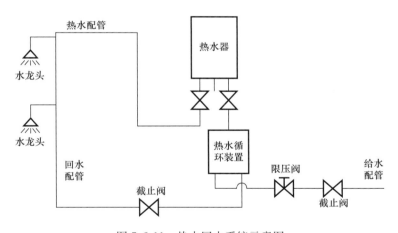

图 7.2-11　热水回水系统示意图

采用热水循环系统具有舒适性、节水性、节能性，同时能够较好地保证水质。

预热循环技术的应用实现了热水的即开即用，在预定的时间内保证所有出水点温度为设计温度，使热水的使用舒适性得到很大提高，可多点恒温供水，洗浴智能优先、多楼层供水、快速方便。

热水回水管道系统避免了传统热水器中管路冷水的无端浪费，防止因管道滞水自然冷却导致水的浪费，节省大量的生活用水。

循环系统对加热系统间的实时监控，避免了洗浴时浪费水、气、电等资源，同时采用快速预热技术可以根据进水温度使热水器自动选择不同的火力加热，节能效果非常显著。

热水回水系统能够保持水的持续流动，防止滞水在管道内形成生物膜，同时防止军团菌的繁殖。

2. 热水循环改造方式

根据要连接到热水循环回路上的节点，循环管网改造可以采用用水点循环、楼层循环和立管循环三类。

（1）用水点或分水器循环

用水点或分水器循环是最细分的循环类型（见图 7.2-12 和图 7.2-13），直接到达或接近用户用水点。这种方案的好处就是可以带来最大的用水舒适度，而且可以最大限度地减少热水滞水管的长度。这一点特别重要，尤其是在那些对于卫生标准要求高的场所，如医院、疗养院和酒店。然而，用水点循环的实现成本很高，而且对于分布复杂的管网需要正确地平衡循环流量。

基于这些原因，它是卫生场所、酒店等建筑中最常用的系统。

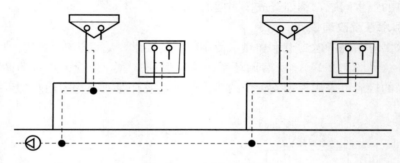

图 7.2-12　用水点循环

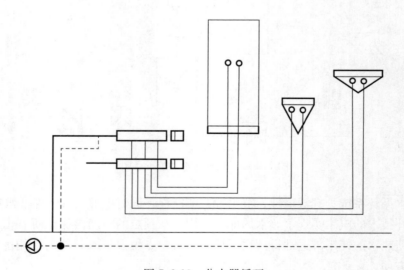

图 7.2-13　分水器循环

（2）楼层循环

该类型的循环可以到达各用水点入户水表，可以获得良好的舒适性，相比循环到用户用水点的系统成本更低，见图 7.2-14。

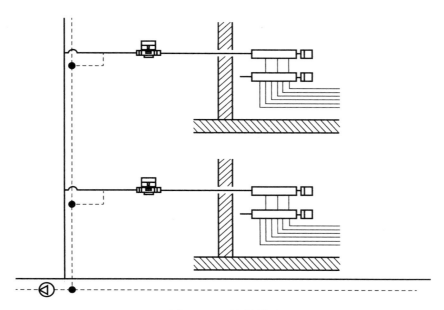

图 7.2-14　楼层循环

（3）立管循环

立管循环可以达到建筑的立管顶端，它是一种非常普遍的方案，因为较容易实现，见图 7.2-15。另外，加上适当的装置即可以实现立管流量的正确平衡。

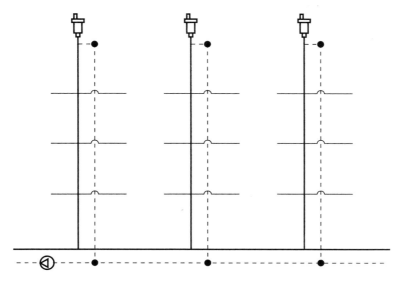

图 7.2-15　立管循环

3. 热水循环系统调节

热水循环回水系统的调节策略没有标准规范，以公共建筑的热水使用场景综合确定运营方式，分别为无调节热水回水系统、定时调节热水回水系统、恒温调节热水回水系统、按需求调节热水回水系统和自适应调节热水回水系统。

无调节热水回水系统适用于没有考虑过对循环回水控制，或是对于温度和管网杀菌有特殊要求的公共建筑，例如医院、疗养院等。循环泵始终运转，24h 持续保证设计温度。

定时调节热水回水系统的循环回水泵由定时装置控制，可以设定开启和关闭时间。具有集中淋浴需求的公共建筑可采用定时调节热水回水系统。

恒温调节热水回水系统适用于既有公共建筑以保证循环回水管网的正确温度，同时保证热水不受军团菌污染。循环管道上的温度传感器通常安装在最不利节点处监控温度，当温度低于设定值时就会启动循环泵。

按需求开启的循环泵可以由机械系统如水流开关或者通过智能系统进行管理。纯机械装置的水流开关在有水流即打开热水龙头时让循环泵启动。通过这种方式增加循环流量缩短热水等待时间。在由智能系统管理的建筑中，泵开启的控制可以通过比如浴室灯的按钮或者其他房间里明确定义的按钮。这种方式在管网范围不分散，或者是管网辐射范围广但是用户却不多的情况下可行。

自适应调节热水回水系统为通过电子技术分析用户使用热水习惯，并根据分析数据管理循环泵的运行时间的热水回水系统。这种方式可以节省电能（对于循环泵来说）和热能（限制循环管网的热散失）。这一功能经常集成于循环泵中，确定使用热水的时段并加以分析处理来判断用水习惯。

4. 循环水水质改善技术

开式循环冷却水系统或闭式冷却塔的喷淋水系统受气候、环境的影响，冷却水水质比闭式系统差，改善冷却水系统水质可以保护制冷机组和提高换热效率。应设置水处理装置和化学加药装置以改善水质，减少排污耗水量。

浓缩倍数的提高即节水率的提高，但同时造成系统含盐量逐渐升高。因此循环水水质控制是提高浓缩倍数的关键。基于循环水处理药剂的水平和使用局限性，为使目前的循环系统在高浓缩倍数下能够保证稳定运行，不产生严重的污垢和生物黏泥、腐蚀现象，需要针对不同性质的补充水和循环水质开发经济有效的水处理工艺和设备，适度改善循环水水质。

7.2.5　其他节水改造技术措施

1. 自动控制与计量管理改善技术

对于既有公共建筑而言，安装计量仪表对促进个人节水行为所起的作用较小，并不能产生直接节水的效果。但若依据使用用途和水平衡测试标准要求设置计量水表，对卫生用水、绿化景观用水等分别统计用水量，便可以通过统计各种用途的用水量检测出渗漏水源头，便于管理人员及时处理，从而达到间接节水的效果。

应根据使用用途、业态、设施及物业所属产权等情况，设置远传式等计量设施，并应符合现行国家标准《民用建筑节水设计标准》GB 50555 及《建筑给水排水设计规范》GB 50015 的有关规定。

（1）按使用用途设置用水计量装置

按使用用途，对厨房、卫生间、空调系统、游泳池、绿化、景观等用水分别设置用水计量装置，统计用水量。

（2）按付费或管理单元设置用水计量装置

采用刷卡和自动控制用水计量方式。集体宿舍淋浴、学生宿舍的公共浴室等，刷卡和红外线自动控制开关等也是合理的用水方式。

（3）采用无人自动关闭方式

采用脚踏式、感应开关、延时自闭等无人自动关闭方式

2. 车库和道路采用节水高压水枪

节水型高压水枪具有节水、增压、环保等特点，可广泛用于清洗车辆（轿车摩托车）、浇花、灌溉、冲道路、洗墙体、淋浴、玩耍等方面，见图 7.2-16。

3. 节水型专业洗衣机

节水型洗衣机是指能根据衣物量、脏净程度自动或手动调整用水量，满足洗净功能且耗水量低。最大负荷洗涤容量、高水位、一个标准洗涤过程，洗净比在 0.8 以上，单位容量用水量不大于下列数值：滚筒式洗衣机，有加热装置 14L/kg，无加热装置 16L/kg；波轮式洗衣机 22L/kg。

4. 循环用水洗车台

循环用水洗车台设备是在沉淀处理的基础上，采用化学和物理的综合处理方法对洗车污水中的悬浮物、油分、不溶性固体物质等杂质进行处理的设备，采用综合过滤法水处理的工艺，根据贮积法则和沉淀物自行凝聚最大化的原理而采用的沉淀过滤法，污水、废水通过过滤层能够精确过滤、杀菌，在消毒后完全达到废水回用标准，从而能起到节约用水、保护环境的目的，见图 7.2.17。

洗车循环水处理工艺流程一般为：洗车污水—调节池—过滤器—砂滤器—除油装置—光催化反应器—洗车用水。

图 7.2-16　节水型高压水枪

图 7.2-17　循环用水洗车台设备

5. 集中空调加湿系统节水改造措施

为满足室内空气湿度要求，集中空调系统的加湿系统均采用给水供给，需采用用水效率高的加湿设备。

本章参考文献

[1] 中国核电工程有限公司主编. 给水排水设计手册 第 2 册 建筑给水排水［M］. 3 版. 北京：中国建筑工业出版社，2012.

[2]　中国建筑科学研究院. 公共建筑节能设计标准. GB 50189—2015 [S]. 北京：中国建筑工业出版社.

[3]　沈阳建筑大学. 既有公共建筑节能改造技术规程. DB21/T 1824—2010 [S]. 沈阳，2010.

[4]　中国建筑科学研究院. 民用建筑节水设计标准. GB 50555—2010 [S]. 北京：中国建筑工业出版社，2010.

[5]　建筑与小区雨水控制及利用工程技术规范. GB 50400—2016 [S]. 北京：

[6]　刘振印. 建筑给排水节能节水技术探讨 [J]. 给水排水，2007 (1)：61-70.

[7]　陈健. 我国绿色建筑给排水节能新技术的应用 [J]. 山西建筑，2008，34 (26)：182-183.

[8]　刘维城. 中国城市供水节水与水污染控制 [J]. 中国给水排水，2006，22 (z1)：129-133.

[9]　罗清海，汤广发，龚光彩等. 建筑热水节能中扣热泵技术 [J]. 给水排水，2004，30 (5).

[10]　许萍，刘晓冬. 节水型水龙头普及中的问题及建议 [J]. 给水排水，2003，29 (10)：90-91.

[11]　李刚. 建筑给排水节能节水技术及应用研究 [J]. 建筑节能，2013 (1)：31-32.

[12]　严炜. 绿色建筑小区给水排水节能节水设计探讨 [J]. 建筑节能，2011 (7)：37-39.

[13]　马仲元，冀卫兴，李德英. 热水供热系统变频循环水泵节能分析 [J]. 暖通空调，2008，38 (5)：118-120.

[14]　陈伟，王靖华，屈利娟等. 可再生能源和节能设备加热生活热水系统设计参数探讨 [J]. 给水排水，2012 (9)：79-83.

[15]　Cheng C L. Study of the inter-relationship between water use and energy conservation for a building [J]. Energy and Buildings，2002，34 (3)：261-266.

[16]　付婉霞，刘剑琼，王玉明. 建筑给水系统超压出流现状及防治对策 [J]. 给水排水，2002 (10)：48-51.

[17]　徐凤. 建筑给水排水系统节能设计要求 [J]. 中国给水排水，2015 (2)：34-40.

[18]　李晓虹，苏华. 空气源热泵热水系统设计与经济性分析 [J]. 给水排水，2011 (9)：146-150.

[19]　鲍涛. 室内热水系统供水方式及管材的选择 [J]. 给水排水，2000，26 (4).

[20]　Yang J，Tang Z H，Song Y. Probe into the Problem of Water-Saving and Energy-Saving in Building [J]. Advanced Materials Research，2011，250-253：3275-3278.

[21]　Zhang Y H，Yan Q. Application of Energy-Saving Technology for Public Building Design [J]. Applied Mechanics and Materials，2015，744-746：4.

[22]　Si Y N，Zhou M，Liu Y H，et al. Ultra-High-Rise-Building Water Supply and Drainage System Design [J]. Applied Mechanics and Materials，2014，580-583：2374-2379.

[23]　王会斌，李伟腾，周瑞昆. 高层居住区给水排水设计中的节能节水技术 [J]. 建筑节能，2012 (3)：38-40.

[24]　蒋潇. 高层公共建筑给水排水工程节能途径探讨 [J]. 城市建筑，2013 (14)：157-157.

[25]　姜涵，周智勇，何丹等. 重庆市江北区既有公共建筑给水排水系统节能浅述 [J]. 重庆建筑，2007 (10)：14-16.

第8章 既有公共建筑电气系统能效提升关键技术

8.1 供配电系统能效提升与电能质量改进技术

8.1.1 大型公共建筑变压器在实际动态负荷下的运行能效与选型偏差分析

对于公共建筑，尤其是大型公共建筑，电耗是建筑总能耗中最重要的一个组成部分，见图 8.1-1。

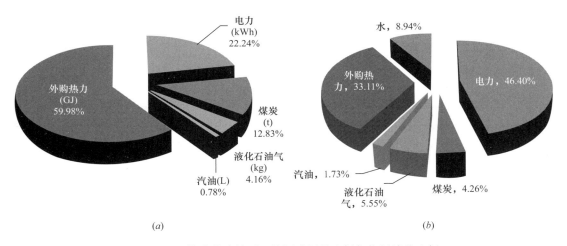

图 8.1-1 某公共建筑项目能源消耗量比例与能源消费比例

(a) 能源消耗量比例；(b) 能源消费比例

由图 8.1-1 可见，公共建筑电耗在总能耗中的占比以及电费在总能源费用中的占比很大，即使电量比例不是最大，但成本占比在多数类型的公共建筑项目上往往是最高的。因此，公共建筑在长期运行中实现节电是节能工作的一个重点。

随着时代和技术的进步，大型公共建筑低压配电系统能耗在线监测平台在节能评价与能源管理中逐渐发挥出重要意义。通过对大型公共建筑能耗在线监测数据的分析，犹如对建筑机电系统运营参数进行"体检"，从监测指标曲线图上可以发现运行参数波动变化，有助于分析建筑系统运行情况，掌握建筑耗能状态，找出传统设计选型的缺陷，帮助我们以新的视角重新审视过去的思维，深入研究公共建筑机电系统能效提升技术。

通过对一批公共建筑能耗监测数据的调研，从大量能耗数据中筛选出全年数据完整的既有大型公共建筑项目，选择夏季最热日变压器实际负载率最大值展开深入分析，见表 8.1-1。

一批公共建筑项目某年 7 月最热日变压器负载率最大值　　　表 8.1-1

序号	最大值（%）	序号	最大值（%）	序号	最大值（%）
1	30.54	6	19.22	11	30.59
2	11.65	7	16.15	12	29.79
3	31.4	8	28.83	13	7.44
4	45.16	9	31.73	14	34.21
5	24.36	10	29.35	15	4.62

在全年最热的一天、负载最大的时刻，很多项目变压器运行负载率最大值分布区间是（4.62，45.16），除了 1 个最高的 45.16 之外，其余均在 35 之下，相比于传统的负荷计算结果，变压器运行的日均负载率长期偏低，与计算负荷率的偏差甚至超过了 50%。通过上述调研分析还可以发现，传统负荷计算的负荷率与运行负载率所表示的概念对于公共建筑应该区分清楚，前者对应静态，后者对应动态，见表 8.1-2 的对比。

公共建筑项目负荷计算的负荷率与实际运行的负载率概念对比　　　表 8.1-2

概念对比	负荷计算的负荷率	实际运行的负载率
系统状态	静态	动态
偏差组成的量级	专业提资数据：10% 简化数据折算：10% 计算系数选择：10% 设计放大预留：10%	监测系统：1%
效果	设计状态的包络线	实际的动态曲线

根据监测数据寻找具有代表性的某办公建筑全年 12 个月用电量分布情况，见图 8.1-2。

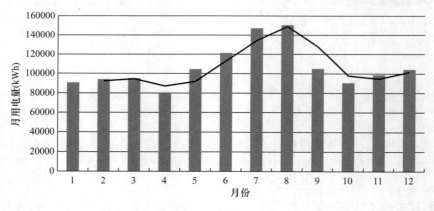

图 8.1-2　某办公建筑全年 12 个月用电量分布

典型办公建筑全年 12 个月单位建筑面积用电量分布情况，见图 8.1-3。

从图 8.1-3 可知，单位建筑面积用电量最大的月份是 7、8 两月，约为冬季的 1.6 倍；冬季并非是变压器负载最小的季节，4 月是一年中变压器负载最小的月。

从图 8.1-4 可知，在人员相对稳定的情况下，平均每人月用电量在 7、8 两月会达到全年各月的高峰，夏季高耗能状态是过去设计选型中关注较多的状态，而低耗能状态与高耗能状态的季节性波动对于设计的灵活性是极大的考验。

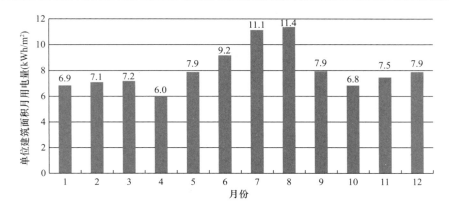

图 8.1-3 典型办公建筑全年 12 个月单位建筑面积用电量分布

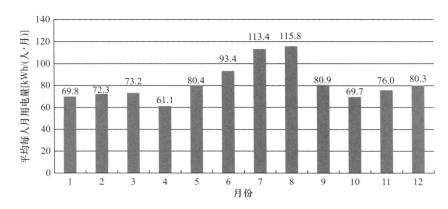

图 8.1-4 典型办公建筑全年 12 个月平均每人月用电量分布

对应变压器负载曲线一年中第二季度和第三季度用电高峰，尖、峰、平、谷之间比例关系也出现一次涨落变化。

5 月中旬至 9 月中旬是变压器负载相对高的时期，春节、十一国庆节和平时周末是变压器负载相对低的时期，制冷季 7、8 月与自然通风季 4 月的工作日用电量高低差最大在 1.8 倍左右，这里可以借用 PUE 概念，以 4 月的工作日用电量为基准，夏季加上空调系统耗电之后的变压器最高供电负载是其 1.8 倍。前面的分项用电量饼图体现出大项用电比例，但在无法更多安装子表拆分风机盘管等能耗的情况下混入照明和其他用电项的空调末端能耗比例在分项饼图中与空调大项不在一起，难以直观地看出全部空调系统和设备的能耗比例。而此处的 1.8 倍比例却可以体现出运行空调后增加能耗相对于基本工作能耗的增加比例，这个比例倍数可体现建筑相对于基本业务用电的整体能效水平。

以北京为例，公共建筑项目每年的月用电量最大的月份是在 7、8 月出现能源消费的高峰，见图 8.1-5。

在公共建筑项目设计时，要考虑机电系统承受最大的不利状态，通常按照用电设备与系统额定使用要求及备用要求的最大状态进行计算选型，供配电系统整定值要能够承受提资设备或系统的最大运行方式总负荷。近年来，节能对于可持续发展的重要性被广泛认知，也发现了过去设计建造的一些建筑在实际运行中常常表现出系统容量配置过大、控制欠灵活、运行能效低的问题。在这些现象背后的原因中存在安全与节能理念的平衡问题，过去的一些公共建筑项目机电系统设计内容中往往体现出缺少适用的节能指标引导和精确化设计协同，机电系统设备容量提资审查不到位的问题，在各种不确定因素的影响下，负荷计算被层层放大，机电系统规模偏大、运行灵活性偏差、能效偏低。

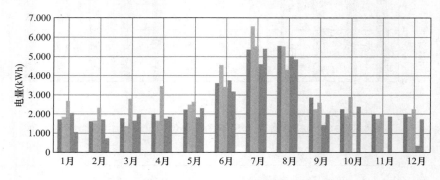

图 8.1-5　某公共建筑连续 5 年逐月用电量分布

　　大型公共建筑低效运行大量重复出现，原因是多方面的，需要分析影响选型计算产生偏差的原因和解决方法。

　　设计人员在设计流程中应对修改变化和不确定条件往往缺少足够的时间展开深入的负荷分析和全面的协同优化，通常难以在有限的设计周期内找到最优解决方案，设计流程中互提条件配合时，在需求未量化、负荷计算条件尚不能完全确定时为了进度不耽搁只好根据经验"夯出"某些系统容量，为了保证"容量包得住"，或多或少存在不同程度的设计选型偏大问题。有的设计人员以为系统选型配置放大了就可以保证安全，反而导致实际运行安全与效率都出现问题。

　　选型偏大的系统如果在架构设计中缺少灵活分组的多种运行方式和智能控制，就会导致实际运行能效偏低、经济性差。缺少变压器运行数据反馈和节能设计准确指标参照时，赶工放大选型模式在设计流程中被不断重复，产生惯性思维以至于形成惯例，将"容量包得住"视为正常并当作共识，甚至被当作合理，有的人认为理论计算就是这样，即使出现系统运行不节能的情况也不担责。

　　既有公共建筑中，按过去通常采用的设备容量、预留容量、计算系数设计建造的很多建筑经过多年运行监测发现系统运行能效很低。面对计算与实际偏差很大的问题，设计人也会很迷惘理论计算结果。究其原因，不是理论错了，而是理论使用错了，理论随时代发展缺少扩展和创新，缺少节能设计新指标参数提炼，缺少灵活调控系统架构的配合运用。因此，既有公共建筑机电系统存在一定的系统优化提升空间。深入研究变压器能耗校核选型与运行优化技术是实现供配电系统能效提升的重点。

8.1.2　基于变压器负载脉动特征的变压器最佳经济运行区间确定

1. 典型公共建筑项目变压器负载脉动特征分析举例

　　某个典型的大型公共建筑采用两路电源、两台变压器供电，根据监测到的变压器负载波动数据绘制的波动曲线，表现出公共建筑机电系统运行能耗波动变化的很多特点。

　　伴随夏季空调负荷多日连续增长，对应到变压器总负载曲线表现为能耗平台的连续加宽，平台形状由一次调整稳定变为多次反复调整。

夏季多日空调大负荷规律变化对应到变压器总负载曲线表现为多日能耗平台的规律变化。

夏季最热日的后1日变压器总负载曲线表现为下午负载平台的小幅度持续爬升，平台结束时间推后。

从图8.1-6可知，夏季最热日变压器总负载波形表现出随空调负荷扰动的连续小幅调整，负载曲线平台非常明显。全年用电负荷最大的一天，空调启动负载的调整期有15min出现总负载率冲到了接近25%，白天负载平台稳定运行期间的总负载率基本保持在20%以下，夜间的总负载率保持在5%以下，这种轻载运行在大量公共建筑项目中是普遍现象。

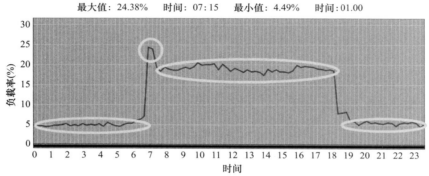

图8.1-6　夏季7月最热日两台变压器总负载的波形

夏末的日运行情况表现出负载平台结束时间的前移和平台负载软化，秋季和冬季的负载平台不明显，总负载曲线表现为随负荷扰动多次小幅调整，冬季集中供暖时的变压器总负载整体低于秋季，且进入夜间低谷时间比秋季稍微前移。

综上所述，变压器负载的脉动特征可以比较完整地体现变压器运行的准确状态，包含运行状态的大量信息。过去不采用监测手段分析变压器负载率曲线时，即使计算出负载率也难以直观地判断变压器是否处于经济运行区间。而基于变压器负载脉动特征的分析，每天各个时点的状态变化一目了然，而且季节变化特征、周变化特征、建筑类型特征、大负荷设备启动冲击特征、自控系统自动调节特征等，都能通过脉动特征分析呈现出来。

2. 公共建筑变压器实际负载脉动特征的辨识

大型公共建筑或建筑群采用高压供电，变压器深入负荷中心，变电环节是电能由高压转换到低压再传输到公共建筑低压用电负荷必不可少的换能环节，因而实现变压器的经济运行是大型公共建筑项目节能降耗的重要手段。通过研究，可以采用变压器负载脉动特征诊断大型公共建筑机电系统。

变压器工作在经济运行区是指采用变压器传输同等电量，通过优化变压器设计选型、调整变电系统运行方式及负荷调度与控制，将变损耗降到最低，获得经济运行效果。所以，变压器经济运行无需额外的设备投资，通过加强项目本身的精确用能设计即可实现相当可观程度的节电效果，提高自身功率因数，还有利于提高电力系统运行效率。

目前已有的《电力变压器经济运行》GB/T 13462和《配电变压器能效技术经济评价导则》DL/T 985规定的变压器经济运行评价方法，在电力系统变压器运行的经济性评价上具有重要意义。

　　但是，正如雅鲁藏布江的水流变化比它与恒河汇集后注入孟加拉湾时的水流要湍急、落差大，公共建筑内部变压器运行负载的峰谷差与区域变电站负载波动情况相比也是类似的。在进一步深入分析公共建筑内部机电系统各种分项负荷汇集周期与变压器负载波动特点后发现，公共建筑变压器负载率曲线波动的峰谷差和每天24h、制冷季、供暖季、节假日等各种时间节点汇集的复杂性，比上级电源电力系统变压器负载率波动幅度差更大、更突然、曲线更加复杂。因此在评价公共建筑变压器能效时，至少需要采用日均负载率曲线图和指标才足以在24h不少于96时点上展开符合实际情况的波动特征描述。公共建筑内部分项计量展现主要设备机房和分项负荷沿时间轴叠加的复杂性，导致变压器实际负载已经超出上述两个规范评价适用范围，上述两个规范提出的方法对于公共建筑变压器变化多样的运行负载而言并不便于实际使用。

　　在"十三五"国家重点研发计划课题研究开始之前，缺少适用于公共建筑项目供配电系统能效评价的手段，编制机电系统能效分级评价标准开拓填补这方面的空缺，是公共建筑机电系统能效评价新的开始阶段，仍然需要在今后运用好分项计量能耗在线监测平台大数据分析成果的前提下不断丰富完善、长期改进提高。例如通过分析变压器日负载率曲线幅值大小及变化特点，可以判断照明、动力、变配电、自控系统的精确化设计是否到位，还可以判断出建筑设备运行过程的管理方法和制度是否到位。

　　在能效分级评价之后，需要对机电系统进行优化，提升能效，其中在供配电系统能效提升方面，变压器选型计算与运行方式优化是重点内容之一。研究适用于大型公共建筑的能耗校核计算方法、指标、图表，提高机电系统能效优化技术水平，能从改造设计源头上引导公共建筑项目的建设和运行，实现"变压器工作在经济运行区"的落实工作，有利于建筑节能。

3. 变压器负载率曲线的深度应用可实现脉动特征分析

　　在典型工况运行时，变压器处于正常运行方式，实际运行状态的负载率曲线通常较多表现为以24h为周期的波动曲线，不同类型公共建筑具有不同的波动变化特点，相同类型的公共建筑由于受系统组成、设备选型、自控参数、用户作息等多种因素影响，实际负载率波动曲线上也会呈现出相应的变化。

　　公共建筑变压器负载率受不同类型公共建筑的各种不确定因素影响，从波动曲线上能看到变化比较复杂。公共建筑变压器负载率曲线波动的峰谷差和每天24h、制冷季、供暖季、节假日等在各时间节点汇集的变化，比上级电力变压器负载率波动幅度差更大、更突然，曲线趋势和规律与末端调控影响更紧密。对于公共建筑中的多数类型，变压器日间负载率与夜间负载率的峰谷差较大，日均负载率较低。根据实际运行数据，很多公共建筑变压器负载率曲线全年最高点未达到40%。从每台变压器总负载变化趋势上看，在每个24h周期内，机电系统设备运行控制越是能准确调节，负载率曲线振荡变化越小；机电系统配置和对各种常规负荷、充电负荷的运行调控越完善、削峰填谷措施越有效，总负载率曲线峰谷差越小、运行越平稳，变压器越能持续保持高效运行。

　　因此，为了体现变压器运行情况、保证变压器能效评价的准确性，在评价公共建筑变压器运行能效时，宜选择全年用电量最高日的日负载率曲线图进行评价打分。在能效分级标准中制定评分规则综合考虑了公共建筑变压器应急加载安全和运行能效水平。采用参评变压器的日负载率曲线图评价运行能效，可用于指导机电系统能效提升改造，还可从实时波动曲线变化中判断建筑用能的安全状态，对公共建筑应急管理也有益。

民用建筑与工业项目不同，除了类似于数据中心这种平稳负荷外，一般的常规民用建筑负荷普遍存在比较明显的作息规律性。在民用建筑中，公共建筑的主要用能时段是在 7 点至 21 点之间。这种作息规律可以从公共建筑能耗在线监测数据分析出来。经过对大量数据的分析和总结，公共建筑用电负荷每天 24h 波动过程中，7 点至 21 点时段，尤其是 9 点至 19 点时段内的电耗比例大约占到 24h 电耗的 70%。因此即使难以避免夜间负载率很低的情况，应该首先抓好 70% 电耗比例部分是否做到了"工作在经济运行区"，找出适宜的经济运行区间及校核判别方法。

综上总结见表 8.1-3，（0.3，0.75）这个区间是公共建筑变压器的最佳经济运行区间，建筑能耗计算校核变压器选型应落入这个最佳经济运行区间，实际运行在此区间之内应保持运行方式不变，不需优化调整。

公共建筑变压器能效区间分析表　　　　　表 8.1-3

运行状态		低载低效	轻载中效	最佳高效	重载高效	满载衰减	超载应急（强冷）	超限退出（强冷）
负载区间	7							$\beta \geqslant 1.5$
	6						$1.0 \leqslant \beta < 1.5$	
	5					$0.85 \leqslant \beta < 1.0$		
	4				$0.75 \leqslant \beta < 0.85$			
	3			$0.3 \leqslant \beta < 0.75$				
	2		$0.1 \leqslant \beta < 0.3$					
	1	$0 \leqslant \beta < 0.1$						

观察变压器的效率曲线，见图 8.1-7，采用负载率 0.1 与 0.3 对应曲线上的两个点，可将曲线分为三段，图中对应采用实线、虚线和点划线表示：

（1）低载低效段

实线段，表示的是设计选型与实际运行状态存在很大偏差，运行经济性存在较大问题，应采取适当措施进行改造，亟须提高运行能效。

（2）轻载中效段

虚线段，表示的是设计选型与实际运行状态存在一定偏差，运行经济性存在一定问题，可采取适当的措施优化调整，提高运行能效。

（3）最佳高效段

点划线段，表示的是设计选型与实际运行状态一致，运行经济性不存在问题，已经处于最佳经济运行区间。

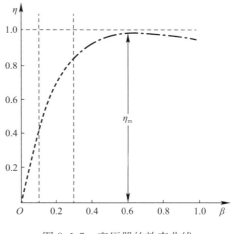

图 8.1-7　变压器的效率曲线

8.1.3　基于能耗标准的变压器容量校核优化研究

在进行能耗校核时，首先要明确非供暖能耗与综合电耗 W_z。

1. 非供暖能耗

根据《民用建筑能耗标准》GB/T 51161，民用建筑能耗划分为：居住建筑非供暖能耗、公共建筑非供暖能耗、建筑供暖能耗。对于严寒和寒冷地区，能耗指标区分为三部分；对于夏热冬冷地区、夏热冬暖地区、温和地区，能耗指标分为两部分，见表 8.1-4。

不同气候地区非供暖能耗指标对应的能耗　　　　　　　　　　　　表 8.1-4

民用建筑能耗的划分			不同气候地区的非供暖能耗指标			
			严寒和寒冷地区	夏热冬冷地区	夏热冬暖地区	温和地区
民用建筑能耗	1	居住建筑非供暖能耗	●	●	●	●
	2	公共建筑非供暖能耗	●	●	●	●
	3	建筑供暖能耗	●			

根据《民用建筑能耗标准》GB/T 51161 第 3.0.3 条，严寒和寒冷地区建筑供暖能耗应以一个完整的法定供暖期内供暖系统所消耗的累积能耗计。居住建筑与公共建筑的非供暖能耗应以一个完整的日历年或连续 12 个日历月的累积能耗计。非严寒和寒冷地区，根据该标准第 4.1.3 条、第 5.1.3 条，居住建筑、公共建筑非供暖能耗指标应包含建筑所使用的所有能耗。

根据《民用建筑能耗标准》GB/T 51161 表 5.2.1～表 5.2.4，为了便于能效分析与评价过程的指标比对，根据这 4 个表列出公共建筑非供暖能耗指标的约束值汇总表，见表 8.1-5。

公共建筑非供暖能耗指标约束值汇总表　　　　　　　　　　　　表 8.1-5

能耗标准分类		建筑分类	不同气候地区的约束值 [kWh/(m² · a)]			
			严寒和寒冷地区	夏热冬冷地区	夏热冬暖地区	温和地区
办公建筑	A 类	党政机关办公建筑	55	70	65	50
		商业办公建筑	65	85	80	65
	B 类	党政机关办公建筑	70	90	80	60
		商业办公建筑	80	110	100	70
旅馆建筑	A 类	三星级及以下	70	110	100	55
		四星级	85	135	120	65
		五星级	100	160	130	80
	B 类	三星级及以下	100	160	150	60
		四星级	120	200	190	75
		五星级	150	240	220	95
商场建筑	A 类	一般百货店	80	130	120	80
		一般购物中心	80	130	120	80
		一般超市	110	150	135	85
		餐饮店	60	90	85	55
		一般商铺	55	90	85	55
	B 类	大型百货店	140	200	245	90
		大型购物中心	175	260	300	90
		大型超市	170	225	290	100

能耗标准分类	建筑分类	不同气候地区的约束值 [kWh/(m² · a)]			
		严寒和寒冷地区	夏热冬冷地区	夏热冬暖地区	温和地区
机动车停车库	办公建筑	9			
	旅馆建筑	15			
	商场建筑	12			

备注：本表根据《民用建筑能耗标准》GB/T 51161 表 5.2.1～表 5.2.4 对约束值汇总；
A 类对应可开启外窗自然通风，B 类对应机械通风空调系统。

2. 综合电耗

能耗校核的重要指标是年综合电耗。年综合电耗是建筑在一年内（一般按 365d 计算）所有适用于综合评估能耗的各种系统消耗的能源（包括电力、天然气、柴油等）折算为电能的总量。年综合电耗一般以"万 kWh/a"为单位。年综合电耗按建筑规模（一般采用"万 m²"为单位）折算到单位建筑面积上的能耗，称为单位建筑面积年综合电耗，即建筑能耗指标。年综合电耗采用"万 kWh/a"、建筑规模采用"万 m²"为单位时，得到的建筑能耗指标的单位是"kWh/(m² · a)"。

适用于综合评估能耗的系统是指除了供暖系统和特殊用能区域或系统（例如室外景观照明、大型厨房、数据中心机房、机动车库充电桩等）之外的各种常规用能系统。对这些系统的全年能耗进行综合计算时可以全部折算到电耗，以年综合电耗这个统一的物理量评价不同公共建筑的能耗水平，不仅可以比较全面地体现每类公共建筑的相对能耗水平，还可以展开建筑能效管理的多种比对、评估及总结。

结合《民用建筑能耗标准》GB/T 51161 中的非供暖能耗指标，也就是年综合电耗指标，可以校核变压器负载率均值是否在经济运行区间，可以确定变压器节能运行设计容量，判断变压器安装容量能否实现节能运行，如果不能实现节能运行，引导后续如何对变压器运行方式进行优化设计。

3. 能耗校核的意义

对于政府投资建筑项目而言，建筑类型和功能应该是明确的，而且要严格按相关规范和标准设计，不能浪费投资，变压器安装容量就应该是节能运行设计容量，应通过正确设计选型实现节能运行，避免因为变压器选型不合理造成损耗过大而不符合节能运行监测标准（《三相配电变压器节能监测》DB11/T 140）；对于非政府投资建筑项目而言，变压器安装容量即使不严格限制在节能运行设计容量，也可以校核经济运行容量，引导对变压器的节能运行方式进行优化设计。

无论将变压器安装容量全部投入运行，还是将安装容量的一部分投入运行，都可以采用建筑能耗指标进行能耗校核计算，根据变压器运行负载率和经济运行区间优化变压器设计选型，优化变压器全部运行与部分运行的多种运行方式。校核建筑能耗尤其是建筑电耗，有助于实现能耗限额（与建委对接）高效使用，促进建筑系统、设备的节能设计，完善节能监测和节能运行机制，还可避免在节能改造中"盲人摸象"找不到供配电系统的节能量所在，指导节能改造设计。对于实现变压器节能运行有困难的项目，通过能耗校核制定"优化变压器选型规格和运行方式"的专项方案，进行节能改造时可以目标明确地实施相应的供配电系统改造，合理调整变压器运行方式，降低变压器长期运行损耗，提高系统能效。

4. 能耗校核的过程与方法

对于采用的能耗指标，存在部分系统能耗的扣减，冷热量能耗折算、修正，见表8.1-6、表8.1-7 总结的能耗折算相关内容。

公共建筑项目能耗指标约束值选用表　　　　　　　表 8.1-6

能耗标准与建筑分类： □办公建筑 □旅馆建筑 □商场建筑	□A 类	□党政机关办公建筑/□商业办公建筑 □三星级及以下/□四星级/□五星级 □一般百货店/□一般购物中心 □一般超市/□餐饮店/□一般商铺	能耗指标约束值	
			气候地区： □严寒/寒冷 □夏热冬冷 □夏热冬暖 □温和	kWh/(m²·a)
	□B 类	□党政机关办公建筑/□商业办公建筑 □三星级及以下/□四星级/□五星级 □大型百货店/□大型购物中心/ □大型超市		
□机动车停车库		□办公建筑/□旅馆建筑/□商场建筑	能耗指标约束值	kWh/(m²·a)

能耗扣减、折算、修正表　　　　　　　　　表 8.1-7

总建筑面积 A_1(m²)		实测非供暖总能耗 E_1(kWh)
信息机房建筑面积 A_2(m²)		实测信息机房能耗 E_2(kWh)
厨房建筑面积 A_3(m²)		实测厨房能耗 E_3(kWh)
机动车停车库面积 A_4(m²)		实测机动车停车库能耗 E_4(kWh)
建筑输出能耗		建筑外景照明能耗 E_5(kWh)
		充电桩输出能耗 E_6(kWh)
输入建筑冷、热量折算		建筑获得的冷量折合电量 E_c(kWh)
		建筑获得的热量折合电量 E_h(kWh)
常规用能区域建筑面积 $A_1-A_2-A_3-A_4$(m²)		常规用能区域能耗实测值（$E_1-E_2-E_3-E_4-E_5-E_6+E_c+E_h$）(kWh)
单位面积能耗	（$E_1-E_2-E_3-E_4-E_5-E_6+E_c+E_h$）/（$A_1-A_2-A_3-A_4$) kWh/(m²·a)	
	单位面积能耗实测值的修正值 kWh/(m²·a)	
	机动车停车库单位面积能耗 （E_4-E_6）/A_4 kWh/(m²·a)	

根据《民用建筑能耗标准》GB/T 51161，能耗指标包括常规用能系统电耗、特殊区域或系统电耗、外部输入输出能耗折算和能耗修正。

（1）可比建筑面积的计算

总建筑面积 A_1(m²)，信息机房建筑面积 A_2(m²)，厨房建筑面积 A_3(m²)，机动车停车库面积 A_4(m²)，可比建筑面积是 $A_1-A_2-A_3-A_4$(m²)；

（2）可比能耗的计算

实测非供暖总能耗 E_1(kWh)，实测信息机房能耗 E_2(kWh)，实测厨房能耗 E_3(kWh)，实测机动车停车库常规能耗 E_4(kWh)，建筑外景照明能耗 E_5(kWh)，充电桩输出能耗 E_6(kWh)，建筑获得的冷量折合电量 E_c(kWh)，建筑获得的热量折合电量 E_h(kWh)，可比能耗实测值是 （$E_1-E_2-E_3-E_4-E_5-E_6+E_c+E_h$）(kWh)；

（3）单位面积能耗的计算

单位面积能耗实测值是 （$E_1-E_2-E_3-E_4-E_5-E_6+E_c+E_h$）/（$A_1-A_2-A_3-A_4$）

$\text{kWh}/(\text{m}^2 \cdot \text{a})$；

对于机动车停车库，单位面积能耗实测值是 $E_4/A_4 \text{kWh}/(\text{m}^2 \cdot \text{a})$。

（4）单位面积能耗实测值的修正值

根据《民用建筑能耗标准》GB/T 51161，能耗实测值的修正包括：

第 5.3.2 条，办公建筑修正，有使用时间修正和人员密度修正；

第 5.3.3 条，旅馆建筑修正，有入住率修正和客房区面积比例修正；

第 5.3.4 条，商场建筑修正，按使用时间修正；

第 5.3.5 条，蓄冷系统修正，按蓄冷量与供冷量比例修正。

上述能耗指标实测内容和修正计算要用建筑项目的运行数据，在设计阶段虽然无法用运行数据，但是能耗指标使用意义很大，除了运行阶段很有用，设计阶段也很有用。《民用建筑能耗标准》GB/T 51161 对不同类型建筑的能耗指标约束值，可以用来校核变电所变压器的设计选型规格。具体校核方法可参见《建筑电气专业技术措施（第二版）》第十九章。

这个项目如果采用较高的变压器安装容量，实现经济运行的一种做法是停运其中的 2 台变压器，投入运行的 2 台变压器应满足该项目一级负荷双重电源供电要求。所以若采用了 4 台变压器，设计变配电系统时，尤其在设计低压母线段的双电源回路出线单元位置时，应充分考虑好如何适应 2 台运行方式，保证双电源回路供电可靠性。

5. 能耗校核效果分析

采用建筑能耗标准校核变压器日均负载率这个指标，可以判断选型是否实现运行效率落在经济运行区间，还可以计算确定变压器节能运行容量，继而根据安装容量和运行容量做好变压器运行方式优化。

采用变压器能耗校核，抓好日均负载率这个重要指标，可以带动精确用能设计，促使精细化设计要求通过专业配合在机电设备关联行业传递，既有利于建筑节能，还有利于建筑相关制造业提高产品能效等级。

8.1.4　既有配电系统干线回路分组整合及优化技术

当建筑供配电系统设有多台三相配电变压器时，设计阶段应设计多种运行方式，继而在运行阶段才可以通过分析日均负载率变化趋势适时对变压器运行方式进行调整，使得投入运行的变压器满足节能运行要求。

采用 4 台变压器时，编号 T1、T2、T3、T4，T1、T2 为第一组系统，T3、T4 为第二组系统，T1、T3 接 1 号电源，T2、T4 接 2 号电源。

一般设计时，T1、T2 组的低压系统和 T3、T4 组的低压系统分开设计带低压负荷，对于需要采用双电源供电末端互投的一级用电负荷，从第一组系统接出或从第二组系统接出；运行时，4 台变压器都要投入，为了保证向一级用电负荷双路供电，即使部分变压器出现实际运行负载率很低的情况也不能退出；4 台变压器的安装容量就是运行容量，每一组互为备用的两台变压器相互间是为遇到故障时提供备用；建筑全部用电设备都按设计状态运行时选择变压器规格、计算负荷率通常在 0.6~0.8 的范围，要保证紧急状态下正常变压器能通过母线联带另一侧母线的负荷时，不超出变压器的过载运行条件。

优化时，将 T1、T2 组的低压系统和 T3、T4 组的低压系统合并考虑，统筹设计带低压负荷；每个一级用电负荷双路供电的两个回路，既不能只接自 T1、T2 组低压系统，也不能只接自 T3、T4 组低压系统，而要跨两组系统接到两个不同电源变压器母线段，优化方案示例见图 8.1-8。

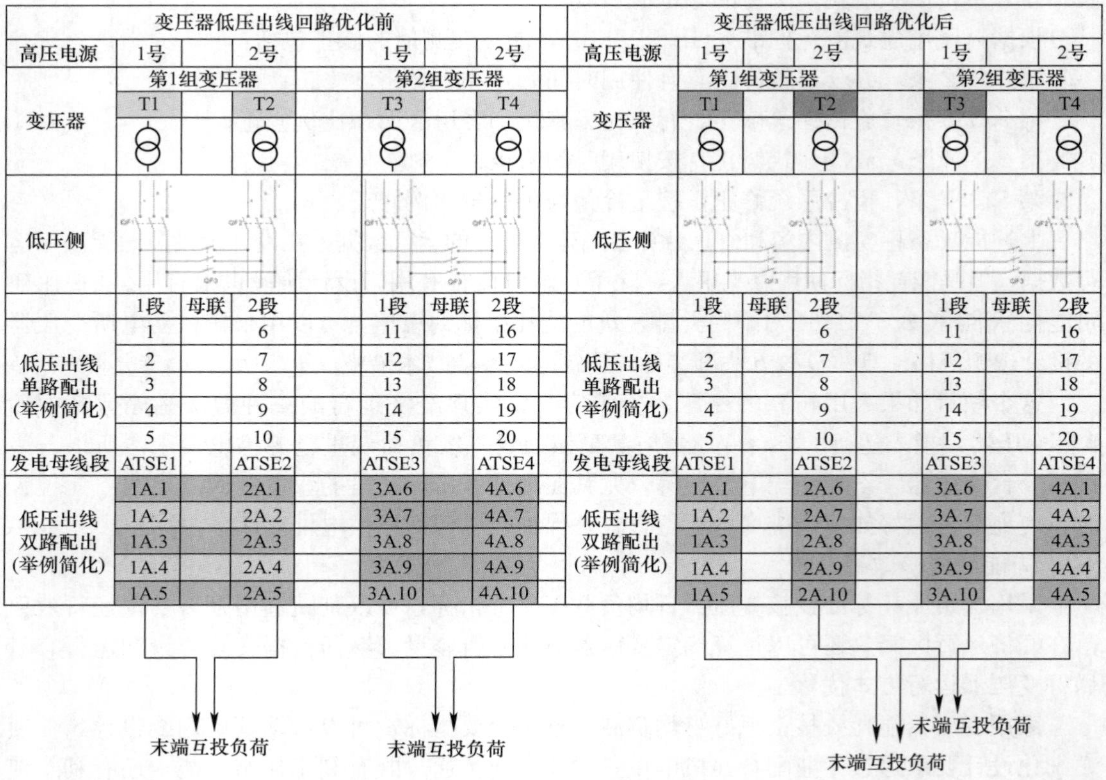

变压器低压出线回路优化前

高压电源	1号	2号	1号	2号
变压器	第1组变压器		第2组变压器	
	T1	T2	T3	T4
低压侧	(电气接线图)			

	1段	母联	2段		1段	母联	2段
低压出线单路配出(举例简化)	1		6		11		16
	2		7		12		17
	3		8		13		18
	4		9		14		19
	5		10		15		20

发电母线段	ATSE1	ATSE2	ATSE3	ATSE4
低压出线双路配出(举例简化)	1A.1	2A.1	3A.6	4A.6
	1A.2	2A.2	3A.7	4A.7
	1A.3	2A.3	3A.8	4A.8
	1A.4	2A.4	3A.9	4A.9
	1A.5	2A.5	3A.10	4A.10

末端互投负荷　末端互投负荷

变压器低压出线回路优化后

高压电源	1号	2号	1号	2号
变压器	第1组变压器		第2组变压器	
	T1	T2	T3	T4
低压侧	(电气接线图)			

	1段	母联	2段		1段	母联	2段
低压出线单路配出(举例简化)	1		6		11		16
	2		7		12		17
	3		8		13		18
	4		9		14		19
	5		10		15		20

发电母线段	ATSE1	ATSE2	ATSE3	ATSE4
低压出线双路配出(举例简化)	1A.1	2A.6	3A.6	4A.1
	1A.2	2A.7	3A.7	4A.2
	1A.3	2A.8	3A.8	4A.3
	1A.4	2A.9	3A.9	4A.4
	1A.5	2A.10	3A.10	4A.5

末端互投负荷　末端互投负荷

图 8.1-8　变压器运行方式优化示例

8.1.5　变压器经济运行策略及优化技术

运行方式优化需要对变压器组能效水平进行判断，针对公共建筑需要采用的变压器组实际情况进行能效分析评分。

当各种终端用电负荷时间与数量分布上互补性好、汇集形成的负载曲线不存在大的加载或减载时，这种平稳变化负载是比较理想的，变压器低压侧的峰谷差较小，对变压器没有明显的冲击，运行方式优化分析示例见表 8.1-8 和表 8.1-9。

对于多数的公共建筑项目，各种终端用电负荷时间与数量分布上互补性有限、汇集形成的负载曲线存在一定的甚至是明显的加载或减载，这种不稳定变化负载是实际项目运行常见的情况，变压器低压侧存在较大的峰谷差，变压器实际负载波动存在明显的冲击，既体现在电流、功率等参数上，也体现在变压器发热与内部应力变化上。对于不稳定变化负载，运行方式优化分析示例见表 8.1-10。

采用类似于示例表 8.1-8 和表 8.1-9 这种表格，可以针对具体公共建筑项目的变压器台数组合制定多种运行方式的控制策略，继而可以再针对该项目采用的高低压柜断路器、继电保护装置、主要机电设备自动控制装置，安排委托专业厂家编程人员编写控制程序，根据机电系统运行负载变化趋势,实现变压器运行方式优化控制。

建筑设备控制系统与充电控制系统,是与变压器运行方式优化控制紧密关联的两个系统,从配电变压器低压侧供出电能中的很大比例,在这两个系统的监控下由建筑机电设备和充电设备使用,其中的刚性负荷是变压器在运行方式调整前后都需要保证供电的负荷,而柔性负荷在智能调控下可以作为"主力队员"协同变压器运行方式在时间轴上共同调整,配合不同运行方式在时间轴上展开制定谷电利用方案,智能平台将充电方案引导信息发送到充电客户和充电车辆,人工选择或自动程序选择充电菜单选项,与智能平台交互选择控制实现用电负荷接入的有序化,具有稳定变压器负载、降低波动峰谷比的作用。

既有公共建筑设备自控系统进行系统升级改造和优化调整时,重点是消除盲目性的大起大落加载减载,尤其是消除过去很多大型公共建筑项目上常见的负载振荡波形(见图 8.1-3 中的多条负载曲线上的振荡波形),通过提高建筑设备与系统的控制响应速度和控制参数精度,消除振荡,机电设备运行更加平稳化、运行曲线趋势更加明确化。在提升建筑环境舒适性指标的同时,原来被视为刚性负荷的机电设备也可以参与到整体负载的优化中。

公共建筑机电设备随季节负荷的停用或启用、分期负荷的增长等情况,对长期轻载状态变压器选择判断从母线段退出,和对负载上升趋势母线段的选择判断投入变压器,使运行中的变压器尽量多的时间保持在经济运行区间,获得最佳的运行能效。

对公共建筑变压器的能效进行优化时,要综合考虑安全与能效,在变压器负载率由低到高逐段区间进行分析和对比,见表 8.1-8、表 8.1-9 和图 8.1-9。在负载率由低到中、再到高的区间变化中,安全性与能效都出现起落变化,二者最优的运行区间是中等负载区间,对应于设计状态负荷计算与变压器选型规格的确定,要求负荷率设计值在中高区间。

基于上述分析,继续深入研究变压器能效提升优化策略,分析总结见表 8.1-8、表 8.1-9。

公共建筑变压器能效优化多因素综合分析表　　　　　表 8.1-8

运行状态		低载低效	轻载中效	最佳高效	重载高效	满载衰减	超载应急 (强冷)	超限退出 (强冷)
负载 区间	7							$\beta \geqslant 1.5$
	6						$1.0 \leqslant \beta < 1.5$	
	5					$0.85 \leqslant \beta < 1.0$		
	4				$0.75 \leqslant \beta < 0.85$			
	3			$0.3 \leqslant \beta < 0.75$				
	2		$0.1 \leqslant \beta < 0.3$					
	1	$0 \leqslant \beta < 0.1$						
应急加载 安全 10 分		10	10	10	6	2	−6	−10
运行电压 安全 10 分		6	8	10	8	6	0	−10
发展余量 10 分		10	8	4	2	0	−10	−10

续表

运行状态	低载低效	轻载中效	最佳高效	重载高效	满载衰减	超载应急（强冷）	超限退出（强冷）
能效 10 分	1	4	10	8	6	−6	−10
投资利用 10 分	2	4	6	8	10	−6	−10
综合得分	29	34	40	32	24	−28	−50
得分率	58.0%	68.0%	80.0%	64.0%	48.0%	−56.0%	−100.0%
10 分制得分	5.8	6.8	8	6.4	4.8	—	—
消共模得分	1.8	2.8	4	2.4	0.8	—	—
10 分制满程得分	4.5	7	10	6	2	—	—

公共建筑变压器能效优化双因素综合分析表　　　　表 8.1-9

运行状态		低载低效	轻载中效	最佳高效	重载高效	满载中效	超载应急（强冷）	超限退出（强冷）
负载区间	7							$\beta\geqslant1.5$
	6						$1.0\leqslant\beta<1.5$	
	5					$0.85\leqslant\beta<1.0$		
	4				$0.75\leqslant\beta<0.85$			
	3			$0.3\leqslant\beta<0.75$				
	2		$0.1\leqslant\beta<0.3$					
	1	$0\leqslant\beta<0.1$						
应急加载安全 10 分		10	10	10	7	5	−6	−10
能效 10 分		1	4	10	8	6	−6	−10
综合得分		11	14	20	15	11	−12	−20
得分率		55.0%	70.0%	100.0%	75.0%	55.0%	−60.0%	−100.0%
10 分制得分		5.50	7.00	10.00	7.50	5.50	—	—
消共模得分		0.50	2.00	5.00	2.50	0.50	—	—
10 分制满程得分		1.00	4.00	10.00	5.00	1.00	—	—

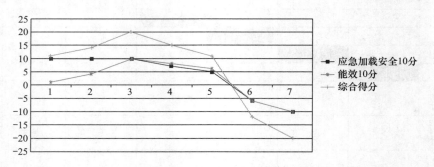

图 8.1-9　公共建筑变压器能效优化双因素综合效果

公共建筑变压器能效提升优化策略分析表 表 8.1-10

每组变压器运行能效提升策略		2号运行状态	2号变压器				
			5	4	3	2	1
			应急满载（过载限时）	重载高效	最佳高效	轻载中效	低载低效
1号运行状态		负载率	$0.85{\leq}\beta<1.0$ (1.5)	$0.75{\leq}\beta<0.85$	$0.3{\leq}\beta<0.75$	$0.1{\leq}\beta<0.3$	$0{\leq}\beta<0.1$
1号变压器	5 应急满载（过载限时）	$0.85{\leq}\beta<1.0$ (1.5)	■	×■★★	×■★★★	×■★	×■●
	4 重载高效	$0.75{\leq}\beta<0.85$	★★■×	★★□★★	★★□★★★	★★□★	★★□●
	3 最佳高效	$0.3{\leq}\beta<0.75$	★★★■×	★★★★□★★	★★★★□★★★	★★★★▲☆	★★★★■○
	2 轻载中效	$0.1{\leq}\beta<0.3$	★■×	★□★★	☆▲★★★	☆□☆	☆□■
	1 低载低效	$0{\leq}\beta<0.1$	●■×	●□★★	●■★★★	○□☆	○□●

注：针对大型公共建筑采用 4 台变压器，先按前文做双回路末端互投负荷供电出线回路优化，再按此策略做变电能效提升；

1. □表示母联分断，■表示母联闭合；×表示变压器因故障停止运行。
2. ★的数量表示效率高低程度；☆表示效率中等；▲表示需具体分析确定母联状态。
3. ●表示存在效率黑洞，系统结构调整才能提升能效；○表示效率低，满足前提时操作母联即可提升运行能效。

每组变压器负载组合的 16 种状态的能效提升策略，总结为以下 5 个：

（1）每组变压器中，当 1 台变压器重载时，另 1 台变压器负载再轻也勿退出。

（2）每组变压器中，两台都高效运行时，应保持该组两台变压器之间分配负荷的平衡状态不变，尤其对于双回路供电末端互投的每个互投箱负荷，应保持末端的每个互投箱 ATS 转换开关使用主备电源的顺序不能盲目对调，汇总到两台变压器的主用与备用负荷状态不变。

（3）每组变压器中，当 1 台变压器高效运行、另 1 台变压器轻载时，要根据监测的负载状态进行判断，对可供转移的负荷在两台变压器之间进行二等分优化的全部组合方式比较，采用最优的分配方式进行转移操作。

（4）每组变压器中，当 1 台变压器高效运行、另 1 台变压器低载时，可以选择适宜的低谷时间将负荷等级较低一侧的变压器退出运行，其负荷投到负荷等级较高一侧的变压器上，采用 1 台变压器运行方式。

（5）每组变压器中，两台变压器处于轻载或低载的 4 种组合方式运行时，应核实提资容量及变压器规格，无 1 级负荷时择机退出 1 台变压器，有 1 级负荷时应对持续低载变压器进行选型优化更换。

8.1.6 既有配电系统低成本电能质量改进技术

1. 既有公共建筑电能质量主要问题与改进技术

在既有公共建筑中，尤其是大型办公建筑、会展、观演、酒店等建筑，航站楼、高铁火车站、港口码头等交通建筑，都存在很多谐波源设备机房，例如：数据机房、监控中心、弱电设备间、电梯机房、变频设备机房等。这些既有公共建筑通常存在一定程度的谐波问题，同时伴有功率因数昼夜波动问题，电压波动，尤其是电压暂降也是威胁系统运行安全的重要因素。针对这些电能质量问题，可以采用适宜技术，将影响电能质量的不利因素逐个化解或控制在一定范围。电能质量达标改造包括电能结算点和重点用电设备或场所的电压、频率、功率因数、谐波等指标。通常在公共建筑项目上，电网的频率一般不会出现问题，需要关注的改造项如下：

（1）谐波治理

根据治理谐波次数选择调谐电抗器与电容器，见表 8.1-11。

谐波次数与电抗器规格

表 8.1-11

需要治理谐波次数	谐波频率（Hz）	电抗器规格	50Hz 系统调谐频率（Hz）
5 次以上	≥250	XL＝6％XC	204
4 次以上	≥200	XL＝7％XC	189
3 次以上	≥150	XL＝14.8％XC	130

按照现行国家标准《并联电容器装置设计规范》GB 50227，电容器应能承受 1.1 倍长期工频过电压。

电容器的额定电压如果选择偏低，不利于安全运行；如果选择偏高，则从系统需要的补偿容量换算出配置电容器的额定容量将会过大而出现浪费。因此，系统设计时在运行电压之上考虑的安全系数一般不需超过 1.05，而绝缘安全另有保证，在生产制造上，电容器的绝缘耐压（击穿电压）至少达到其额定电压的 1.5～2 倍，见表 8.1-12。

电容器的额定电压

表 8.1-12

电抗器	系统电压	波动系数	电抗器电压	谐波电压	运行电压	安全系数	参考电压	额定电压优选值
	U_1	K_1	U_L	10.5％U_1		K_2		U_e
$X_L＝6％$			24		465		488	
$X_L＝7％$	380	1.05	28	42	469	1.05	492	480～500
$X_L＝14.8％$			59		500		525	525

公共建筑电网连接点处的谐波限值在采用恰当的谐波治理后，谐波电压和谐波电流应满足电能质量相关标准限值要求，包括：《电能质量　公共电网谐波》GB/T 14549，《电能质量　公用电网间谐波》GB/T 24337。

电力系统公共连接点（电源侧）的谐波电压（相电压）限值见表 8.1-13。

谐波电压（相电压）限值

表 8.1-13

电网标称电压（kV）	电压总谐波畸变率（％）	各次谐波电压含有率（％）	
		奇次	偶次
0.38	5.0	4.0	2.0
6	4.0	3.2	1.6
10			
35	3.0	2.4	1.6

电力系统公共连接点的全部用户向该点注入的谐波电流分量（方均根）限值见表 8.1-14。

谐波电流分量限值　　　　　　　　　　　　　　　表 8.1-14

标准电压（kV）	基准短路容量（MVA）	谐波次数及谐波电流允许值（A）																						
		2	3	4	5	6	7	8	9	10	11	12	13	14	15	16	17	18	19	20	21	22	23	24	25
0.38	10	78	62	39	62	26	44	19	21	16	28	13	24	11	12	9.7	18	8.6	16	7.8	8.9	7.1	14	6.5	12
6	100	43	34	21	34	14	24	11	11	8.5	16	7.1	13	6.1	6.8	5.3	10	4.7	9	4.3	4.9	3.9	7.4	3.6	6.8
10	100	26	20	13	20	8.5	15	6.4	6.8	5.1	9.3	4.3	7.9	3.7	4.1	3.2	6	2.8	5.4	2.6	2.9	2.3	4.5	2.1	4.1
35	250	15	12	7.7	12	5.1	8.8	3.8	4.1	3.1	5.6	2.6	4.7	2.2	2.5	1.9	3.6	1.7	3.2	1.5	1.8	1.4	2.7	1.3	2.5

注：当电力系统公共连结点处的最小值短路容量与基准短路容量不同时，谐波电流允许值应进行换算。

当采用上述无源滤波技术仍不足以吸收谐波时，则需要采用有源滤波技术进行谐波治理。有源电力滤波器（APF，Active Power Filter）是采用现代电力电子技术和基于高速 DSP 器件的数字信号处理技术制成的新型电力谐波治理专用设备。称其为有源是相对于无源 LC 滤波器只能被动吸收固定频率与大小的谐波而言的，APF 可以通过采样负载电流并进行各次谐波和无功的分离，控制并主动输出电流的大小、频率和相位，并且快速响应，抵消负载中相应电流，实现动态跟踪补偿，而且可以既补谐波又补无功和不平衡。当前有源滤波模块种类丰富，产品规格成熟，为被谐波问题困扰的敏感用电设备而实施谐波治理提供了有力的技术支撑，但是实施中仍然存在改造投资相对略高、有一定安装空间要求和检测要求等问题，本书后文提出的电能质量模块安装技术，可以较好地解决这些问题。

（2）功率因数

进行无功补偿、提高功率因数，通常需要采用电容器。

电容器容量换算公式：

$$Q_c = Q_e \frac{U_c^2}{U_e^2} \tag{8.1-1}$$

式中　Q_c——实际运行电压下补偿容量，kV_{ar}；

　　　U_c——电容器实际运行电压，V；

　　　Q_e——电容器额定电压下补偿容量，kV_{ar}；

　　　U_e——电容器端额定电压，V。

根据系统电压与电容器额定电压的关系，可以将电容器额定容量与实际容量进行换算。

根据低压系统负荷计算得到的系统需要的无功补偿容量，即电容器、电抗器的组合向系统提供的无功容量，参考具体的选型表选择采用的组合规格。还可以从系统需求容量换算每一套补偿装置电容器额定容量，校核选型组合中的电容器配置是否足够。

针对既有公共建筑功率因数波动情况，采用恰当的无功补偿方案，包括：

1）提高系统的自然功率因数

正确选择电动机、变压器的容量，避免选型过大而出现长期低载运行、功率因数低；

采用高功率因数的设备；降低供电线路的感抗。

2）优化既有系统，采用集中补偿

集中补偿可采用静止无功补偿器（SVC）或静止无功发生器（SVG）。通常可以在低压配电系统中采用带有调谐电抗器的固态快速投切电容器组进行集中补偿。

3）针对具体场所和设备，采用分散补偿和就地补偿

对于照明灯具的电感式镇流器可以随灯具配套补偿电容实现在灯具处的无功补偿，当照明场所规模较大时，为降低综合成本也可在照明控制箱处实现补偿；对于容量大、能耗高、功率因数低的用电设备，宜结合其末端配电和控制方式采用就地补偿装置，为用电设备提供就地无功功率。

应结合电容器容量确定投切方式并优化电容器分组。目前一般采用静态开关投切电容器，补偿控制器步级应满足不同容量的组合，对于同样补偿总容量，可以优化电容器分组组数和分组容量比例，更好地适应变化、提高补偿精度，减少欠补偿或过补偿对电压偏差的不利影响。

容量组合举例：当容量组合占比采用 10%、10%、20%、20%、20%、20% 这 6 组时，可以实现 10% 容量精度的 10 级增减控制。由于实际采用电容器规格、数量不同，应结合电容、电抗器组的具体选型表，对配置的容量进行分组。选择的补偿控制器应便于结合实际调整投切电容的步级数。

（3）电压暂降

1）电压暂降主要原因

IEEE 标准及国家标准《电能质量　电压暂降与短时中断》GB/T 30137 规定了电压暂降定义：电压暂降是指电力系统中某点工频电压有效值暂时降低至额定电压的 10%～90%（即幅值为 0.1～0.9p.u），并持续 10ms～1min，此期间内系统频率仍为标称值，然后又恢复到正常水平的现象。引起电压暂降的主要原因包括：

自然原因：雷击、闪电、暴雨、大风及下雪等；

系统原因：短路故障、大电机启动、线路切换、变压器和电容器投切、配电装置故障感应电机（大功率）启动等；

偶然事故：交通事故、建筑施工造成输电线损坏、人为操作失误以及一些小动物进入配电室等。

2）电压暂降治理技术

首先，优化线路，避免电压暂降或降低影响。线路设计优化是成本最低的选项，但是只能解决比较有限的问题。

继而，对于敏感设备采用动态电压恢复器（DVR）。敏感负荷电源侧加装 DVR，能在毫秒级时间内对跌落电压迅速补偿、恢复正常电压。体现 DVR 补偿性能的两个重要参数是响应时间、暂降保护深度。其中，响应时间包含检测时间和动作时间。目前有采用超级电容的 DVR 产品，能有效提高动态电压恢复的响应时间。对于暂降补偿深度，通常的 DVR 产品可以补偿三相电压发生 30% 跌落的电压，电网电压跌至 50% 以下或完全中断时 DVR 不能有效补偿。DVR 建设成本较高，但是运行中几乎可以免维护，运行维护成本低。

另外，可采用在线式不间断电源（UPS），解决深度的电压暂降。在线式的 UPS 利用

系统储能逆变供电虽然可以抵御深度的电压暂降，但建设成本与运行成本都较高。

2. 既有安装技术的不足与改进提高

（1）针对既有公共建筑改造空间提出新的模块安装技术

受限于既有公共建筑的机房空间条件和变配电室现实条件，想要实施增加无源滤波柜、有源滤波柜、UPS 电池增容等改造时，能容纳新增标准机柜的安装空间严重受限，通常存在很大的改造困难。如果能有一种适用于既有公共建筑改造中增加电能质量相关产品时采用的电气安装模块结构和阵列组合方法，就能较好地解决上述问题。

本次课题研究中，专门针对既有公共建筑配电系统电能质量改进需求，提出了一种用于公共建筑电能质量治理模块的固定件组件，这种电气安装技术为很多类型电能质量产品提供了更易于在既有公共建筑中应用的新模式。

现有的模块化产品通常用于配电柜、配电箱、机房标准机架内，而在既有建筑改造时通常遇到机房空间狭小，需要现有产品的整体性不佳，不同产品组合缺少方案，不利于改造工程的标准化建设和运行安全监察，不利于改造工程的新产品规模化应用以及在生产、物流、维修等关联工种提高综合效率。

课题组提出的模块结构尤其针对既有公共建筑改造中的安装空间狭小的特点，尤其适用于既有公共建筑采用 600×600 标准网格吊顶、防静电架空地板、具有承重墙的机房等场所，将电气系统改造设计增加的电能质量治理、电池储能、直流充电堆、V2G 充放电模块、拼接大屏电源模块、光伏逆变器等以阵列组合进行规整安装，实现就近分布于功能需要的各种场所，在实现就地治理的同时，相比零散电气安装工艺还具有规整安全、组装高效、库存简化的特点。

电气安装模块包括：

1）安装固定模块，外形尺寸是 486mm×486mm×150mm（宽×高×深），用于与多种设备或装置结合，材料包括钢板、合金、工程塑料、橡胶等。

2）安装框架模块，外形尺寸是 500mm×500mm×150mm（宽×高×深），用于不同安装方式把不同用途的固定模块通过安装框架稳定地安装，材料包括角钢、扁钢、圆钢等，安装框架与固定模块的外形尺寸宽、高每侧 7mm 的厚度差中包括根据不同承重安装需求采用的角钢、钢板厚度和橡胶垫层厚度，例如采用∟30×30×3 等边角钢，4×25 扁钢。

3）线槽单元，外形尺寸是 500mm×200mm×150（长×宽×深）。

4）转角单元，外形尺寸是 200mm×200mm×150（长×宽×深）。

（2）模块结构阵列组合方法

1）Γ（伽马）型组合：竖向组装 4 个电池模块形成 1 列，左上或右上半包围采用线槽单元 103 和转角单元 104，组装后的尺寸是：宽 200＋500mm，高 200＋n·500mm（n＝1、2、3、4），厚 150mm。

2）Τ 形组合：竖向组装电池模块形成 2 列×4 个，左上或右上半包围采用线槽单元 103 和转角单元 104，组装后的尺寸是：宽 500＋200＋500mm，高 200＋n·500mm（n＝1、2、3、4），厚 150mm。

3）Γ 形与 Τ 形结合之后，繁衍的各种组合，如表 8.1-15 和表 8.1-16 所示。

模块结构组合　　　　　　　　　　　　　　　　　　表 8.1-15

项目	Γ（伽马）形组合	T 形组合
模数组合基本方式	转角单元104　线槽单元103　1　2　3　4　安装框架102（内部安装结合模块101）	转角单元104　线槽单元103　1　1　2　2　3　3　4　4　安装框架102（内部安装结合模块101）
宽度（mm）	200＋500	500＋200＋500
高度（mm）	$200＋n \cdot 500(n=1、2、3、4)$	$200＋n \cdot 500(n=1、2、3、4)$
厚度（mm）	150	150

模块阵列组合　　　　　　　　　　　　　　　　　　表 8.1-16

项目	Γ	T	……	T	Γ反
等高度组合					
宽度（mm）	700		$m \cdot 1200(m=1、2、3……)$		700
高度（mm）			$200＋n \cdot 500(n=1、2、3、4)$		
厚度（mm）			150		

除了表 8.1-16 所示等高度组合，还可以变高度组合。

阵列组合除了在同一个行与列的平面上分布，还可以在空间上多排布置，适应场所需求安装多种装置。

（3）模块结构多种安装方式

主要包括落地式、壁挂式、平铺式、吊装式和吸顶式，可以根据既有公共建筑改造中遇到的不同空间环境，选择适合的方式。

（4）应用方案

案例1：安装模块与电池组成品的结合

可采用当前能采购到的DC 48V磷酸铁锂电池组成品，典型尺寸是482mm×477mm×133.2mm（宽×高×深），目前电池技术水平对应容量是50Ah。可以将上述DC 48V电池组配以橡胶垫片装入结合模块101中，接线端子安装于486×486正方形面板上。定制结合模块101时根据采用电池组的重量，在壳体内、外安装受力位置和空气层间隙中安装弹性垫片，使螺栓与壳体受力点的应力均匀分散并保持紧固效果。

案例2：安装模块与不同品牌智能电容器的结合

1）可安装的某智能电容器成品，查阅产品选型规格尺寸表，对应补偿25＋25＝50kVAR的最大选型规格尺寸是380mm×325mm×78mm（宽×高×深），该产品安装结构的模数可以在单个500×500×150安装框架中安装1台上述智能电容器，根据需要拼接到阵列中。

2）可安装的另一种智能电容器成品，最大尺寸是三相分补30kVAR型号的396mm×335mm×77mm（宽×高×深），本产品安装结构的模数可以在单个500×500×150安装框架中安装1台上述智能电容器，根据需要拼接到阵列中。

案例3：安装模块与无源滤波电抗电容器组的结合

该安装结构框架模数可安装的一种消谐波电容电抗器成品。该种成品外形尺寸的深度可以定制调整，安装螺钉间距155mm，在不降低箱内净尺寸的同时，通过调整安装螺钉位置至少可以减小8mm，调整到147mm以内，安装螺钉位置调整到侧面可以加大外轮廓的宽度和高度，因此可以定制尺寸420mm×455mm×147mm（宽×高×深），从而可以用1个500×500×150安装框架安装1台类似这种消谐波电容电抗器组，形成本安装结构的无源谐波治理模块，单个模块容量30kVAR。

案例4：安装模块与有源滤波器的结合

该安装结构可采用定制的30A有源滤波器作为有源滤波器模块，根据谐波源的治理需求计算安装阵列容量和各阵列拼接单元分布方式。例如针对既有公共建筑中的金融办公建筑进行谐波检测、功率因数诊断，根据谐波治理需求设计滤波阵列，选用适宜的有源滤波器、智能电抗电容器、智能电容器等，实现针对重点谐波源、低功率因数设备和干线的就地谐波治理和功率因数补偿。可安装的某品牌额定补偿电流25A和35A两种规格的有源滤波器，外形尺寸是440mm×470mm×150mm（宽×高×深）。还可用于直流充电机模块、V2G充放电一体机等产品。

8.2　照明系统综合效率提升技术

公共建筑中的纯照明负荷在总负荷中的占比不大，配电系统通常存在一定数量的混合干线，难以完全做到能耗拆分，所以计入照明的能耗有所扩大，甚至超过纯照明能耗多倍，因此节能运行管理增加了难度。如何对这种计入照明的混合干线系统的能效进行辨识并提升是既有公共建筑改造的难点之一。照明和插座节能对控制公共建筑整体能耗具有显著影响。在保证照明质量的同时实现照明节能，需要照明改造前准确掌握既有照明场所实际情况，采用恰当的照明改造方案提高能效。照明节能改造技术措施主要分为三大类：充分利用自然光、升级优化合理的照明光源与灯具以及照明方式、辅助以便捷的照明控制方式。三者合理利用、统一协调，才能使公共建筑的照明能效提升改造真正落到实处。

8.2.1　合理优化利用自然光

在建筑中充分进行自然采光，不但可以节约人工照明能源，达到建筑节能的目的，也是人们贴近自然环境的要求。目前自然光照明技术主要是利用光的折射、反射等特性，使太阳光进入室内，或到达需要的地方。成熟且行之有效的先进技术，如光导纤维照明、光导管照明、天窗采光照明、采光隔板照明、导光棱镜窗照明等，技术组成与应用效果见图 8.2-1 和图 8.2-2。

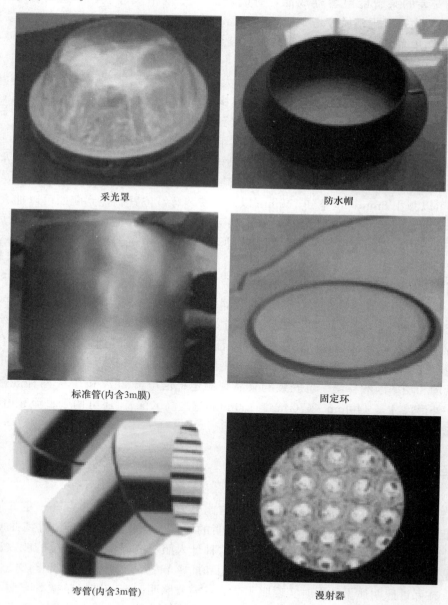

采光罩　　　　　　　　　　防水帽

标准管(内含3m膜)　　　　　固定环

弯管(内含3m管)　　　　　　漫射器

图 8.2-1　光导管相关设备与材料

1. 自然光导照明

自然光光导照明系统通过采光装置聚集室外的自然光线并导入系统内部，再经过特殊制作的导光装置强化与高效传输后，由系统底部的漫射装置把自然光线均匀导入到室内任何需要光线的地方。从黎明到黄昏，甚至是雨天或阴天，该照明系统导入室内的光线都十分充足。主要由三部分组成：采光装置、导光装置、漫射装置。

图 8.2-2　地下车库光导照明效果

2. 光导纤维照明

光导纤维照明是指利用光的全反射，使进入光导纤维束后的光线传输到另一端。在室内的输出端装有散光器，可根据不同的需要使传入光线按照一定规律分布。

相对自然光导照明，光导纤维截面尺寸小，输送的光通量也小得多，但其具有在一定范围内灵活弯折的优点，并且传光效率较高。相对自然光导照明较短的距离传输，光导纤维照明适合长距离的传输，最远可达 60m，20m 以内为最佳传输距离，适用于地下车库使用。自然采光照明特点及适用范围见表 8.2-1。

3. 采光搁板

采光隔板是安装于侧窗上部的一个或一组反光装置，使得窗口附近直射的阳光经过一次或多次进入室内，从而提高房间内部照度。在房间进深不大时，采光搁板的结构可以十分简单，仅在窗户上部安装一个或一组反射面，到达房间内部的顶棚，利用顶棚的漫反射作用，使整个房间的照度有所提供。

采光搁板适用于进深较小的房间，房间进深较大时其结构会变得复杂。对建筑中靠近外墙的房间或区域，结合现场实际情况，通过配合侧窗采用采光搁板改造方式，可为进深小于 9m 的房间提供较充足均匀的光照。

4. 导光棱镜窗

导光棱镜窗是利用棱镜折射作用改变入射光的方向，使得室外光照到房间深处。

导光棱镜窗的一面是平的，一面带有平行的棱镜，可以有效减少窗户附近直射光引起的眩光，提高室内照度的均匀度。当建筑间距较小时，房间采光易受影响，可利用棱镜窗的折射作用来改善其室内采光效果。

棱镜一般采用有机玻璃制作。当导光棱镜窗作为侧窗使用时，透过棱镜窗所形成的影像是模糊变形的，为了不影响观察的可视度，在使用时常安装在窗户的中上部或者作为天窗使用。

自然采光照明特点及适用范围　　　　　　　　　　　　　　表 8.2-1

自然采光照明类型	特点	适用范围
光导管照明	有采光器、散光器、传输距离短	单层建筑、多层建筑的顶层、地下室
光导纤维照明	一定范围的灵活弯折，传输距离长，有散光器	地下车库

自然采光照明类型	特点	适用范围
采光隔板照明	侧窗上部设有反射装置	房间进深较小的房间
导光棱镜窗照明	棱镜为有机玻璃，安装在窗户的上部或者做天窗使用	需增强自然采光的房间

8.2.2　高效、节能照明产品更换与选用

1. 照明节电的基本原则

（1）建筑照明节电应以不影响原有功能和降低标准为代价，应遵循以下基本原则：

1）在保证照明水平和质量的前提下，通过提高照明系统效率，减小无效损失，节约电能；

2）照明质量标准应以现行国家标准《建筑照明设计标准》GB 50034 的要求，包括照度、均匀度、炫光、显色指数、色温等多方面的要求，综合协调，确定照明装置与系统，不应为了节电而片面追求照度效率；

3）不应过分、不适当地提高照度标准或降低照度标准，对于特殊场所的高照度要求，宜采用增加局部照明，提高照度；

4）应充分考虑环境因素，按场所、功能、用途、布置等选择合理的灯具类型。

（2）照明节电措施要求：

1）优先选择色温合适、显色指数高、光视效能高的光源；

2）正确选择照明形式，慎用间接照明；

3）应根据照明空间尺寸大小，选择合适配光曲线的灯具；

4）在满足视觉情况下，若可能，灯具布置尽量接近工作面，降低灯具安装高度，提高灯具的利用率；

5）合理使用局部照明，降低一般照明照度值；

6）使用电子式镇流器或节能高功率因数的电感镇流器；

7）气体放电光源采用就地功率因数补偿至 0.85 以上，荧光灯补偿功率因数到 0.9 以上；

8）照明配电系统布置应防止返送电，避免不必要的线路电能损失；

9）力求让负荷性质相近、工作时间相同、功能相同的负荷实现三相负荷平衡的照明配电系统，减少三相不平衡引起的线路损失。

2. 高效光源的选用

根据不同的使用场合，选用合适的照明光源，所选用的照明光源应具有尽可能高的光效，以达到节能效果。目前既有公共建筑的照明常用光源主要有三基色直管荧光灯、紧凑型荧光灯、金属卤化物灯、陶瓷金卤灯、高频无极灯、发光二极管等。一般情况下，室内外照明不应采用普通照明白炽灯。一般照明场所不宜采用荧光高压汞灯，不应采用自镇流荧光高压汞灯。选用荧光灯光源时，应使用细管径 T5、T8 荧光灯和紧凑型荧光灯。在适合的场所应推广使用高光效、长寿命的 LED 灯。金属卤化物灯应扬长避短合理选用。

（1）荧光灯的选用

1）荧光灯主要适用于层高不高的房间（4.5m以下），如办公、商店、教室、图书馆、公共场所等。

2）荧光灯应以直管荧光灯为主，直管荧光灯应选用细管径型（≤26mm），有条件时应优先选用直管稀土三基色细管径荧光灯（T8、T5），以达到光效高、寿命长、显色性好的品质要求。

3）一般情况下，室内外照明不应采用普通照明白炽灯，在照度相同的条件下可采用紧凑型荧光灯取代白炽灯。取代后的效果如表8.2-2所示。

紧凑型荧光灯取代白炽灯的效果　　　　　　　　　　　　　表8.2-2

普通照明白炽灯	由紧凑型荧光灯取代	节电效果	电费节省
100W	25W	75W	75%
60W	16W	44W	73%
40W	10W	30W	75%

4）双管荧光灯能效限定值及能效等级要求应符合现行国家标准《普通照明用双端荧光灯能效限定值及能效等级》GB 19043中的规定，单端荧光灯能效限定值及节能评价值要求应符合现行国家标准《单端荧光灯能效限定值及节能评价值》GB 19415中的规定，如表8.2-3和表8.2-4所示。

双端荧光灯各能效等级的初始光效　　　　　　　　　　　　表8.2-3

工作类型	标称管径（mm）	额定功率（W）	补充信息	GB/T 10682参数表号	初始光效（lm/W）					
					RR、RZ			RL、RB、RN、RD		
					1级	2级	3级	1级	2级	3级
工作于交流电源频率带启动器的线路的预热阴极灯	26	18		2220	70	64	50	75	69	52
		30		2320	75	69	53	80	73	57
		35		2420	87	80	62	93	85	63
		58		2520	84	77	59	90	82	62
工作于高频线路预热阴极灯	16	14	高光效系列	6520	80	77	69	86	82	75
		21		6530	84	81	75	90	86	83
		24		6620	68	66	65	73	70	67
		28		6640	87	83	77	93	89	82
		35		6650	88	84	75	94	90	82
		39		6730	74	71	67	79	75	71
		49		6750	82	79	75	88	84	79
		54		6840	77	73	67	82	78	72
		80		6850	72	69	63	77	73	67
	26	16		7220	81	75	66	87	80	75
		23		7222	84	77	76	89	86	85
		32		7420	97	89	78	104	95	84
		45		7422	101	93	85	108	99	90

单端荧光灯能效限定值及节能评价值　　　表 8.2-4

灯类型	标称功率（W）	单端荧光的初始光效（lm/W）			
		色调：RR，RZ		色调：RL、RB、RN、RD	
		能效限定值	节能评价值	能效限定值	节能评价值
双管类	5	42	51	44	54
	7	46	53	50	57
	9	55	62	59	67
	11	69	75	74	80
	18	57	63	62	67
	24	62	70	65	75
	27	60	64	63	68
	28	63	69	67	73
	30	63	69	67	73
	36	67	76	70	81
	40	67	79	70	83
	55	67	77	70	82
	80	69	75	72	78
四管类	10	52	60	55	64
	13	60	65	63	69
	18	57	63	62	67
	26	60	64	53	67
	27	52	56	54	59
多管类	13	60	61	63	65
	18	57	63	62	67
	26	60	64	63	67
	32	55	68	60	75
	42	55	67	60	74
	57	59	68	62	75
	60	59	65	62	69
	62	59	65	62	69
	70	59	68	62	74
	82	59	69	62	75
	85	59	66	62	71
	120	59	68	62	75
方形	10	54	60	58	65
	16	56	63	61	67
	21	56	61	61	65
	24	57	63	62	67
	28	62	69	66	73
	36	62	69	66	73
	38	63	69	66	73

续表

灯类型		标称功率（W）	单端荧光的初始光效（lm/W）			
			色调：RR、RZ		色调：RL、RB、RN、RD	
			能效限定值	节能评价值	能效限定值	节能评价值
环形	Φ29（卤粉）	22	44	—	51	—
		32	48	—	57	—
		40	52	—	60	—
	Φ29（三基色粉）	22	55	62	59	64
		32	64	70	68	74
		40	64	72	68	76
	Φ16	20	72	76	75	81
		22	72	74	75	78
		27	72	79	75	84
		34	72	81	75	87
		40	69	75	74	80
		41	69	81	74	87
		55	63	70	66	75
		60	63	75	66	80

LED（发光二极管）照明灯具与目前大规模使用的三基色直管荧光灯、紧凑型荧光灯、金属卤化物等相比具有寿命长、光效高等特点。实测结果显示，在满足照度一致（或略高）的前提下，用LED灯替换白炽灯、普通荧光灯/节能灯后，节能率分别为70%～90%、50%左右，节能潜力巨大，已在既有公共建筑的照明改造中得到较好推广。但其色温偏高，光线不够柔和，如幼儿园等特殊场所受到一些限制。

光源选择应用关键点总结：

1）应满足照明质量的要求，选择的光源及镇流器应满足现行国家标准《建筑照明设计标准》GB 50034 等标准的有关规定，选用的LED等应满足现行国家标准《LED室内照明应用技术要求》GB/T 31831 的相关规定。

2）灯具安装高度较低的房间，宜采用细管直管三基色荧光灯。商业场所宜采用细管直管三基色荧光灯、小功率陶瓷金属卤化物，重点照明宜采用小功率陶瓷金属卤化物、LED灯。安装高度较高的场所，应按照使用要求，采用金卤灯、高压钠灯、高频大功率细管直管荧光的或者LED灯。

3）走道、卫生间灯场所，可选用LED灯或者紧凑型荧光灯，并配合节能控制方式。

4）除对电磁干扰有严格要求，且其他光源无法满足要求的特殊场所外，不得采用普通白炽灯。

5）因技术的发展，半导体照明技术得以全面进入一般照明领域。LED球泡灯的光效已超过60lx/W，是传统白炽灯的6倍左右；某些LED灯具的系统效能已经超过100lx/W。目前，除学校等特殊场所外，各类公共建筑场所均可选用高效的LED照明灯具产品。其具有能效高、使用寿命长、易于控制等特点；同时，LED有其特殊性，选用LED照明产品时，需要特别关注视觉安全与舒适性，重点考虑蓝光危害限制/色温和显色指数/频闪等指标。

6）用于人员长期停留场所的一般照明的LED灯，其光输出波形的波动深度满足下列要求：

① 光输出波形频率≤输出波形波动深度≤动深度形频率。

② 9Hz＜光输出波形频率≤输出波形频率形波动深度≤光输出波形频率×0.08/2.5（％）。

③ 光输出波形频率＞3125Hz，无限制。

LED 灯的颜色性能满足以下要求：

① 在不同方向上的色品坐标与其加权平均值偏差在现行国家标准《均匀色空间和色差公式》GB/T 7921 规定的 CIE 1976 均匀色度标尺图中，不超过 0.004。

② LED 灯点燃 3000h 后的色品坐标与其加权平均值偏差在现行国家标准《均匀色空间和色差公式》GB/T 7921 规定的 CIE 1976 均匀色度标尺图中，不超过 0.007。

③ 用于人员长期停留场所的一般照明的 LED 灯，一般显色指数不小于 80，特殊显色指数 R9 大于 0，色温不高于 4000K。

LED 灯的色容差应符合下列要求：

① 一般情况下，不高于 5SDCM。

② 用于人员长期停留场所不高于 7SDCM。

③ 用于室内洗墙照明时不大于 3SDCM。

7）光源替换时，应注意光源尺寸与电器附件的差异以及相对应的安全问题。

8）在镇流器的选择上，荧光灯应配置电子镇流器或者节能型电感镇流器，对频闪有严格要求的场所，应采用高频电子镇流器，镇流器的谐波、电磁兼容应符合现行国家标准《电磁兼容　限值　谐波电流发射限值（设备每相输入电流≤16A）》GB 17625.1 和《电气照明和类似设备的无线电骚扰特性的限值和测量方法》GB 17743 的规定。高压钠灯、金属卤化物灯应配用节能电感镇流器，在电压偏差较大的场所，宜配用恒功率镇流器，功率较小者可配用电子镇流器。

（2）节能镇流器的选用

1）镇流器选用原则

① 自镇流荧光灯应配用电子镇流器。

② 直管形荧光灯应配用节能型电子镇流器或节能型电感镇流器。

③ 高压钠灯、金属卤化物灯应配用节能型电感镇流器；在电压偏差较大的场所，宜配用恒功率镇流器；功率较小者可以配用电子镇流器。

④ 各类镇流器谐波含量应符合《电磁兼容　限值　谐波电流发射限值（设备每相输入电流≤16A）》GB 17625.1—2012 中的规定。

不同规格镇流器自身的功耗见表 8.2-5。

不同规格镇流器自身的功耗　　　　　　　　　　　　　　　表 8.2-5

光源功率（W）	镇流器自身消耗的功率（W）		
	普通型电感镇流器自身消耗占灯功率的百分比（％）	节能型电感镇流器自身消耗占灯功率的百分比（％）	电子型镇流器自身消耗占灯功率的百分比（％）
≤20	8～10	4～6	＜2
30	9～12	＜4.5	＜3
40	8.8～10	＜5	＜4

续表

光源功率（W）	镇流器自身消耗的功率（W）		
	普通型电感镇流器自身消耗占灯功率的百分比（%）	节能型电感镇流器自身消耗占灯功率的百分比（%）	电子型镇流器自身消耗占灯功率的百分比（%）
100	15～20	<11	<10
150	22.5～27	<18	<15
250	35～45	<25	<25
400	48～56	<36	20～40
>1000	10～11	<8	5～10

2）镇流器选用方式

宜按照能效限定值和节能评价值选用管型荧光灯镇流器，选用要求参见现行国家标准《管形荧光灯镇流器能效限定值及能效等级》GB 17896。

3. 灯具选择

灯具是透光、分配和光源分布的器具，具有保护光源、控光、安全以及装饰作用等。灯具的光学性能主要由配光（光强分布）、遮光角、灯具效率三个方的面的参数决定。

（1）配光（光强分布）

不同灯具的配光各不相同，通常可有曲线或者表格的形式表示。根据配光，可以进行照度、亮度、利用系统、眩光等照明计算，是照明设计的基础资料。

（2）遮光角

为限制视野内过高亮度或亮度对比引起的直接眩光，规定了直接型灯具的遮光角（见图 8.2-3），其角度值因参照 CIE 标准《室内工作场所照明》S008/E-2001 的规定制定的。

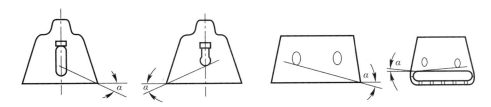

图 8.2-3　遮光角示意图

（3）灯具效率

灯具效率是指在规定的条件下，发出的总光通量与灯具内所有光源发出的总光通量的百分比。灯具的效率越高说明灯具发出的光通量越多，越节约能源。但是，在提高灯具效率的同时还需注意配光和眩光是否满足照明的要求，节能的同时还要保证视觉的舒适性。在满足眩光限制和配光要求的条件下，应选用效率或效能高的灯具。

直管型荧光灯灯具的效率不应低于表 8.2-6 的规定。

直管型荧光灯灯具的效率　　　　　　　　　　　　表 8.2-6

灯具出光口形式	开敞式	保护罩		格栅
		透明	棱镜	
灯具效率（%）	75	70	55	65

紧凑型荧光灯筒灯具的效率不低于表 8.2-7 的规定。

紧凑型荧光灯筒灯灯具的效率　　　　　　　　　　表 8.2-7

灯具出光口形式	开敞式	保护罩	格栅
灯具效率（%）	55	50	45

小功率金属卤化物灯灯具的效率不低于表 8.2-8 的规定。

小功率金属卤化物灯筒灯灯具的效率　　　　　　　表 8.2-8

灯具出光口形式	开敞式	保护罩	格栅
灯具效率（%）	60	55	50

高强度气体放电灯灯具的效率不低于表 8.2-9 的规定。

高强度气体放电灯灯具的效率　　　　　　　　　　表 8.2-9

灯具出光口形式	开敞式	格栅或透光罩
灯具效率（%）	75	60

4. 照明功率密度限定值

国家标准《建筑照明设计标准》GB 50034—2013 第 6.3.2～6.3.11 条规定了办公建筑、商业建筑、旅馆建筑、医院建筑、学校建筑等公共建筑照明功率密度现行值和目标值。这些指标是建筑照明改造的依据，也是建筑照明的节电指标。当然，节电设计比规定的目标值规定的照明功率密度值越小越好。不同类型建筑照明功率密度限定值如表 8.2-10～表 8.2-22 所示。

图书馆建筑照明功率密度限值　　　　　　　　　　表 8.2-10

房间或场所	照度标准值（lx）	照明功率密度限值（W/m²）	
		现行值	目标值
一般阅览室、开放式阅览室	300	≤9.0	≤8.0
目录厅（室）、出纳室	300	≤11.0	≤10.0
多媒体阅览室	300	≤9.0	≤8.0
老年阅览室	500	≤15.0	≤13.5

办公建筑和其他类型建筑中具有办公用途场所照明功率密度限值　　表 8.2-11

房间或场所	照度标准值（lx）	照明功率密度限值（W/m²）	
		现行值	目标值
普通办公室	300	≤9.0	≤8.0
高档办公室、设计室	500	≤15.0	≤13.5
会议室	300	≤9.0	≤8.0
服务大厅	300	≤11.0	≤10.0

商店建筑照明功率密度限值　　　　表 8.2-12

房间或场所	照度标准值（lx）	照明功率密度限值（W/m²）	
		现行值	目标值
一般商店营业厅	300	≤10.0	≤9.0
高档商店营业厅	500	≤16.0	≤14.5
一般超市营业厅	300	≤11.0	≤10.0
高档超市营业厅	500	≤15.0	≤15.5
专卖店营业厅	300	≤11.0	≤10.0
仓储超市	300	≤11.0	≤10.0

旅馆建筑照明功率密度限值　　　　表 8.2-13

房间或场所	照度标准值（lx）	照明功率密度限值（W/m²）	
		现行值	目标值
客房	—	≤一值率	≤6.0
中餐厅	200	≤9.0	≤8.0
西餐厅	150	≤6.5	≤5.5
多功能厅	300	≤13.5	≤12.0
客房层走廊	50	≤4.0	≤3.5
大堂	200	≤9.0	≤8.0
会议室	300	≤9.0	≤8.0

医疗建筑照明功率密度限值　　　　表 8.2-14

房间或场所	照度标准值（lx）	照明功率密度限值（W/m²）	
		现行值	目标值
治疗室、诊室	300	≤9.0	≤8.0
化验室	500	≤15.0	≤13.5
候诊室、挂号厅	200	≤6.5	≤5.5
病房	100	≤5.0	≤4.5
护士站	300	≤9.0	≤8.0
药房	500	≤15.0	≤13.5
走廊	100	≤4.5	≤4.0

教育建筑照明功率密度限值　　　　表 8.2-15

房间或场所	照度标准值（lx）	照明功率密度限值（W/m²）	
		现行值	目标值
教室，阅览室	300	≤9.0	≤8.0
实验室	300	≤9.0	≤8.0
美术教室	500	≤15.0	≤13.5
多媒体教室	300	≤9.0	≤8.0
计算机教室、电子阅览室	500	≤15.0	≤13.5
学生宿舍	150	≤5.0	≤4.5

美术馆建筑照明功率密度限值　　　　　　　　　　表 8.2-16

房间或场所	照度标准值（lx）	照明功率密度限值（W/m²）	
		现行值	目标值
会议报告厅	300	≤9.0	≤8.0
美术品售卖区	300	≤9.0	≤8.0
公共大厅	200	≤9.0	≤8.0
绘画展厅	100	≤5.0	≤4.5
雕塑展厅	150	≤6.5	≤5.5

科技馆建筑照明功率密度限值　　　　　　　　　　表 8.2-17

房间或场所	照度标准值（lx）	照明功率密度限值（W/m²）	
		现行值	目标值
科普教室	300	≤9.0	≤8.0
会议报告厅	300	≤9.0	≤8.0
纪念品售卖区	300	≤9.0	≤8.0
儿童乐园	300	≤10.0	≤8.0
公共大厅	200	≤9.0	≤8.0
常设展厅	200	≤9.0	≤8.0

博物馆建筑其他场所照明功率密度限值　　　　　　表 8.2-18

房间或场所	照度标准值（lx）	照明功率密度限值（W/m²）	
		现行值	目标值
会议报告厅	300	≤9.0	≤8.0
美术制作室	500	≤15.0	≤13.5
编目室	300	≤9.0	≤8.0
藏品库房	75	≤4.0	≤3.5
藏品提看室	150	≤5.0	≤4.5

会展建筑照明功率密度限值　　　　　　　　　　　表 8.2-19

房间或场所	照度标准值（lx）	照明功率密度限值（W/m²）	
		现行值	目标值
会议室、洽谈室	300	≤9.0	≤8.0
宴会厅、多功能厅	300	≤13.5	≤12.0
一般展厅	200	≤9.0	≤8.0
高档展厅	300	≤13.5	≤12.0

交通建筑照明功率密度限值　　　　　　　　　　　表 8.2-20

房间或场所		照度标准值（lx）	照明功率密度限值（W/m²）	
			现行值	目标值
候车（机、船）室	普通	150	≤7.0	≤6.0
	高档	200	≤9.0	≤8.0

续表

房间或场所		照度标准值（lx）	照明功率密度限值（W/m²）	
			现行值	目标值
中央大厅、售票大厅		200	≤9.0	≤8.0
行李认领、到达大厅、出发大厅		200	≤9.0	≤8.0
地铁站厅	普通	100	≤5.0	≤4.5
	高档	200	≤9.0	≤8.0
地铁进出站门厅	普通	150	≤6.5	≤5.5
	高档	200	≤9.0	≤8.0

金融建筑照明功率密度限值　　　　　　　　　表 8.2-21

房间或场所	照度标准值（lx）	照明功率密度限值（W/m²）	
		现行值	目标值
营业大厅	200	≤9.0	≤8.0
交易大厅	300	≤13.5	≤12.0

主要站房照明功率密度限值　　　　　　　　　表 8.2-22

房间或场所		照度标准值（lx）	照明功率密度限值（W/m²）	
			现行值	目标值
变、配电站	配电装置室内	200	≤8.0	≤7.0
	变压器室	100	≤5.0	≤4.0
电源设备室、发电机室		200	≤8.0	≤7.0
控制室	一般控制室	300	≤9.0	≤8.0
	主控制室	500	≤15.0	≤13.5
电话站、网络中心、计算机站		500	≤15.0	≤13.5
动力站	风机房、空调机房	100	≤4.0	≤3.5
	泵房	100	≤4.0	≤3.5
	冷冻站	150	≤6.0	≤5.0
	压缩空气站	150	≤6.0	≤5.0
	锅炉房、煤气站的操作层	100	≤5.0	≤4.5

当房间或场所的室形指数值等于或小于 1 时，其照明功率密度限值应增加，但增加值不应超过限值的 20%。当房间或场所的照度标准值提高或降低一级时，其照明功率密度限值应按比例提高或折减。

8.2.3 照明 K 系数超调抑制节能技术

维护系数 K 是指照明装置在使用一定周期后，在规定表面上的平均照度或平均亮度与该装置在相同条件下新装时在同一表面上所得到的平均照度或平均亮度之比。

应用利用系数法计算平均照度的公式：

$$E = \frac{N\Phi UK}{A} \qquad (8.2\text{-}1)$$

对于室内清洁房间或场所，当灯具最少擦拭次数满足 2 次/年时，K 值是 0.8。

适用对象：已采用调光器或可以更换灯具附件的场所。

改造模式：对照明调光控制系统检测、调整输出设定值。

节能原理：K 系数是照明设计对照度衰减的补偿，表现为前期超调，恰当地抑制照明光通输出、降低超调量，可以在整个运行阶段取得一定的节能效果。

不同类型建筑 K 系数调整节电率如图 8.2-4～图 8.2-6 所示。

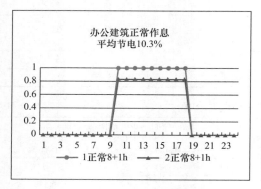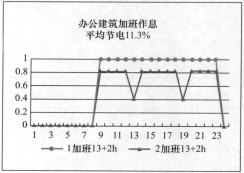

图 8.2-4　办公建筑 K 系数调整节电率

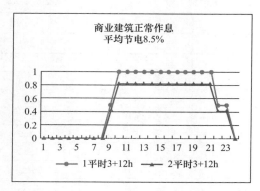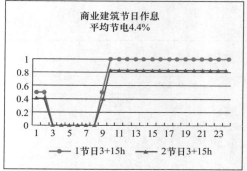

图 8.2-5　商业建筑 K 系数调整节电率

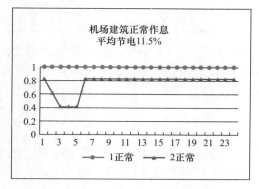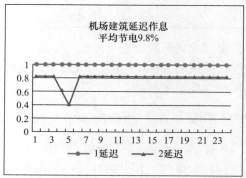

图 8.2-6　机场建筑 K 系数调整节电率

8.2.4　照明控制系统升级改造技术

照明控制是照明系统的重要组成部分，其主要功能除了调节或改变光环境外，也是照明节能的重要措施。照明控制可以分为手动控制和自动控制，就控制方式而言，照明控制技术可分为三类：基于天然采光的控制系统，基于时间控制的系统，基于人行为的控制系统等。从控制的实施策略来看，有开关控制、定时控制、照度控制、感应控制、调光控制、场景控制、MSPD 控制、中央监控控制等。既有公共建筑照明控制改造方案如表 8.2-23 所示。

既有公共建筑照明控制改造 表 8.2-23

类别	技术措施	实施方案	适合建筑类型	控制建筑部位
无智能控制系统的公共建筑	现场分散手动控制	翘板开关或配电箱中的断路器控制	办公、医院、学校、商场、宾馆	各功能房间
	感应控制	红外（雷达、动静）感应延时开关	办公、医院、学校、商场、宾馆	公共走廊、走道、电梯厅
公共建筑	智能灯光控制与就地手动控制	定时器（软件定时）	办公、医院、学校、商场、宾馆	有时间规律开关照明的回路的部位、泛光照明、办公区域的走道、门厅
		光感（照度）传感器	办公、学校、酒店	门厅、大开间办公区
		红外（雷达、动静）传感器	办公、医院、学校、商场、宾馆	公共走廊、走道、电梯厅
		场景控制面板	办公、医院、学校、商场、宾馆	会议室、报告厅、多功能厅、餐厅、咖啡厅等
		调光控制器、控制面板	办公、医院、学校、商场、宾馆	大型会议室、报告厅、多功能厅等
		中央监控控制	办公、医院、学校、商场、宾馆	智能灯光控制系统覆盖的全部区域

1. 建筑智能灯光控制系统具体实施方案技术措施

（1）定时控制

系统控制方案如下：有时间规律开关的照明回路预设定时开启关闭功能，方便管理，节约能源。如办公区域走道根据季度变化及上下班规律定时开启、关闭灯光回路，上班高峰期开启全部回路；平常时间段开启大部分灯光回路；下班后延迟关闭大部分回路；之后关闭所有非必须灯光回路。

（2）照度控制

通过设于建筑物功能房间内的光感传感器控制灯具的开启。当室内自然采光能够达到照明要求时，控制该区域人工照明灯具处于关闭状态，当自然光不足以满足照明要求时，灯具点亮，从而充分利用自然光，节约能源。

（3）现场面板场景控制

设置的智能控制面板分总控开关和场景控制开关（可实现区域控制）。总控开关可实现某部分区域内的整个灯光的开闭；而场景控制开关可实现相应场景的开关控制。将此面板适合控制区域内的所有灯光回路进行区域划分，然后将不同回路进行组合形成场景，在智能控制面板的场景控制键上实现灯光的场景控制。

（4）智能调光控制

根据不同的使用用途，在每种用途下对灯光照度的要求也是不一样的，通过智能调光系统，就可以方便地实现多种用途状况下对灯光照度不同要求，如会议、讲座、座谈、讨论、休息等照明模式。

（5）中央监控控制

针对智能照明，通过在中央监控电脑上安装中央监控软件，可实现灯光的远程控制，还可以通过软件进行回路的状态检测，对智能照明控制回路进行实时监控。

2. 照明控制运用关键技术要点

（1）公共建筑的楼梯间、门厅等公共区域的照明，人员只是通过但不长期停留，通过设置红外、雷达、动静等感应控制器控制，探测到无人员时，关闭照明，减少不必要的照明达到节能的目的。实施上述方案后，节电率可以达到 30%~60%。同时，按建筑的使用条件和天然采光状况采用分区、分组控制照明。

（2）门厅等场所采用集中控制，按需要设置调光控制器或光照传感器控制。

（3）旅馆的每间（套）客房设置节能控制型总开关一个。

（4）除设置单个灯具的房间外，每间房间设照明控制开关不少于 2 个。

（5）房间装设两列或多列灯具时，要按每个可能分隔的区域分组控制灯具，会议厅、多功能厅、报告厅等场所按靠近或远离讲台的方式分组控制，除上述的场所外，所控灯列可与侧窗平行。

（6）会议室的照明设调光控制和场景控制，以适应会议、演讲和投影等不同作业的需要，场景控制的关键在于对灯具的编组开关控制，从而形成不同照度的运用场景。

（7）办公室的照明根据需要采用翘板开关控制、光感传感器控制或者人体感应关灯控制。

（8）地下车库应优选自带感应的车库专用照明灯具，且灯具要具有全光、微光两种工作状态状态，辅助结合定时控制部分灯具回路。

（9）可利用天然采光的场所，设光照传感器控制照度时，传感器应设置在靠窗侧墙上或者顶部。

（10）采用 MSP 控制技术控制室内照明灯具或者空调风机盘管时，红外测距传感器（存在传感器）应安装在进门处，红外感应器安装在顶棚无遮挡处，控制器可集中安装至顶棚吊顶内或者顶板上。

（11）景观照明要制定平日、一般节假日及重大节日的灯控时段和控制模式。

（12）智能灯光控制系统功能如下：

1）信息采集功能和多种控制方式，可设置不同场景的控制模式；

2）控制照明装置时，具备相适应的控制接口；

3）实时显示和记录所控照明系统的各种相关信息并可自动生成分析和统计报表；

4）良好的中文人机交互界面；

5）预留与其他系统联动的接口。

（13）节能型开关的选用

节能型开关包括红外感应开关、声光控开关。

1）红外感应开关全称为热释电红外感应开关。自然界的任何物体，只要温度高于绝对零度（-273℃），总是不断向外发出红外辐射，物体的温度越高，它所发射的红外辐射峰值波长越小，发出红外辐射的能量越大。当人进入感应范围时，热释电红外传感器探测到人体红外光谱的变化，自动接通负载，人不离开感应范围，将持续接通；人离开后，延时自动关闭负载。

感应开关是基于红外线技术的自动控制产品，灵敏度高、可靠性强，广泛应用于各类自动感应电器设备。人到灯亮、自动延时关闭是感应开关的主要功能。

全自动感应人到灯亮，人离灯息。接通负载的瞬间无冲击电压，延长负载使用寿命。自动测光，应用光敏控制，光线强时，不感应。

感应开关可用于卫生间、仓库、走廊、楼道、地下室、车库的灯光电源控制。基于红外线技术的自动控制无触点电子开关，当有人进入开关感应范围时，专用传感器探测到人体红外光谱的变化，开关自动接通负载。开关接通后，人不离开感应范围且在活动，负载能持续工作。人离灯息，亲切方便，安全节能。

2）声光控开关必须同时具备两个条件，声光才起作用。从声光控开关的结构上分析，开关面板表面装有光敏二极管，内部装有柱极体话筒。而光敏二极管的敏感效应，只有在黑暗时才起到作用（可用液晶万用表测得数值）。也就是说当天色变暗到一定程度，光敏二极管感应后会在电子线路板上产生一个脉冲电流，使光敏二极管一路电路处在关闭状态，这时在楼梯口等处只要有响声出现，柱极体话筒就会同样产生脉冲电流，这时声光控制开关电路就连通起作用。

声光控开关一般用于楼道灯，无需开启关闭，人走过只要有声音就会启动，方便、节能。但由于根据声响启动（声音传播范围较大），容易误动作，正在逐步被红外线开关取代。

3）酒店的每间（套）客房应设置节能控制型总开关。

8.3　建筑设备管理系统优化

8.3.1　既有能源系统分类、分项计量改造

1. 既有公共建筑能耗计量模型构建

随着国家经济建设飞速发展，人民生活水平的不断提高，各类能源消耗的需求量也不断增加，给能源供给带来巨大压力。纵观整个能源消耗的情况比较而言，大、中型建筑等则是耗能的大户。为此，国家对节能降耗的要求也越来越高，相关政策法规应运而生。

能耗计量数据采集方式包括人工采集方式和自动采集方式。目前部分建筑采用各种仪器、仪表对能源数据进行采集，并派专人对仪器、仪表与采集的数据进行现场维护、抄取，并逐级统计、上报，建立数据库对数据进行管理。这样的缺点是手工操作效率低，不能满足大范围的数据采集需要。

根据《国家机关办公建筑和大型公共建筑能耗监测系统—分项能耗数据采集技术导则》等系列导则，既有公共建筑分类能耗数据采集指标主要有 6 项，包括耗电量、水耗量、燃气量（天然气量或煤气量）、集中供热耗热量、集中供冷耗冷量、其他能源应用量。

（1）电能分项计量

分类能耗中，耗电量应分为照明插座用电、动力用电、空调用电、特殊用电 4 个基本分项。每个基本分项按建筑功能、楼层及供电范围不同又可分为多个配电箱子项，各子项可根据建筑用能系统的实际情况灵活再细分，如图 8.3-1 所示。

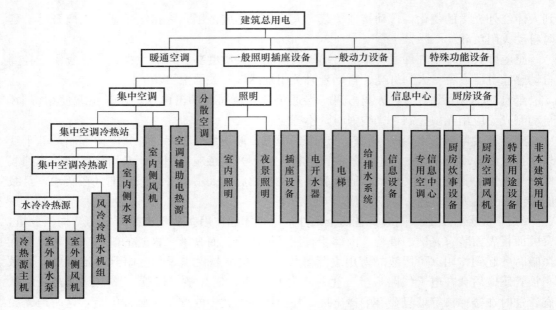

图 8.3-1　公共建筑分项电耗模型

分项能耗计量参考　　　　　　　　　　　表 8.3-1

分项能耗	一级子项	二级子项
照明插座用电	照明与插座	照明用电
		插座用电
	公共区域照明与应急照明	普通照明
		应急照明
	室外景观照明	室外道路照明
		室外景观装饰照明
空调用电	冷热站	冷水泵
		冷却泵
		冷机
		冷却塔
		热水循环泵
		电锅炉
	空调末端	房间空调末端
		公共区域空调末端
动力用电	电梯	货梯
		客梯
		消防电梯
	水泵	供水泵
		消防水泵
		排污泵
	通风机	平时用风机
		事故及消防风机

分项能耗	一级子项	二级子项
特殊用电	信息中心	
	洗衣房	
	厨房餐厅	
	游泳池	
	健身房	
	其他	

既有建筑用电能类别细化分项能耗计量参见表 8.3-1,分项能耗数据如下:

1）照明插座用电：照明插座用电是指建筑物主要功能区域的照明、插座等室内设备用电的总称。照明和插座是指建筑物主要功能区域的照明灯具和从插座取电的室内设备,如计算机等办公设备；若空调系统末端用电不可单独计量,空调系统末端用电应计算在照明和插座子项中,包括全空气机组、新风机组、空调区域的排风机组、风机盘管和分体式空调器等；走廊和应急照明是指建筑物的公共区域灯具,如走廊等的公共照明设备；室外景观照明是指建筑物外立面用于装饰用的灯具及用于室外园林景观照明的灯具。

2）暖通空调用电：暖通空调用电是为建筑物提供空调、供暖服务的设备用电的统称。空调用电包括冷热站用电、空调末端用电,共 2 个子项。冷热站是空调系统中制备、输配冷量的设备总称。常见的系统主要包括冷水机组、冷水泵（一次冷水泵、二次冷水泵、冷水加压泵等）、冷却泵、冷却塔风机等,冬季还有供暖循环泵（供暖系统中输配热量的水泵；对于采用外部热源、通过板换供热的建筑,仅包括板换二次泵；对于采用自备锅炉的,包括一、二次泵）。空调末端是指可单独测量的所有空调系统末端,包括全空气机组、新风机组、空调区域的排风机组、风机盘管和分体式空调器等。

3）动力用电：动力用电是集中提供各种动力服务（包括电梯、非空调区域通风、生活热水、自来水加压、排污等）的设备（不包括空调供暖系统设备）用电的统称。动力用电包括电梯用电、水泵用电、通风机用电,共 3 个子项。电梯是指建筑物中所有电梯（包括货梯、客梯、消防梯、扶梯等）及其附属的机房专用空调等设备；水泵是指除空调供暖系统和消防系统以外的所有水泵,包括自来水加压泵、生活热水泵、排污泵、中水泵等；通风机是指除空调供暖系统和消防系统以外的所有风机,如车库通风机、厕所排风机等。

4）特殊用电：特殊区域用电是指不属于建筑物常规功能的用电设备的耗电量,特殊用电的特点是能耗密度高、占总电耗比重大。特殊用电包括信息中心、洗衣房、厨房餐厅、游泳池、健身房或其他特殊用电。

（2）耗水量

公共建筑用水主要包括日常洗涤用水、生活用热水、饮用水等,根据用水性质的不同应有各自的水表和过滤器,即在每栋建筑或设施水表入户处安装水表计量装置。

（3）燃气量（天然气量或煤气量）

公共建筑用气主要有锅炉房、餐厅等,在主要用气区域设置燃气计量装置。

由前面章节可知,住房和城乡建设部下发的相关技术导则的要求是采集建筑分类分项能耗数据,重点在于对建筑用电的四大分项进行区分和计量。《公共建筑能耗监测系统技术规程》也承袭这一指导思想,且大量机关办公建筑和大型公共建筑的能耗监测系统也是根据这些技术标准文件进行设计和建设的。但是技术标准中的分项计量的理念主要依托于政府主管部门的要求，与建筑管理者实际需要的能源管理系统理念还有较大出入。建筑管理者需要的是能够切合建筑运行情况，分区域、分部门计量并能够联动照明系统、暖通系统等主要设备，以便根据计量数据的分析结果进行反馈，并联动控制耗能设备节能运行。

为更好地指导建筑能耗监测平台的搭建，通过实时数据采集，实行能耗分类、分项计量，实现能源在线监测、统计分析和分户计量，提高能源管理水平，为公共建筑节能诊断和改造提供科学依据，应结合改造项目实际需求，完善构建更加适宜的能耗计量模型及指标体系。

2. 能耗计量监测系统改造

（1）改造依据

既有公共建筑能耗计量监测系统改造应遵循和借鉴国内已有相关国家标准或技术导则，依据主要有《公共建筑节能设计标准》GB 50189、《绿色办公建筑评价标准》GB/T 50908、《绿色建筑评价标准》GB/T 50378、《智能建筑设计标准》GB 50314、《电能计量装置技术管理规程》DL/T 448、《电测量及电能计量装置设计技术规程》DL/T 5137、《国家机关办公建筑和大型公共建筑能耗监测系统楼宇分项计量设计安装技术导则》等。

（2）改造技术要点

1）能耗计量仪表选型要点

① 电能表

电能表的精确度等级应不低于 1.0 级，可安装普通电能表，建议安装多功能电能表。分项计量电能表应具有数据远传功能，至少应具有 RS 485 标准串行电气接口，采用 MODBUS 标准开放协议或符合《多功能电能表通信协议》DL/T 645 中的有关规定，公共建筑内推荐采用多功能电表。

② 互感器

配用电流互感器的精确度等级应不低于 0.5 级。既有公共建筑有些用电负荷等级很高，达到一级负荷等级，用能量很大，需要单独检测，这就要求要在不影响设备运行的条件下安装电能检测电流互感器，在此条件下，建议设计采用开合式测量用电流互感器。

开合式测量用电流互感器在安装时，首先应加强电流互感器的绝缘防护等级，其次在安装时应首先将电流互感器的二次回路接线完毕，然后再将开合式电流互感器安装在测量的回路上，并做好开合式电流互感器的软固定，以防止开合式电流互感器在安装后的电磁振动，确保监测回路设备的可靠安全。

③ 数据采集器

数据采集器是底层能耗检测数据的关键存储和发送设备，其对工作环境的要求、通信接口类型及数量、连接能耗计量仪表数量、储存容量、采样周期等是设计选型的基本考虑要素。另外还要和整个能耗计量系统完成统一的整合，构建成一套搭配合理、运行稳定的数据基础网络。数据采集器设置数量应满足能耗计量系统数据采集和传输的要求。

2）能耗计量仪表安装要点

各类建筑均应安装 1 块总电表（当有多根电缆回路进入同一建筑时，总电表可以理解为各回路计量电表之和），对于保障系统，每套建筑设施系统均应加装总电表，如信息中心、安防值班室、冷热站、锅炉房等各设总电表。安装位置为该建筑配电室总进线电缆上，也可在变配电所对应配电柜出线上。

每类建筑配电室内的照明配电柜（或箱）、动力配电柜（或箱）两个基本分项均应安装电表，配电室内的所有配电柜均应安装电表。安装位置为配电室内各配电柜的进线电缆上，也可在上一级配电柜的出线电缆上。

建筑内各楼层或功能区域往往会设置照明插座配电箱、动力配电箱，为了解分楼层或功能区域的耗电情况，建议对这些配电箱进行耗电量计量，电表安装位置为这些配电箱的进线电缆处，或对应配电室内配电柜的出线电缆处加电表，可根据现场实际情况而定。

当需要详细了解某些配电箱出线电缆回路的耗电量时，也可在相应位置进线处安装电能表。

改造实施中，对于目前既有公共建筑的分项计量中有关用电回路分项不清的问题需要重点关注。在能耗计量仪器仪表硬件安装时，经常发现 4 个用电分项往往很难和其下面的一级子项有表 8.3-1 的对应关系，如一级子项中的"通风机"用电有时是接在"照明插座用电"分项能耗中（如卫生间排风机），更有甚者照明用电与动力用电接到了一起。主要原因是有些建筑物建造时间比较久远，配电线路比较混乱；首先应该根据其建筑特点制定具体方案，按照表 8.3-1 中电气分项一级子项开始，分回路加装计量表。

根据现场的情况可以分成三种计量方式：

方式一：每类建筑、配电室配电柜分项处安装电表，即每类建筑配电室的总进线电缆（或变电所对应配电柜的出线电缆）、配电室内各配电柜进线电缆上安装计量电表；实现表 8.3-1 的一级子项计量功能。

方式二：在方式一加装电表计量的基础上，在各楼层或功能区域配电箱计量耗电量，即每类建筑配电室的总进线电缆、配电室内各配电柜进线电缆、配电室内各配电柜出线电缆（或各楼层配电箱内的进线电缆）上安装计量电表。这种方式可以实现分区的一级子项计量，方便各个部门或区域的分别核算。

方式三：在方式二的基础上按照二级子项分区分项计量。

在实施能耗分项计量系统建设时，需要断电加装各类能耗计量仪表，甚至需要修改配电回路，此工程时间耗时较长，需要结合既有建筑的特点、使用要求，因项目制定出有针对性的改造方案。

8.3.2 既有公建能源管理系统优化

1. 能源管理系统优化

建筑能效管理系统是以建筑自动化系统集成技术为基础，在满足使用者健康、舒适的前提下，节约能源、提高能效，并且能够降低建筑物全生命周期成本的一套监控管理系统。

早期建筑设备控制主要用于满足正常运行，而能效是次要问题，因此当时的控制根本谈不上节约能耗，比如冷机的启/停、性能调节等基本是手动的，也有气动或电动比例分析监控设备，例如用手动或气动恒温器来保持冷却水的供水温度于某一特定温度范围内。而能耗的统计还有部分采用人工采集数据的方式；部分有能耗管理系统的建筑大部分也是电、气、水等各统计各的，无法做到综合统计和分析，还有能耗管理系统因为后期的调整有漏项的现象无法真实反映建筑能耗的数据。根据工程实践统计，既有公共建筑在不改变围护结构、不改变能源设备的情况下，仅对建筑设备系统实施有效合理的监控控制后，可降低能耗 20% 左右。

既有公建能源管理系统优化优化方案包括以下要求：

（1）根据现有的建筑改造条件，可根据不同类型公共建筑的特点重点监控其主要用电设备。

（2）优化监控点的配置：既有系统的改造首先应该对于系统的功能进行完善，统计和归纳使用以来的问题，在原有监测点的基础上增加和修改部分监控点位。

（3）为避免多个系统之间数据相互整合的复杂性，从整体架构考虑，建议将原有的各个子系统整合到能源管理（能源供应侧管理）、设备管理（能源需求侧管理）两大系统中，然后再集成两大系统，形成统一、供需双向、与行业应用结合的综合能效管理平台。

（4）在重点设备及区域增设人机交互设备，采用触摸屏等方便控制面板，可以方便巡检人员直观、便捷的检查设备运行情况，对于维修人员，可以不限于现场控制模块与中控室的通信状况，能够直观地知道每一台设备现场的运行状况和数据便于现场维修。

（5）既有建筑的改造项目不能影响建筑物内设备的正常运行。在改造项目中要协调好工序和建筑正常工作的时间。在不影响工作的前提下，分批分次进行改造施工。

（6）在既有系统上应能实现以下功能：实现数据采集自动化、提高能耗可视化和可追溯能力、能耗信息指标化、实现综合能效分析。

2. 能耗监测平台优化

能耗监测系统是指通过对公共建筑安装分类和分项能耗计量装置，采用远程传输等手段及时采集能耗数据，实现重点建筑能耗的在线监测和动态分析功能的硬件系统和软件系统的统称，如图 8.3-2 和图 8.3-3 所示。

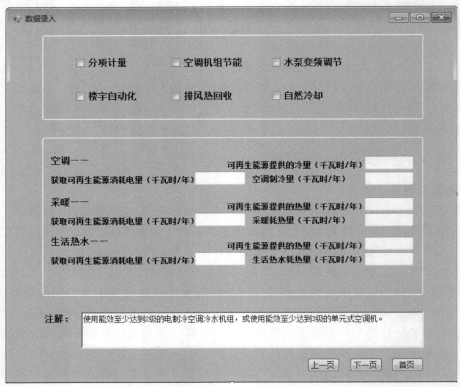

图 8.3-2　能耗监测平台交换界面

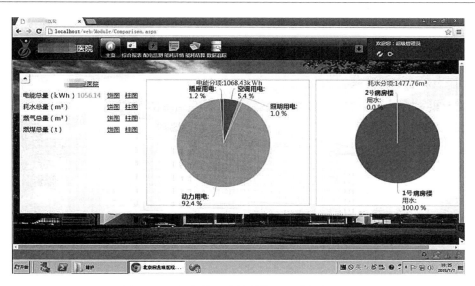

图 8.3-3　北京某医院能耗管理平台软件界面

既有能耗监测平台优化方案包括以下要求：

（1）能源消耗监控过程信息化、可视化管理优化

对工程能源消耗数据的即时监控、分析能源流向和后续的优化系统非常重要。早期靠人工定时抄表统计用电及能耗的方式，时效性差、数据滞后，不能实时调控和及时处理数据。目前国内外企业开发的能源管理信息系统可以杜绝早期传统工作模式的缺陷，提供以下数据和节能信息：

1）提供能耗的具体状况，通过数据分析和图表标识，提供能源消耗数量与构成及数据的分布与流向的查询。

2）分析能源利用率和损失率，具体到设备工作效率和能源利用率的情况分析与汇总。

3）经过处理的数据，实现能耗实时监控数据、日统计数据、月统计数据、年统计数据、按时间段统计数据、多维度（时间、区域、能耗分项、能耗分类、能耗分户等）能耗分析模型报表、多维度（时间、区域、能耗分项、能耗分类、能耗分户等）能耗分析图表等，并能够进行纵向和横向数据对比，能以多种呈现方式进行能耗数据灵活展现，成为能耗实时监测数据人机交互的中转中心。

4）系统可针对能源消耗量大的设备或区域进行准确定位，便于管理层制定节能绩效考核制度，推动节能降耗的真正有效执行。为用能重点设备建立运行记录档案，长期跟踪记录设备运行过程中的能效分析评估结果，结合设备维护保养记录，为设备的运行维护提供依据。通过比例数据找出能源浪费问题，清查能源剩余与可回收数据。

5）核算节能效果。能效管理信息系统通过统计图形、曲线和报表的方式为用户提供能源消耗结构和能源消耗成本分析依据，同时通过与历史数据对比、分析，总结得出评估节能措施。它是通过现代信息化手段，实现实时性、准确性、可观性、可控性强的综合性系统，对提高能源使用效率非常有效。

6）提供分级权限管理功能，对具备权限的用户提供开放的信息维护接口，用户可自行对建筑和系统监测范围内计量点的信息进行增、删、改和查询，建筑物信息包括建筑类型、建设年代、建筑面积、建筑物人员数量等。系统还对无法自动采集的计量信息提供手动录入功能，便于使用者全面掌握建筑物总体能耗情况。

（2）根据项目规模的大小，可以灵活选择通信介质和组网方式

1）加强能源消耗考核标准和统一监管制度：通过能源管理系统对各个数据的监控与分析，实现能源的成本核算，建立客观的以数据为依据的能源消耗评价体系。可按建筑物的用能类别（照明、空调等）、功能区域（办公室、会议室等）进行成本核算。通过各种能源的计量及费率计算，为管理者提供相关的财务数据实现市场化的调节，明确建筑的经济运维指标。

2）能耗数据采集频率分项能耗数据的采集频率为每15min到1h 1次，数据采集频率可根据具体需要灵活设置。

建筑总能耗为建筑各分类能耗（除水耗量外）所折算的标准煤量之和，即：建筑总能耗＝总用电量折算的标准煤量＋总燃气量（天然气量或煤气量）折算的标准煤量＋集中供热耗热量折算的标准煤量＋集中供冷耗冷量折算的标准煤量＋建筑所消耗的其他能源应用量折算的标准煤量。各类能源折算成标准煤的理论折算值见表8.3-2。

主要种类能源折算成标准煤的理论折算值　　　　表8.3-2

序号	能源类型	标准煤量/各类能源量
1	电	1229kg/万 kWh
2	燃气（天然气）	12143kg/万 m³
3	燃气（焦炉煤气）	5714～6143kg/万 m³
4	燃气（其他煤气）	3570kg/万 m³
5	集中供热量	1229kg/百万 kJ
6	煤	0.7143kg/kg
7	液化石油气	1.7143kg/kg
8	汽油	1.4714kg/kg
9	煤油	1.4714kg/kg
10	柴油	1.4571kg/kg

8.3.3　既有设备监控管理系统优化

建设设备管理系统通过对建筑物的所有机电设备进行集中监测和控制来提高建筑的管理水平、降低设备故障率、减少运维成本。其主要目的在于将建筑内各种机电设备的信息进行分析、归纳、处理、判断，采用最优化的控制手段，对各系统设备进行集中监管，使各子系统在有条不紊、协调一致和高效有序的状态下运行。目前早期建筑的机电设备还采用手动控制，控制箱采用信号灯、机械式按钮等控制方式；存在着耗能高、管理控制不便的弊端。

系统组成：包含供配电监控系统、照明监控系统、供暖通风及空气调节监控系统、冷热源监控系统、电梯监控系统、给水排水系统监控、可再生能源监控系统。

设备组成如下：

中央控制室：包括中央处理主机、UPS、外围设备等。

末端传感器及执行机构：传感器是指装设在各监控现场和各种敏感元件、变送器、触

点和限位开关、用来检测现场设备的各种参数，并发出信号至现场控制器；执行机构是指装设在各监控现场接收现场控制器的输出指令信号，并调节控制现场运行设备的机构。

分站控制器：直接数字控制器（DDC）、可编程逻辑控制器（PLC）或兼有 DDC、PLC 特性的混合型控制器 HC，它接收传感器信号，进行数字运算、逻辑分析判断处理后自动输出控制信号，给执行机构发出指令。

通信网络：是联系系统各功能的纽带。

系统控制类型如下：

集中式控制系统：采用计算机、键盘和 CRT 组成中央站。采用一台中央计算机操纵整个系统的工作。集中控制结构比较简单、造价低，系统可靠性较低，一旦出故障，容易造成全局终端不可用。这种方式基本已经淘汰，不过对于一些小的建筑物还可以酌情使用。

集散式控制系统：监管管理功能集中于中央控制室和有相当操作的终端，实时性强的控制和协调功能由分站完成；中央处理主机停止工作不影响分站功能和设备运转。

现场控制总线式控制系统：控制网络分为三层，即管理层、自动化层和现场网络层，DDC 分站连接传感器、执行器的输入输出模块，应用 LON 现场总线，从分站内部走向设备现场，形成分布式输入输出现场网络层，从而使系统的配置更加灵活，由于 LonWorks 技术的开放性，也使分站具有了一定程度的开放规模。

网络结构控制系统：中央站嵌入 Web 服务器，融合 Web 功能，以网页形式为工作模式，使 BAS 与 Intranet 成为一体系统，目前改造推荐此模式。

1. 供配电监控系统优化

供配电系统是建筑物最主要的能源供给系统，对供配电系统的监控是能效提升的一个重要环节，通常要对大楼内的供电变压器、高压侧供电参数、低压侧供电参数进行监测。有很多情况下都是以模拟电压表或电流表对回路运行状态进行监视，供配电回路之间不能实现互相通信；数据记录方式主要依靠人工手录，这不仅增加了电网运行成本，也降低了工作效率，而且不能及时对电网系统进行自动控制。

在线监控结果，建立状态监测数据库，进行数据管理、分析、统计、整合，为电力变压器状态检修提供决策依据和辅助分析等功能。

1）变压器在线监控系统：

① 以现代化的通信手段、计算机技术、自动控制技术为基础，实现配电变压器的远程监控，可及时、准确、有效地获得配电变压器全面连续的信息，从而为系统的分析、预测提供可靠的依据。

② 可对同一变电站的一台或多台主变同时进行在线监测，采集有、无功电量，A、B、C 三相电压，A、B、C、N 四线电流，功率因数，变压器油温和油位，自动抄收用户电能表窗口值及其他信息，采集设备开关状态、箱门状态、报警状态及通信状态等开关量。

③ 反映变压器绝缘状况的关键参数：局部放电、油中气体组分、套管介质损耗及电容量、铁芯接地电流，实时反映运行变压器的绝缘状态，并对其绝缘状况做出分析、诊断和预测。局部放电是反映变压器绝缘状况较灵敏的指标，在出厂试验和新投运变压器的现场试验时，局部放电均是较难通过的试验科目，局部放电的在线检测的技术难点是现场情况下如何抑止干扰有效提取信号问题。油中气体组分在线监测技术，可以反映绝缘系统在电、热作用下的老化后油中产生的气体，对长期绝缘老化状态反映较为准确，并且

已经有一定的标准可以做分析比对比。对套管的介质损耗因数及电容量进行在线监测，可以及时发现套管电容屏间击穿、绝缘受潮劣化等致命性缺陷。对于箱体内异物、内部绝缘受潮或损伤、油箱沉积油泥、铁芯多点接地类型的故障，可以通过铁芯接地电流的监测来发现。

2）供电低压侧监测：低压配电柜内增设电子多功能仪表，能够监测进线回路的电流、电压、频率，有功功率、无功功率、功率因数和耗电量；进线回路的谐波含量；出线回路的电流、电压和耗电量；监测进线开关、重要配出开关、母联开关的分、合闸、故障及跳闸报警状态。

3）应急电源及装置的监测：包括监测柴油发电机组工作状态及故障报警和日用油箱油位；柴油发电机组工作状态及故障报警和日用油箱油位；不间断电源装置（UPS）及应急电源装置（EPS）进出开关的分、合闸状态和蓄电池组电压；应急电源供电电流、电压及频率。

2. 照明监控系统优化

部分早期公共建筑中，有照明和插座共用一条回路，在控制及计量上无法分开；大部分公共建筑中都沿用传统照明控制方式通常采用断路器控制、跷板开关控制、接触器辅助控制等方式，这些控制方式单一，大量灯具同时开关，节能效果差，而且操作繁琐，管理不便。因此需要更加合理的控制方式实现高效智能管理和节能的目的。

建筑内照明控制也是进行智能化管理的项目之一，优化照明控制可以更好地节约能源。例如，可以利用预先安排好的时间程序结合传感器监测对照明进行自动控制。

首先按照使用区域更改照明回路并且把照明及插座回路分开。

照明控制应能够实施启停控制、运行状态、故障报警、累计运行时间等基本监控功能。

可根据不同性质的公共建筑及其不同使用环境来进行照明控制优化，见表8.3-3。

既有公共建筑典型场所照明控制优化方案　　　　　　　表8.3-3

场所	优化方案
大厅	因大厅人员流动较大，可按照回路增设智能控制器，通过中央控制可实时监控，场景控制（上班模式、下班模式等多个场景可灵活切换）和户外光感控制可根据不同照度调节灯的亮度，达到节能的效果
办公室	人员流动较大的办公室可增设智能开关；无人时，分区自动关灯；上班时，通过光感控制，自动关掉临窗回路的灯，在创造舒适工作环境的同时达到节能的效果
公共走道	增设智能面板和人体移动传感器控制，高峰期通过智能面板开关控制，节假日期间系统自动将楼层灯光转换为移动感应模式，真正做到有人开灯、无人关灯
地下车库	现有部分回路进行定时控制，车位进行感应控制。分高峰期、低峰期、节假日时段等不同控制模式
餐厅	因餐厅使用时间比较稳定，人员流动较大，靠窗位置：采用照度传感器，实现自动控制。不靠窗位置：高峰期采用开关控制，低峰期及节假日时段采用人体感应自动控制
图书馆	靠窗位置：采用照度传感器，实现自动控制。 运营时段采用定时控制，不同时段调整开关的回路数，保证照度恒定
教室	根据教室使用性质，增设智能照明控制器采用场景控制、定时控制，分为上课模式、下课模式、节假日模式

场所	优化方案
展厅、会议室	增设智能照明控制器，采用场景开关控制。配合活动主题自由切换照明场景
道路照明、庭院照明	道路照明、庭院照明增设智能照明控制器采用分区域、分时段时间的控制方式。在道路人、车较多时，还可采用自动感应装置，实现人（车）走灯灭的功能
建筑景观照明	因景观照明效果及变换频率要求较高，通过策略设置实现远程定时或逻辑开关，实现平时、节假日或重要宾客到访灯光的不同亮灯模式，策略调节可以做到能够随时修改
应急事故照明	出现紧急事故时自动启动事故照明，并发出报警

3. 暖通空调监控系统优化

（1）空调末端

部分拥有空调系统自控的建筑，自控参数比较单一，无法有效做到实施监控；而大部分早期建筑中，空调系统设备均采用手动控制的方式。

优化方案要求：对于没有监控系统的增设监控系统；对于有监控系统但控制策略不合理的，增设监控点数，并根据既有建造运行情况进行控制策略的调整。空调系统是指空调机组、新风机组，变风量机组，风机盘管等设备，其控制主要是指温湿度调节、预定时间表和自动启停控制，如果建筑内的空调系统已经有很高的自动化控制，也可以采用只监不控的方式。

1）空气处理机组：风机控制采用定时程序控制，累计运行时间；温度控制：夏季送冷风、冬季送暖风、春秋季节送新风；湿度控制：根据回风湿度调节加湿阀流量开度，控制送风量；风阀控制：根据室外温度和回风中 CO_2 的浓度，调整风阀开度；连锁控制：风机启停和冷/热水电动阀、加湿阀、新风风阀、回风风阀实施联动；参数监测：包括送风温度、湿度、回风温度、湿度、室内温度、室外温度，手自动转换，风机运行状态，电动水阀阀位反馈，加湿阀阀位反馈，过滤网压差开关，风机压差开关，防霜冻保护，CO_2 浓度、PM2.5 浓度、有害气体等。

2）新风机组：风机控制：采用定时程序控制，累计运行时间；温度控制：定时送新风，根据新风温度调节冷/热水电动阀；湿度控制：定时送蒸汽，以此改善房间的湿度；风阀控制：冬季低温保护时，关闭新风风阀；联动控制：风机启停和冷/热水电动阀、加湿阀、新风风阀、实施联动；参数监测：包括送新风温度、送新风湿度、室外温度、手自动转换、风机运行状态、过滤网压差开关、风机压差开关、防霜冻保护等。

3）风机盘管：末端风机盘管来调整房间的温度，它通常直接由室内恒温器控制，室内恒温器通过对房间的温度监测，控制冷/热水电动阀的启闭来改善房间温度。同时，设定风机运行速度，也可改善房间的温度。风机盘管与新风机组结合使用，不需要由DDC 控制器参与控制和调节。

（2）冷热源系统

现有的冷热源设备大部分自身通常都配备自身的计算机监控系统，能实现对于机组各部位状态参数的监控，实现故障报警，制冷量、制热量的自动调节及机组的安全。但是有些厂商的自带控制系统并没有与 BAS 系统通信，这样不利于建筑的统一规划管理。

优化方案要求：应实现机组与 BAS 系统通信，实现适合于本建筑物的群控要求。

常用冷热源机组控制功能：

1）制冷系统控制

① 常用制冷系统的功能是为建筑的空调系统提供冷源，它由制冷机组、冷却水循环泵、冷却塔、冷水循环泵、补水泵及电动蝶阀等组成。冷水进入制冷机组后，通过释放热量达到降低水温的目的。制冷机组工作后吸收了大量的热量，再由冷却循环水为其降温。

② 常规启动顺序：冷却塔风机→冷却水蝶阀→冷却水泵→冷水蝶阀→冷水泵→冷水机组；常规停止顺序：冷水机组→冷水泵→冷水蝶阀→冷却水泵→冷却水蝶阀→冷却塔风机。

③ 根据对冷水温度、流量的监测，计算出冷负荷；根据冷负荷及压差旁通阀的开度调整制冷机组的启停和供回水管上运行的电机数量；压差旁通控制是利用压差传感器监测冷水供回水管的压差，与压差设定值对比，经过计算送出相应的信号来调节冷水比例阀的开度，实现供回水之间的旁通，来恒定供回水管之间的压差；通过 DDC 完成对冷水泵、冷却泵的启停控制、运行状态、故障报警信号的管理。自动实现恒压控制、循环倒泵等功能；水流检测为冷水泵、冷却泵运行后，DDC 接收水流开关对水流量的检测信号，当水流量很小或出现断流现象时，应提供报警并停止相应的机组运行；冷却水温度控制是将冷却循环水供回水管上温度差值的检测信号送入 DDC，实时控制冷却塔风机的启停和运行台数；应将冷水供/回水温差、压差与旁通调节阀实现联锁。参数监测包括冷水温度、压力，冷水回水流量，冷却水温度，冷水泵的状态、故障、水流，冷却水泵的状态、故障、水流，制冷机组的状态、故障，冷却塔风扇的状态、故障。

2）制热系统控制

① 常规供热站是为建筑物的空调系统提供热源，它由锅炉、板式换热器、冷水循环泵、补水泵以及电动蝶阀等组成。板式换热器的一次侧流入来自锅炉的热水或蒸汽，二次侧的热水借助于冷水系统向用户提供空调机组所需的热源。

② 现有锅炉大致可分为：燃油锅炉、燃煤锅炉和燃气锅炉，早期建筑大多以燃煤锅炉为主，这些锅炉虽然燃料及供给方式不同，但结构大同小异。燃烧系统中的一次风温度、风量，二次风温度、风量，燃烧器火检、炉膛火检、炉膛负压、温度、炉膛负压、温度等；烟风系统中的二次风温度、压力、风量，二次风机频率，引风机频率，各级受热面出口烟温、压力，锅炉出口含氧量等；水系统中的锅炉出水温度、压力，锅炉回水温度、压力，锅炉循环水量，循环泵频率，补水泵频率等全部都在监控范围之内。锅炉用户可以随时获得锅炉的实时运行数据，并以此进行调整，使锅炉运行一直保持在最佳状态，以实现提升能效，达到节能减排的目的。

③ 热交换器二次热水出口的检测温度与设定值比较后，控制热交换器上的一次热水/蒸汽电动调节阀，改变一次热源供给的流量，使二次侧热水出口的温度得到调节；使用 DDC 完成对水泵的启停控制、运行状态、故障报警信号的管理；根据负荷启动热交换器工作参数，在热水泵停止运行时，自动关闭热交换器一次侧的热水/蒸汽电动调节阀；参数监测包括热交换器一次侧供给热水（蒸汽）的温度、压力、流量，供水温度、压力，回水温度、压力、流量等。

4. 给水排水监控系统优化

既有建筑中给水排水控制系统大多为现场控制，并没有实现集控中心实时监控。

给水排水系统的监控和管理应由现场及集控中心结合实现，其最终目的是实现管网的合理调度，也就是说，无论用户水量怎样变化，管网中各个水泵都能及时改变其运行方式，实现泵房的最佳运行。为此，系统应能实时监控，并自动储水及排水；当系统出现异常情况或需要维护时，电脑将产生信号，通知管理人员处理。

（1）生活水泵控制：DDC 完成对生活水泵的启停控制、运行状态、故障报警信号的管理。自动实现恒压控制、循环倒泵、备用替开等功能。生活水泵运行，DDC 接收水流开关对水流量的检测信号。远程压力传感器实时监测自来水管网的压力，并将模拟信号送入 DDC，实现超压和低压的及时报警和控制处理。远程压力传感器实时监测供水管网的压力，并将模拟信号送入 DDC，实现供水压力的实时监测。变频器输出频率的当前值，并将模拟信号送入 DDC，实现频率的实时监测。

（2）污水泵控制：DDC 完成对污水泵的启停控制、运行状态、故障报警信号的监控。自动实现循环倒泵、备用替开等功能。DDC 接收污水液位的检测信号，完成对超低液位、低液位、高液位、超高液位的实时显示。

5. 电梯监控系统优化

现有的公共建筑大部分电梯独立运行，电梯运行效率低，造成很大浪费。特别是在上下班高峰期间，此问题更加突出，出现拥挤现象，候梯时间会很长。为解决此问题，多台电梯必须采用智能化中央群控调度方法，提高整体的运行效率，并能有效节约能源。电梯是大楼内的主要垂直交通工具，它肩负着人员和货物的运输。电梯包括普通客梯、观光梯、货物电梯和自动扶梯等。

在建筑监控系统中，主要是对普通客梯和自动扶梯实施监控。监控范围通常包括电梯启停控制、运行状态、电梯门状态、楼层指示、故障报警、应急报警等。根据人员流动情况，合理投入电梯的运行台数。电梯在出现火警时，应与消防保持可靠的联动，进入到手动控制状态。

（1）电梯启动过程的能耗远大于正常运行的能耗，同时启动时的机械冲击损耗也与启动次数成正比；有启动就必有制动，制动时的机械损耗和能量消耗也也都要超过启动。因此，节省能源就要尽量减少电梯的启动、制动次数。这样，在满足服务质量设计指标的前提下要减少空载启动。

（2）电梯群控应具有以下特点：

1）根据用户选择，采用效率优先、节能优先、舒适优先等不同方式；

2）各种不同品牌型号电梯的兼容性；

3）能够学习建筑物客流，自动切换调度方式；

4）根据建筑物不同用途，选择合适的调度模式；

5）拥有较好的预测能力，不仅能够考虑当前电梯状态和呼叫，还要兼顾未来时刻可能发生的呼叫情况；

6）充分考虑使用者的感受，科学规划电梯运行。

（3）电梯群控系统算法：常用的智能技术一般有专家系统、神经网络和模糊控制等，如果可以把这几种智能技术有机结合起来，并且应用到电梯群控当中去，依据不同的控制功能设计出不同的智能控制模块，就可以形成多种智能技术的集成应用，这将是电梯控制发展的潮流。

（4）加强电梯再生能量回馈质量技术：可以采用回馈制动法，回馈制动法是将电机消耗的电能，通过某种形式，又转化成电能进行再次利用，这就能够达到减少能耗的目的。利用电梯的势能来转化电能，是一种回馈，所以能够减少单位时间的电能消耗。回馈制动法并不是一种固定的技术，它还可以进行不断优化，以提升其能量的转化效率。

（5）利用电梯机房在楼顶的优势，通过改造使电梯运载耗能，充分利用太阳能作为电梯的补充能源。

6. 可再生能源监控系统优化

可再生能源建筑应用，常规上有太阳能热利用和地源热泵等形式。

（1）太阳能生活热水系统：一般作为辅助可再生热源，与热泵热水系统、电热水系统或锅炉热水系统等一起使用，通过优化的控制方法，最大限度利用太阳能制取热水，实现节能。太阳能热水监控系统作为给水排水监控系统的一个子项进行集成。功能如下：

1）太阳能水箱水温、集热器出口水温、冷水温度、水箱水位、辐射照度监测；

2）水泵（循环泵、供水泵）、阀门运行状态监测；

3）安全保护（防热、防冻保护）及故障报警（低水位、断水报警）；

4）热水用量监测；

5）自动补水、循环加热其他控制；

6）与给水排水系统配合进行联动止水、供水控制。

（2）太阳能光伏发电监控系统：对太阳能光伏发电系统进行监控，可以了解系统运行现状，掌握光伏发电运行数据，确保光伏系统安全、平稳运行。太阳能光伏发电监控系统功能如下：

1）光伏发电系统运行状态监测；

2）光伏发电累计量记录监测；

3）故障及异常报警；

4）环境参数监测（光照强度、光伏表面温度、风速、气压、气温等）；

5）远程监控。

（3）地源热泵监控系统：参数的监测与控制是保证系统安全、高效、节能运行的前提，同时为后期优化运行策略的制定提供数据支持。地源热泵监控系统作为冷热源监控系统的一个子项进行集成，功能如下：

1）地埋管换热系统：地温场监测；热泵机组能效监测；环境（气温、湿度等）动态变化监测等。

2）地表水换热系统：应进行水温监测，必要时增加水质、流量和压力的监测，监测数据应该定期分析，用以改变策略，对系统进行指导。

本章参考文献

[1] Sasaki H，Machida T. A New Method to Eliminate AC Harmonic Currents by Magnetic Compensation Consideration on Basic Design [J]. IEEE Trans. on PAS，1971，90（5）：2009-2019.

[2] Gyugyi L，Strycula E C. Active AC Power Filters [C] // Proceedings of IEEE/IAS Annual Meeting，1976.

[3] Akagi H，Kanazawa Y，Nabae A. Generalized Theory of The Instantaneous Reactive Power in Three-phase Circuits [C] // IEEE & JIEEProceedings IPEC，1983.

[4] Arindam Ghosh，Gerard Ledwich. Load compensation DSTATCOM in weak AC system [J]. IEEE

Trans. on PD，2003，18（4）：1302-1309.

［5］　Mohamed A．Eldery，Ehab F．El-Saadany，Magdy M．A．Salama. DSTATCOM Effecton the Adjustable Speed Drive Stability Boundaries［J］．IEEE Transactions on Power Delivery，2007，22（2）：1202-1209.

［6］　Mahesh K．Mishra，Arindam Ghosh，Avinash Joshi．Operation of a DSTATCOM in voltage control mode［J］．IEEE Transactions on Power Delivery，2003，18（1）：258-264.

［7］　Allen J Wood，Bruce F Wollenberg．Power generation，operation，and control［M］．John Wiley & Sons，2012.

［8］　Maitra A，Sundaram A．Universal intelligent transformer design and applications［C］// PowerDistrib．Conf，2009.

［9］　Piotr Filipski．The Measurement of Distortion Current and DistortionPower［J］．IEEE Trans onInstrumentation and Measurement，1984，33（1）：36-40.

［10］　Yurekten S，Kara A，Mardikyan K．Energy efficient green transformer manufacturing with amorphous cores［C］// 2013 International Conference on Renewable Energy Research and Applications（ICRERA），2013.

［11］　Steinmetz T，Cranganu-Cretu B，Smajic J．Investigations of no-load and load losses in amorphous core dry-type transformers［C］// 2010 XIX International Conference on Electrical Machines（ICEM），2010.

［12］　Yeong-Hwa Chang．Study with Magnetic Property Measurement of Amorphous HB1 Material and its Application in Distribution Transformer［C］//Power Systems Conference，2009.

［13］　Simge Andolsun，Charles H．Culp，Jeff Haberl，Michael J．Witte．Energy Plus vs．DOE-2. 1e：The effect of ground-coupling on energy use of a code house with basement in a hot-humid climate［J］．Energy & Buildings，2011，Vol. 43（7）：1663-1675.

［14］　Philip Radbourne．Aerospace cable：A look at markets and treads［J］．Wire and Cable Technology International，2010，（5）：34.

［15］　Tadeuser Knych，Andrzej Mamala，Michal Jablonski，et al．A new generation of alumium enamelled winding wire［J］．Wire Journal Interantional，2012，（1）：55-60.

［16］　Yamano Y，Hosokawa T，Hirai H，et al．Development of aluminumwiring harness［J］．SEI Technical Review，2011，73：73-80.

［17］　Sarchi D，Herold E，Martinelli P，et al．Electric cables for solar plants generating electrical and thermal energy，and plants comprising the electrical cables：U．S．Patent Application 14/071，210［P］．2013-11-4.

［18］　Balázs L，Kercsó B，Maros I．Dynamic lighting control：U．S．Patent Application 13/421，386［P］．2012-3-15.

［19］　北京市建筑设计研究院有限公司．建筑电气专业技术措施（第二版）［M］．北京：中国建筑工业出版社，2016.

［20］　邱鹏，孙冬梅，嵇保健，王建华，杨树．面向智能配电网的电力电子变压器研究［J］．电测与仪表，2016，（01）：112-116.

［21］　舒适．企业高低压配电网电气节能新技术的研究［D］．长沙．湖南大学，2009.

［22］　李婷婷．10kV 配电网节能降损研究［D］．广州．华南理工大学，2010.

［23］　吴鹏，陆云才，陈铭明，蔚超，吴益明．江苏电网非晶合金变压器综合评估［J］．江苏电机工程，2013，（03）：1-5.

［24］　蒋雪峰，黄文新．基于节能与减噪的电力变压器多目标优化设计［J］．高压电器，2013，（5）：

49-53＋59.

[25]　黄崇祺. 电工用铝和铝合金在电缆工业中的应用与前景 [J]. 电线电缆，2013，(2)：4-9.

[26]　张玉柱，王颖，蒋碧萱，鲁一祺. 铝合金节能电缆在玻璃行业中的应用 [J]. 玻璃，2015，(7)：3-6.

[27]　朱甫泉，朱永强. 铝合金电缆在中低压配电系统设计中的应用 [J]. 建筑电气，2016，(1)：43-46.

[28]　刘洁，尚东卫. i-bus 智能建筑控制系统在咸阳国际机场的应用 [J]. 建筑电气，2013，(11)：69-72.

第9章 工程案例应用

前面章节重点阐述了机电系统能效提升综合评价与决策、能效偏离识别及实时纠控、系统高效供能与综合改造技术集成体系构建等关键技术，提出了适用于既有公共建筑机电系统的高效供能模式、优化设计方法、能效提升策略以及工程实施模式。本章则主要对机电系统能效提升技术体系在示范工程上的应用进行介绍。

9.1 北京大学附属中学惠新东街校区改造项目

9.1.1 工程概况

北京大学附属中学原设计于 1982 年，为旧建筑改造项目，原址为北京工业大学艺术设计学院，位于北京市朝阳区惠新东街 8 号，总建筑面积 $28973.4m^2$，其中地上建筑面积 $27668.37m^2$，地下建筑面积 $1305.03m^2$（见图 9.1-1）。

建筑主要功能：本改造项目共含 9 栋单体，其中 1 号、9 号楼为学习/活动中心、4 号楼为艺术中心、6 号楼为生活中心、3 号楼为女生宿舍、5 号楼为男生宿舍、12 号楼为体育中心、10 号楼为创客中心、13 号楼为厨艺中心。

建筑类别：1 号、9 号楼为二类高层民用公共建筑，3 号、5 号、4 号、6 号、10 号楼为多层民用公共建筑，12 号、13 号楼为单层民用公共建筑。

图 9.1-1 改造后项目效果图

9.1.2 改造内容与改造目标

针对机电系统及设备运行能效低等情况，设计了机电系统能效提升改造内容，分为暖通空调系统、给水排水系统、电气系统。

1. 暖通空调系统

原有燃气锅炉容量不足，配套设施陈旧，根据目前供暖及生活热水负荷情况，对燃气锅炉房进行改造，替换为市政供暖。该项目涵盖多种建筑功能类型，负荷需求也存在较大差异，针对此特点，采用不同的空调和通风末端形式，实现经济性和节能性的统一。空调末端设备和空调、供暖水系统设有能量调节的自控装置，散热器采用自动温控阀调节室温。各楼入口均设置热力入口装置。供暖系统采用下供下回双管异程式系统，所有散热器入口设自动温控阀，各并联环路分支管上设静态平衡阀，各立管设静态平衡阀，循环泵采用变频水泵。

2. 给水排水系统

管道、阀门更换可靠性强、耐腐蚀、安装连接方面的金属复合管，采用耐腐蚀、经久耐用的阀门，供水系统采用无负压变频给水方式，采用减压节流改造技术。节水器具更换为 2 级节水器具。热水供水采用热水强制循环变频供水技术。按照用途安装分级水表，实现建筑用水分类分项计量。

3. 电气系统

更换节能灯具，使照明功率密度满足目标值。优化各区域照明控制技术，公共区域设定时声光控制，教室采用照度控制及集中照明控制；更换电线电缆，降低线路损耗；更换变压器，采用电压调节技术，采用 DYn11 型变压器；进行三相平衡设计，采用无功功率补偿技术；电容器串联电抗器等抑制谐波措施；楼控系统包括有线电视系统、视频安防系统、公共广播系统、校园智能卡消费系统、信息发布系统等，对锅炉房、VRV 等空调、照明、动力用电进行实行自动监视、测量、程序控制与管理。

9.1.3　技术集成体系

根据该项目改造情况，归纳出如下改造技术体系：

1. 暖通空调系统能效提升技术

（1）供暖系统能效提升改造

针对原有燃气锅炉容量不足、配套设施陈旧等问题，根据目前供暖及生活热水负荷情况，将燃气锅炉改为市政供暖。冬季供暖总负荷为 925.2kW，市政热水经板换换热后热水供/回水温度为 75℃/50℃，由锅炉房引入一对 $DN150$ 管道分别接至教室、宿舍和食堂等，供热循环泵采用变频水泵，如图 9.1-2 所示。

图 9.1-2　改造前后供热源

供暖系统采用下供下回双管异程式，并将原先铸铁散热器替换为铜铝复合柱翼形散热器。各并联环路分支管上设静态平衡阀，各立管设静态平衡阀，每组散热器设散热器恒温阀，如图 9.1-3 所示。

图 9.1-3　更换后末端散热器

（2）空调系统能效提升改造

该项目涵盖多种建筑功能类型，负荷需求也存在较大差异，针对此特点，设计了不同的空调和通风末端形式，实现了经济性和节能性的统一。宿舍采用分体空调；活动中心三层采用直膨式空调机组加排风热回收；餐厅设有排风热回收的新风换气机；其他均采用 VRV 系统，如图 9.1-4 所示。

图 9.1-4　各楼空调系统实拍图

各楼空调通风系统形式如表 9.1-1 所示。

各楼通风空调末端

表 9.1-1

序号	楼号	建筑类型	空调形式	新风形式
1	1号、9号楼	教学楼	VRV	自然通风
2	3号、5号	宿舍楼	分体空调	自然通风
3	4号一、二层	艺术中心	VRV	自然通风
4	4号三层	艺术中心	全空气	集中新风（带热回收）
5	6号餐厅	生活中心	VRV	热回收新风换气机
6	6号餐厅外	生活中心	VRV	自然通风
7	10号	创客中心	VRV	自然通风

（3）新风换气及排风能量回收

宿舍、教学楼等优先采用自然通风，6 号楼餐厅设带热回收的新风换气机，新风经室外引入，与排风进行热交换后送入餐厅。6 号楼餐厅属于人员活动密集区，人流量大，新风需求大，因此增设带热回收的新风换气机为餐厅人员提供新风。

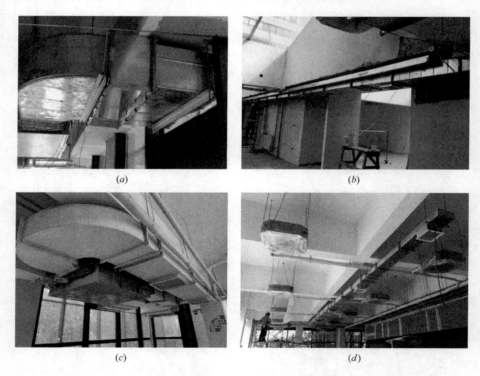

图 9.1-5 新风换气系统实拍图
（a）新风引入管；（b）回风管；（c）热回收装置；（d）新风送风口

2. 给水排水系统能效提升技术

（1）节水措施

针对原项目给水排水管线老化的现象（见图 9.1-6），对管道、阀门进行更换。管道采用可靠性强、耐腐蚀、安装连接方面的金属复合管，采用耐腐蚀、经久耐用的阀门。供水系统采用无负压变频给水方式，采用减压节流改造技术（见图9.1-7）。给水、热水系统中配水支管处设置减压阀，控制各用水点的水压小于或等于0.2MPa。

图9.1-6　改造前管道和泵房

图9.1-7　改造后无负压供水设备房

给水系统最大化利用市政压力，分两个供水区域，一～三层采用市政直接供水，四层以上采用无负压供水设备提供。给水系统在给水总引入管处分别设置一级水表，在改造的各楼室外引入管设二级水表，楼内的消防水池、生活水箱补水管、厨房给水管、设备机房给水管、室外绿化等处设三级水表。原建筑用水器具老化且不满足节水等级要求，用水器具均更换为2级节水器具，大便器、小便器采用自闭式、感应式冲洗阀；公共卫生间水龙头采用自动感应式控制，宿舍卫生间淋浴器采用刷卡用水，如图9.1-8所示。绿化灌溉采用喷灌、滴灌等节水灌溉方式。

同时，对水泵、水处理设备的运行状态、变频器频率、热交换器一二次进出水温度、压力等进行实时监测，并对给水排水泵的启停、台数、转速等进行优化控制。

（2）雨水回收利用

项目设计了雨水回收利用系统，收集路面雨水，经沉淀过滤消毒处理后用于绿化灌溉和道路冲洗，如图9.1-9所示。

图 9.1-8　节水器具

（3）太阳能集中热水系统

该工程 3 号、5 号楼为宿舍，有集中热水需求，增设了太阳能集中热水系统，见图 9.1-10。屋顶设置太阳能真空管集热器、太阳能储热水箱、太阳能水泵间，采用分区集中集热开式双水箱系统，太阳能集热热媒水直接加热，辅助热源为电加热。集热器面积约 280m²，平均日产热水总量 17m³，全年平均保证率为 0.6，太阳能热水量不小于建筑平

图 9.1-9　雨水收集池现场施工图　　　图 9.1-10　太阳能集中热水系统实拍图

均日生活热水量的 50%。

建筑物上安装的太阳能热水系统，对周边现状建筑的日照标准未产生不利影响。改造时屋面预留太阳能集热器和水箱安装的结构基础，并与主体建筑稳固连接。屋面防水层包到基座上部，并在基座下部加设附加防水层，系统设备安装时不得破坏防水层整体性能。

3. 电气系统能效提升技术

（1）绿色照明技术应用

室内外照明选用发光效率高、显色性好、使用寿命长、色温相宜、符合环保要求的光源。根据场所的不同，主要光源选用三基色高光效 T8（或 T5）直管荧光灯、金卤灯、电子式摊荧光灯等。选用高效节能型灯具，配有能效高、易维护、成本低的电子镇流器。教室、宿舍采用 T5、T8 荧光灯，餐厅、大堂等采用 LED 灯或其他节能灯具，室内照明功率密度满足目标值的要求，如图 9.1-11 所示。

公共空间照明、大空间照明、室外照明等采用楼宇自动控制，按照各自的需要设定控制要求，有效节约能源。电梯前室、门厅、公共区等处一般照明均采用就地开关控制或采用集中控制方式，楼梯间及其前室灯采用电子延时开关控制。

图 9.1-11　绿色照明灯具现场实拍图

（2）建筑供配电系统能效提升改造

合理设计配电系统，根据工程性质及使用要求尽量将配电箱设置在照明负荷中心且靠近电源侧。照明配电干线及支线均选用铜芯绝缘电缆及导线，照明配电干线的功率因数不低于 0.9。

合理选择电缆、导线截面，减少电能损耗。所有电气设备均采用低损耗的产品，合理确定变压器容量，采用按环氧树脂真空浇注节能型变压器。该工程采用低压集中自动补偿方式，并配备谐波电抗器组合，作为谐波抑制措施，避免高次谐波电流与电力电容发生谐振，影响系统设备可靠运行，治理后的谐波水平满足现行国家标准的要求。

选用交流自愈式滤波电容器，据现场测量谐波情况配制安装，可有效抑制电源谐波量。变压器设防治电磁干扰的措施，以保证变压器不对该环境中任何事物构成不能承受的电磁干扰。

（3）楼宇自控系统改造

该项目增设了楼宇自控系统，并将建筑设备自动化管理系统纳入到楼宇自控系统中，楼宇自控系统包括：综合布线系统、有线电视系统、视频安防监控系统、公共广播系统、火灾自动报警及联动控制系统、校园智能卡消费系统、信息发布系统、建筑设备自动化管理系统等。

楼控系统可实现对供热机房、空调系统、照明系统、动力用电进行实行自动监视、测量、程序控制与管理。

空调机、制冷机房水泵采用变频控制技术，实现高效与节能。风机盘管控制纳入楼控系统，可实现对每一个房间的盘管进行温度设定、启停控制等，以节约能源。建筑设备采用楼宇自动控制，根据楼内空调负荷情况，自动控制调节机组运行台数，保证最佳的运行状态并能显著节约能源。排污泵采用液位传感器控制，根据水位情况控制水泵的启停。

9.1.4　技术应用效果评价

经采用上述机电系统能效提升技术集成体系，根据《公共建筑机电系统能效分级评价标准》评估，该项目机电系统能效提升了一个等级，评分表如表 9.1-2 所示。

机电系统能效分级评价表　　　　表 9.1-2

改造前			
工程项目名称	北大附中惠新东街校区改造项目		
评价阶段	☑设计阶段　　　□运行阶段		
评价指标	室内环境质量及使用功能	暖通空调	给水排水	电气
得分	☑满足　□不满足	60	54.3	30.9
权重系数	—	0.55	0.15	0.3
得分	—	33	8.1	9.3
总得分	50.4			
能效等级	□一星级　□二星级　□三星级			
评价结果说明	达不到一星标准			
改造后			
工程项目名称	北大附中惠新东街校区改造项目		
评价阶段	☑设计阶段　　　□运行阶段		
评价指标	室内环境质量及使用功能	暖通空调	给水排水	电气
得分	☑满足　□不满足	80	76	57.7
权重系数	—	0.55	0.15	0.3
得分	—	44	11.4	16.8
总得分	73.9			
能效等级	□一星级　☑二星级　□三星级			

通过以上方面的改造，项目总试评得分 73.9 分，达到《公共建筑机电系统能效评价标准》的二星级要求。

经采用上述改造技术，能效提升改造效果有：

改造前：参评建筑的能耗不满足《民用建筑能耗标准》GB/T 51161 的约束值。

改造后：机电系统能效达到二星级，较改造前提升了 2 个等级。

1. 改善室内环境

新风换气系统提高了室内空气质量品质。VRV 空调系统使室内热湿度环境得到改善，提高了室内的舒适度。室内光环境、空气品质及热湿环境得到明显改善。

2. 实现建筑管理智能化

实现楼宇自动化控制，包括对各类机电设备（空调、风机、配电、给水排水设备）的运行、安全状况、能源使用和管理实行自动监视、测量、程序控制与管理，实现公共设备的最优化管理并降低故障率，降低运行维护费用，提升了机电系统运行能效，并杜绝不必要的能耗浪费。

3. 实现能耗分项计量

建筑能耗实现分项计量，方便建筑能耗分类管理。能源类别按电力、水、空调能耗分项计量。其中电力按用电性质分别对照明、插座、动力、特殊用电分项计量；各层给水支管起端设置智能水表用作水计量；空调能耗除用电分单元计量外，同时对空调主管的供回水压力、流量、温度实时监测、记录及统计分析。

9.1.5　思考与启示

通过对建筑能源系统等各方面改造，极大地提高了使用者的舒适度，通过机电系统设备改造，同时提高设备运行能效、系统运行能效，实现整体节能的目的，达到了改造计划的初衷。

9.2　四川省建筑科学研究院科技楼改造项目

9.2.1　工程概况

四川省建筑科学研究院科技楼改造项目（以下简称院科技大楼），位于成都市一环路北三段 55 号。西边紧邻五冶医院、金牛万达广场，东面为北星干道与一环路交叉口，地处成都市重要交通枢纽。院科技大楼设计于 1985 年 9 月，有主楼和副楼（无地下室），框架结构，主楼建成，副楼未建。建成的主楼总建筑面积 8143.96m²，建筑主楼为 10 层，局部 11 层，建筑高度 42.17m。整个建筑呈扁长的"S"形，项目用地呈矩形，用地南高北低、西高东低，场地内最大落差约 1.5m。院科技大楼改造前外观图如图 9.2-1 所示。

图 9.2-1　改造前大楼外观图

9.2.2　改造内容与改造目标

该项目作为四川省建筑科学研究院主要的科研办公场所至今已经 30 余年，建筑内的办公条件已显拥挤，整栋楼的消防、用电、通信等设施均已无法满足院发展规划的需要，且科技楼南侧直接面临一环路，而现有的建筑外立面随着时间的流逝，已经较为破旧，不能与周边建筑相协调。

现将项目改造前存在的主要问题归纳如下：

（1）项目改造前面积仅 8143.96m²，无裙房，形状异形，有效办公面积小，无办公智能化。

（2）围护结构无保温隔热措施，西立面开窗面积大，办公室西晒严重，围护结构不能满足《公共建筑节能设计标准》GB 50189—2015，室内的舒适度得不到保障，见表 9.2-1。

项目改造前围护结构性能参数　　　　　　　　　　　　　　　　表 9.2-1

围护结构		指标	改造前	2015 版节能标准对比
屋顶		传热系数 [W/(m²·K)]	3.37	不达标
外墙		传热系数 [W/(m²·K)]	2.45	不达标
架空楼板		传热系数 [W/(m²·K)]	3.89	不达标
外窗	东	传热系数 [W/(m²·K)]	6.40	不达标
	南	传热系数 [W/(m²·K)]	6.40	不达标
	西	传热系数 [W/(m²·K)]	6.40	不达标
	北	传热系数 [W/(m²·K)]	6.40	不达标

（3）分体空调铭牌长时间风化，无法清楚显示具体型号和技术参数，因该项目分体空调基本已达到或者超过使用年限，设备已经老化（见图 9.2-2），综合判断设备节能性能处于较低水平，能耗浪费严重，且夏季供冷和冬季供暖不足。此外，室外机随意布置，立面及安全难以保证。

图 9.2-2　项目改造前空调室外机摆放情况

（4）整栋楼的给水排水、消防、照明、通信等设备陈旧（见图9.2-3），运行能效低下，无楼宇自控措施，机电系统设备运行能效低，运行能耗大，造成了不必要的浪费。

图9.2-3 项目改造前通信、照明等设备

综上可见，对项目进行机电系统能效提升改造已迫在眉睫。为此，秉承以人为本的设计理念，因地适宜对该项目进行暖通空调系统、给水排水系统、电气系统能效提升改造。

9.2.3 技术集成体系

根据改造情况，归纳出如下改造技术体系：

1. 暖通空调系统能效提升技术

（1）集中空调系统

原分体空调使用能效低下且使用年限已到，将其淘汰是必然的选择。但若直接更换为新分体式空调也不能满足改造后建筑的使用要求，原因如下：

1）分体式空调室外机布置既影响建筑美观又存在安全隐患。

2）建筑改造后，增加了较多大空间功能房间，包括大开间办公室、多功能厅、大会议室及报告厅等，分体式空调难以满足这些大空间房间的冷热供应。

3）建筑改造后，办公条件改善，使用人员对室内热舒适度的要求也提高，分体式空调舒适度较差，不及使用集中式空调的舒适度。

因此，在综合考虑各种因素后，决定选用集中式空调对大楼进行制冷和供暖（见图9.2-4）。

（2）高效能设备和系统的选用

空调冷热源采用风冷热泵机组，标准工况下主机制冷能效比为3.35，满足《冷水机组能效限定值及能效等级》GB 19577—2015中的2级能效要求；主机冷源综合部分负荷性能系数（*IPLV*）不小于4.0。空调冷水系统为闭式二管制一次泵变流量系统，水泵根据空调供回水压差变频控制，以节约运行费用，在各楼层设置压差控制阀，调节平衡各层压力。

图 9.2-4　项目改造后空调系统设备

（3）能耗管理与计量系统设置

集中空调系统设置能耗管理系统，对空调主机、输配系统电耗进行分别计量，实现对空调能耗实时显示、统计存储、对比分析、报警预测等功能，同时对空调主管的供回水压力、流量、温度实时监测、记录，上述功能由电专业统一设计实施（见图 9.2-5）。在空调冷水主管及各楼层分别设置带远传功能的冷热量表，分别计量监测各部门空调耗冷、耗热量。

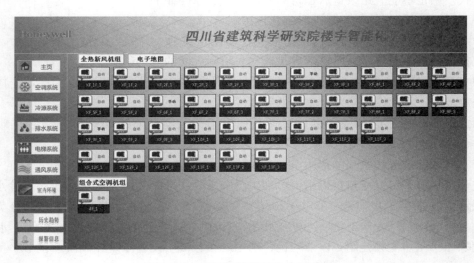

图 9.2-5　项目能效管理及 BAS 系统

（4）采用自然冷源降温

结合本地的气候特点，在过渡季节充分利用室外"免费冷源"，全空气系统过渡季节加大新风量运行或全新风运行；加大建筑外窗的可开启面积，在过渡季节，可开启外窗和屋顶排风机，增加室内自然通风量，排除室内余热。

（5）室温控制

根据房间分区、功能和时间分别设置空调系统和控制系统；风机盘管采用电动二通阀加房间温控器方式控制，公共区域及大办公室风机盘管分组、分区独立控制，独立办公室风机盘管独立控制；全空气处理机组采用电动二通调节阀加房间温控器方式控制。

（6）室内主要污染物控制

室内末端风机盘管和空气处理机组均设置 TiO_2 紫外线杀菌及净化装置，具备空气杀菌、去除 TVOC、甲醛、苯、去除异味、有害微生物、无机气态污染物等功能。室内大空间设置 CO_2、PM2.5、空气质量监测装置，实时监测室内 CO_2、PM2.5、温湿度。各层新风换气机采取就地控制和自动控制相结合的控制模式，根据室内 CO_2 浓度调节新风机档位，过滤器设更换报警装置。楼顶新风进、排风机组根据竖井压力控制启停，确保楼层风机只负担楼层管道阻力。

（7）设置能量回收系统

采用新风换气机对空调排风进行能量回收，制冷焓效率不小于 60%，PM2.5 过滤效率不小于 80%，保证室内空气质量。

（8）空调控制系统纳入楼宇自控

空调系统控制采用就地控制加集中控制方式，空调自控系统作为子系统纳入楼宇自控系统，楼宇自控系统（BA）应监测空调主机、循环水泵及末端设备的运行状况，并根据需要对主机、水泵、新风机及全空气机组进行可靠自控。

2. 给水排水系统能效提升技术

（1）供水系统能效提升技术

该项目用水采用分区供水方式。低区由院区现有给水管网直接供给，中区、高区合用一套无负压变频供水设备，中区由高区供水设备配套减压阀分区供给，中区供水压力为 0.50MPa，高区供水压力为 0.70MPa，在地下室设置生活专用水泵房。室外排水系统采用雨、污分流，污废水经初处理后排放，根据当地环保部门要求，室内生活污水经室外污水检查井汇集后，先接入院区内已有格栅池初处理后，再排入市政污水检查井。室内采用粪便污水与洗涤废水合流排水管道系统，地面以上全部为重力流排放；卫生间排水立管采用双立管系统（设专用通气立管），其余排水采用单立管系统（仅设伸顶通气管）；污水经排水管道收集后，排入院区现有污水管网。

（2）节水措施

选择的卫生洁具均应满足《节水型生活用水器具》CJ/T 164—2014 的要求；蹲式大便器采用液压脚踏自闭式冲洗阀蹲式大便器，大便冲洗阀用水效率应为 1 级且一次冲水量不得大于 4.0L；卫生洁具给水及排水五金配件应采用与卫生洁具配套的节水型且用水效率应为 1 级。双档坐便器平均一次冲水量不得大于 3.5L，小便器冲洗阀一次冲水量不得大于 2.0L，各洗手盆、污水池等水嘴流量不得大于 0.1L/s（见图 9.2-6）。

（3）非传统水源利用

设置雨水回收利用系统，收集屋面雨水和场地雨水。雨水经雨水斗和雨水立管排至室外散水，由散水排至室外雨水回收管道，经雨水回收管道汇集后接至雨水回收利用系统的安全分流井。经处理后的雨水供院区和办公楼垂直绿化用水、道路浇洒用水。雨水回用处理设备采用雨水净化一体机。

（4）绿化节水灌溉

办公楼垂直绿化采用自动控制滴灌系统。滴灌系统采用 JG6-F 电磁阀自来水自动浇花机，该设备用探针传感器，探测土壤湿度，进行浇水自动控制，使土壤处于最佳湿度及蓬松透气状态，使植物根系保持最佳吸氧状态。能有效避免由于过度浇水造成的土壤营养物质流失和土壤结块。总平绿化给水系统采用人工和自动微喷灌系统相结合的方式。自动微喷灌系统设置自动喷灌控制器，定时灌溉，设置土壤湿度传感器，雨天自动关闭（见图 9.2-7）。

图 9.2-6　节水器具　　　　　　　　　　图 9.2-7　节水灌溉

（5）雨水回渗与集蓄利用

该项目主要通过透水铺装、植草砖以及屋顶绿化的方式增加室外场地雨水的渗透，降低场地综合径流系数。

3. 电气系统能效提升技术

电气系统包括建筑物内的配电、照明、动力系统、屋面光伏发电系统。在建筑智能化方面包含通楼宇自控系统、智能电网用户监控与电能能效管理系统、智能灯光控制系统等。

（1）供配电系统能效提升技术

电源由院内配电房采用电缆引来，供全部设备负荷，系统采用放射式与树干式相结合的供电方式供电。在大楼屋面设置 18kW 的光伏发电系统（见图 9.2-8），并入电网运行。为减少大型电机启动时对供电系统的冲击影响，要求采用降压启动或者变频。

（2）照明系统能效提升技术

1）照明灯具的选择

原则上要求采用高效灯具与光源。在满足功能房间照度的前提下，为了有效降低各功能房间的照明功率密度值，在公共走道、门厅、电梯前室、卫生间、会议室、学术报告厅、部分小办公室等设有吊顶的区域，选用的是 LED 筒灯、LED 平板灯，采用嵌入式安装（见图9.2-9）。而在没有设置吊顶的办公区域、通道等处，照明灯具则选用的是LED明装筒灯、LED吊装平板灯以及LED支架灯等。在地下设备用房，通过与建筑专业的紧密配合，充分利用结构的减震沟高度与宽度，设计成了自然采光，电光源为补充，从而降低电光源的使用，达到节能的目的。在满足标准照度的前提下，采用高效LED灯具后，照明功率密度值仅为4.12W/m²，远小于规范要求的限值（9W/m²）。选用的LED灯具，单灯功率大于5W，其效能大于85lm/W、色温3200K、显色指数大于80、色容差不高于5SDCM。

图9.2-8　地面用晶体硅光伏组件　　　　　　图9.2-9　节能灯具

2）智能照明控制技术的应用

在照明灯具的控制方面，设置了一套智能照明控制系统，主要采用了下面几种方案进行控制：

① 定时控制。整个智能照明控制系统网络均可进行定时控制，有时间规律开关的回路预设定时开启关闭功能，方便管理，节约能源。如办公区域走道根据季度变化及上下班规律定时开启、关闭灯光回路，上班高峰期开启全部回路；平常时间段开启大部分灯光回路；下班后延迟关闭大部分回路，之后关闭所有非必须灯光回路。

② 照度控制。在建筑内的公共大厅、开敞办公区采用照度控制；靠近窗边设置照度传感器，当室内自然采光能够达到照明要求时，控制该区域人工照明灯具处于关闭状态，当自然光不足以满足照明要求时，灯具点亮，从而充分利用自然光，节约能源。

③ 走廊红外控制。公共走廊采用红外传感器控制。走廊和电梯厅区域的照明最能体现智能照明的节能特点，没用智能照明时当走道没有人经过的时候而灯还依然亮着，这就大大浪费了电能，而智能照明系统则可以有效管理。在白天自然光线充足的情况下采用定时控制，在晚上的时候启动红外移动控制方式，人来开灯，人离开后灯延时关闭。

④ 现场面板场景控制。大楼现场各楼层设置的智能控制面板分总控开关和场景控制开关（可实现区域控制）。总控开关可实现某部分区域内整个灯光的开闭；而场景控制开关可实现相应场景的开关控制。如将此面板适合控制区域内的所有灯光回路进行区域划分，然后将不同回路进行组合形成场景，将场景设置在智能控制面板的场景控制键上，以此实现灯光的场景控制。

⑤ 智能调光控制。在学术报告厅、多功能厅设计了智能调光控制。学术报告厅、多功能厅承载着会议、讲座、座谈等多种用途，在每种用途下对灯光照度的要求也是不一样的，通过智能调光系统，可以方便地实现多种用途状况下对灯光照度不同要求，如会议、讲座、座谈、讨论、休息等模式（见图9.2-10）。

图 9.2-10 室内调光图

⑥ 中央监控控制。针对智能照明，在监控中心设置了一套中央监控系统，通过在中央监控电脑上安装中央监控软件，可实现灯光的远程控制，还可以通过软件进行回路的状态检测，对智能照明控制回路进行实时监控。

（3）电梯系统能效提升技术

建筑共 3 台电梯，电梯采用高效电机及能源反馈装置，同时具备群控功能。

（4）楼宇自控系统改造

楼内设置的楼宇自动化控制系统对各类机电设备（空调、各类风机、配电、给排水、电梯等）的运行、安全状况、能源使用和管理实行自动监视、测量、程序控制与管理，从而实现公共设备的最优化管理并降低故障率，降低运行维护费用。系统主要由中央管理站，各种程序逻辑控制器（PLC）和直接数字控制器（DDC）及各类传感器、执行机构组成。第一级为中央监控中心，设在一层控制中心，主要控制所有现场控制器以及监视其他子系统的运行状况，完成集中监控、集中管理的中央监控功能；第二级为现场控制器，与控制主机之间进行资料的传递和交换；第三级为现场数据采集，实现现场分散控制。在空调机房、水泵房、新风机、电气竖井配电箱柜等处分别设现场控制器，现场控制器之间采用双环网络连接。控制器具有可编写程序功能并可独立监控有关设备，就地显示该设备的工作状态。每个控制器皆配有电池，当中央主机发生故障时，各控制器仍能独立工作。系统的监控范围包括空调与通风系统、给水排水系统、配电系统、电梯系统，其中电梯系统、智能照明控制系统等子系统均设置独立的计算机控制系统，留有相应数据接口。楼宇自动化设备监控系统可通过数据接口与上述各子系统实现通信或通过电气接点连接，对其进行集中监测和管理。此外，楼宇自控系统与火灾自动报警与消防联动系统、综合安防系统等实现系统集成，而火灾自动报警及消防联动、综合安防系统应具有相对独立性。

系统除在对机电设备常规参数的测控外，还在室内设置了空气品质监测器（可探测

$CO_2\backslash PM2.5\backslash TVOC$ 浓度等），通过网络与大楼的信息发布系统联络，对室内空气品质、能源消耗情况进行实时在线监测与发布。同时，空气品质监测器信号通过 DDC 控制器与楼层新风换气机组联动，改善室内空气环境品质质量。

办公室风机盘管电源控制方面，采用了一种叫 MSPD 的控制技术，即在进门距地1.5m 的门边安装红外测距传感器（存在传感器），室内顶棚安装红外感应器，通过红外测距与红外传感器的逻辑配合，可以精确判断室内是否有人存在。当办公室内有人存在时，保持空调风机盘管电源开启，无人时延迟关掉空调风机盘管电源，从而有效地解决了办公人员长时间离开房间后，室内空调仍然运行造成的能源巨大浪费这一现象。采用 MSPD技术后，比起仅仅只采用红外传感器控制电源而言，可以有效避免因红外传感器感应的死角区域引起的误判。

（5）能耗管理系统增设

为了有效监测大楼用电情况，设置了一套能效管理系统。采用分项、分类设置能耗计量装置的方式，分别统计照明用电、插座用电、空调用电、电梯用电、风机、水泵、特殊设备用电量以及用水量、热能用量等，并对其进行实时在线监测、统计，并给出年、月、日的用能数据以及柱状图。通过对历史同期运行数据分析、比对，检验节能效果，执行节能绩效考核，以及节能目标的修正，达到挖掘节能潜能、提高管理效率、降低大楼正常运行能耗指标的目的。同时要求能耗管理系统采用 C/S 架构设计，及在任意一台连接广域网的计算机上只要安装能耗管理系统客户端软件即可实时访问该能耗管理系统。

（6）光伏发电系统

为充分利用可再生能源，在屋面还设计一套 18kW 的光伏发电系统，将发电系统所发电能并入大楼电网。在设备选择上，通过对单晶硅电池、多晶硅电池、非晶硅薄膜电池性能的对比，结合项目所处地理、气候环境多云的实际状况，决定采用非晶硅薄膜太阳能电池组件，它具有轻柔、无污染、弱光效应好、可透光等特点。

9.2.4 技术应用效果评价

经采用上述机电系统能效提升技术集成体系，根据《公共建筑机电系统能效分级评价标准》评估，该项目改造后机电系统能效提升了一个等级，评分表如表 9.2-2 所示。

机电系统能效分级评价表 表 9.2-2

改造前				
工程项目名称	四川省建筑科学研究院科技楼			
评价阶段	☑设计阶段		□运行阶段	
评价指标	室内环境质量及使用功能	暖通空调	给水排水	电气
得分	☑满足 □不满足	60	54.3	32
权重系数	—	0.55	0.15	0.3
得分	—	33	7.6	9.6
总得分	50.2			
能效等级	□一星级 □二星级 □三星级			
评价结果说明	达不到一星标准			

续表

工程项目名称	改造后			
	四川省建筑科学研究院科技楼			
评价阶段	☑设计阶段		□运行阶段	
评价指标	室内环境质量及使用功能	暖通空调	给水排水	电气
得分	☑满足　□不满足	86	81	84
权重系数	—	0.55	0.15	0.3
得分	—	47.3	12.2	25.2
总得分	84.7			
能效等级	□一星级　☑二星级　□三星级			

通过以上方面的改造，项目总试评得分 84.7 分，达到《公共建筑机电系统能效评价标准》的二星级要求，整体机电系统设备能效和运行能效均有较大提高。

经采用上述改造技术，能效提升改造效果有：

改造前：参评建筑的能耗不满足《民用建筑能耗标准》GB/T 51161 的约束值。

改造后：机电系统能效达到二星级，较改造前提升了 2 个等级。

1. 改善室内办公环境

室内办公环境得到明显改善。通过智能调光，可以满足不同场景的照明需求。新风量的供给提高了室内空气质量品质，室内温湿度环境的改善提高了室内舒适度，噪声的降低提高了办公的声环境，LED 灯具及自然采光的利用改善了办公的光环境。

2. 提升机电系统能效

建筑的电气系统、暖通空调系统、给水排水系统的能效得到提升。电气系统主要体现在：供配电系统的电压偏差、无功功率、谐波治理、供电设备性能、照明质量、建筑智能化；暖通空调系统主要体现在：负荷率、供回水温度、供回水压力、热泵机组性能、水泵性能、风机性能等；给水系排水系统主要体现在：给水系统形式、动力设备性能、给水系统漏损率等。

3. 实现建筑管理智能化

实现楼宇自动化控制，包括对各类机电设备（空调、各类风机、配电、给排水、电梯等）的运行、安全状况、能源使用和管理实行自动监视、测量、程序控制与管理，实现公共设备的最优化管理并降低故障率，降低运行维护费用，并杜绝不必要的设备能耗浪费。

4. 实现能耗分项计量

建筑能耗实现分项计量，方便建筑能耗分类管理。能源类别按电力、水、空调能耗分项计量；其中电力按用电性质分别对照明、插座、动力、特殊用电分项计量；同时各层给水支管起端设置智能水表用作水计量；空调能耗除用电分单元计量外，同时对空调主管的供回水压力、流量、温度实时监测、记录，以及在空调冷水主管及各层分区设置带远传功能的冷热量表，分别监测各部门空调耗冷、耗热量；系统具有对各类能耗实时监测、统计、分析和管理等功能。

5. 达到国家建筑能耗标准中相应建筑类型的目标值要求

该项目已取得绿色建筑二星设计标识和既有建筑绿色改造三星设计标识，且该项目是四川省首个既有建筑绿色改造三星级项目，根据既有建筑绿色改造三星评价结果，项目能耗水平预期为 44.59kWh/(m² · a)，达到了《民用建筑能耗标准》GB/T 51161—2016 第 5.2.1 条对夏热冬冷办公建筑非供暖能耗引导值（目标值）的要求。项目改造后建筑效果图如图 9.2-11 所示。

图 9.2-11　项目改造后建筑效果图

9.2.5　思考与启示

改造前的现场调研提出各个节能改造措施和改造目标，其形成的主要依据是项目业主提供的各个系统实际运行状况等一手资料，通过对建筑机电系统的升级改造，不仅提高了建筑能效，更提升了既有建筑的综合性能水平，为下一步规模化绿色改造提供了借鉴。